U0309392

"十 三 五" 国 家 重 点 出 版 物 出 版 规 划 项 目

国家973项目"面向长期空间飞行的航天员作业能力变化规律及机制研究"

国家自然科学基金重大项目"复杂人机紧耦合系统的人因安全理论研究" 资助

空间环境下人的能力特性变化

陈善广 等 著

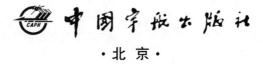

中国宇航出版社

·北京·

图书在版编目（ＣＩＰ）数据

空间环境下人的能力特性变化 / 陈善广等著. -- 北京 ：中国宇航出版社，2022.12
ISBN 978-7-5159-2190-7

Ⅰ. ①空… Ⅱ. ①陈… Ⅲ. ①航天员－能力－研究 Ⅳ. ①V527

中国国家版本馆CIP数据核字 (2023) 第015662号

责任编辑	张丹丹	**封面设计**	王晓武

出　版 发　行	**中国宇航出版社**		
社　址	北京市阜成路 8 号　**邮　编**　100830 (010) 68768548	**版　次**	2022 年 12 月第 1 版 2022 年 12 月第 1 次印刷
网　址	www.caphbook.com	**规　格**	787×1092
经　销	新华书店	**开　本**	1/16
发行部	(010) 68767386　　(010) 68371900 (010) 68767382　　(010) 88100613 (传真)	**印　张**　18.75　　　**彩　插**　8 面	
		字　数	343 千字
零售店	读者服务部　　　　(010) 68371105	**书　号**	ISBN 978‐7‐5159‐2190‐7
承　印	北京中科印刷有限公司	**定　价**	98.00 元

本书如有印装质量问题，可与发行部联系调换

序

2022 年 10 月 31 日梦天舱发射成功，并与空间站组合体成功对接，中国空间站基本构型完成建造。中国载人航天工程"三步走"发展战略，经过 30 年的稳步推进、实施，取得了举世瞩目的巨大成就。中国空间站的建成不仅标志着我国在近地轨道飞行技术的全面突破，更意味着我国开始迈入较大规模开展空间科学探索的新阶段。

载人航天，以人为本。航天员是载人航天活动的主体和核心。确保航天员安全、健康和高效工作始终是工程的主要目标之一。维持和增强航天员的能力，充分发挥人的主观能动作用，是确保载人航天任务成功的关键。

众所周知，太空环境是极其恶劣的。就近地轨道飞行而言，辐射、真空、高低温、空间碎片等舱外环境给航天器与航天员的安全防护带来极大挑战，而失重、隔离密闭、昼夜节律变化等舱内环境还会引起航天员生理、心理的变化，威胁和影响航天员的健康与工作状态，甚至影响飞行任务的完成。研究空间环境下人的能力变化特性，揭示其规律与相关机制，是国际航天医学与人因工程持续关注的焦点，对于深化人对太空的认识、发挥人在太空的作用并指导工程设计意义重大。陈善广及其团队紧密结合载人航天工程实际需求，长期深耕于航天人因工程领域，做了大量开创性的工作，成就斐然。这些研究不仅直接得到了国家载人航天工程的专项支持，也得到了国家科学技术部和国家自然科学基金委员会的重大项目支持，包括国家 973 项目"面向长期空间飞行的航天员作业能力变化规律及机制研究"和国家自然科学基金重大项目"复杂人机紧耦合系统的人因安全理论研究"。本专著反映了该团队围绕"长期空间飞行的特有环境因素对航天员认知、决策能力和运动、操作能力的影响及其变化规律和机制"关键科学问题开展较系统研究的最新学术成果。这些成果为我国载人航天工程从短期飞行向长期飞行突破提供了重要的理论支撑，为航天人因工程领域的规划与发展做出了奠基性贡献。相关成果先后在国内外重要期刊（包括《Nature Communications》）发表，还被《Science》专刊集中重点推荐，产生了良好的学术影响。《Science》资深责任总编肖恩·桑德斯（Sean Sanders）博士在评述中指出："专刊汇集了中国载人航天最新的开创性研究成果，为读者描绘了一个未来太空探索研究的可能图景。中国科学工作者已经将他们的研究成果成功应用到航天器设计改进、航天员选拔与训练方法完善等方面，相信世界各地的科学家和工程师将从中受益。本专刊的新知识对于相关国家实施载人航天计划也有重要的借鉴意义。"

　　本书不仅是载人航天领域重要基础研究成果的呈现，也是人因工程领域的重要学术专著。对本书的出版发行谨致以特别祝贺！

　　太空探索，永无止境。本专著涉及的对空间环境下人的能力研究还只是一个开端，随着人类空间活动的新实践，特别是人类探索活动向深空的延伸，无论从工程需求还是科学研究本身来说，均需要不断深化对人的研究和认识。中国空间站正在着力打造长期有人参与的国家太空实验室，载人深空探测正在规划实施，期望作者团队及更多的同行发挥优势积极参与，产出更多原创性成果。

中国载人航天工程总设计师
中 国 工 程 院 院 士　

2022 年 11 月

前 言

载人航天是当今世界最具社会影响力的高科技领域之一。自 1961 年加加林乘坐东方一号宇宙飞船完成人类首次载人航天飞行以来，全世界已经有 500 多名航天员成功进入太空。当前，国际空间站（International Space Station，ISS）、中国空间站（Chinese Space Station，CSS）同时在轨运行，持续有航天员驻留。在轨驻留期间，航天员要完成飞行监控、航天器在轨组装和维修、科学实验等繁重的作业任务，这些任务对航天员的认知、操作能力提出了很高的要求。

然而，已有实验研究表明，失重、狭小幽闭环境、持续的噪声、昼夜时长变化等空间特有环境因素，会对航天员的认知和操作能力带来很大影响。例如，失重会导致骨丢失、肌萎缩，降低人的运动、操作能力；狭小幽闭环境、持续的噪声、昼夜时长变化可能引起生物节律紊乱、睡眠问题和心理异常反应，影响人的认知决策能力和情绪状态，进而降低航天员的作业绩效。如何在空间飞行中保障航天员安全健康，同时维持其作业能力和操作绩效？这是国际载人航天领域长期关注的焦点问题之一。

美国国家航空航天局（NASA）2004 年启动人的研究计划（Human Research Program，HRP），对长期空间飞行中航天员面临的重大风险持续进行评估，并不断采取和优化对抗措施。我国自载人航天工程实施以来，也围绕航天员健康保障和能力维持问题持续开展了科学研究和工程实践。2010 年，我国正式开始实施空间站工程，我国的载人航天任务从短期空间飞行向中长期空间飞行过渡，航天员长期在轨驻留作业能力的相关研究更加迫切。

在这一背景下，2010 年年底，由中国航天员科研训练中心牵头，陈善广研究员为首席科学家的国家 973 项目"面向长期空间飞行的航天员作业能力变化规律及机制研究"获批立项。项目研究团队围绕"长期空间飞行的特有环境因素对航天员认知、决策能力和运动、操作能力的影响及其变化规律和机制"这一关键科学问题开展了系统研究。研究者综合运用心理学、生理学、脑认知科学、生物力学、数学等多学科理论和计算机建模与仿真技术，针对长期空间飞行中失重、狭小幽闭环境、昼夜时长变化等特殊环境下的航天员典型作业任务，结合动物模型与人体实验，对从地面模拟到天基飞行的航天员认知、决策、运动、操作能力及生物节律的变化规律开展研究，并开展了航天员作业能力建模仿真研究。

通过持续研究，研究人员建立了一套面向航天员在轨能力监测的认知和情绪功能评价和调节系统，揭示了空间飞行环境因素对人感知觉、认知和情绪功能的影响规律；揭示了近地轨道飞行条件下航天员生物节律的变化规律，深化了对生物钟基因调节的分子机制的认识；揭示了微重力环境下航天员运动、操作能力的变化规律，明确了失重性骨丢失和肌萎缩的分子调控机制；创建了"航天员建模仿真系统"，实现了认知绩效仿真、生物力学仿真、作业可视化、负荷预测与绩效分析等多功能多层次数字仿真分析，具备了对航天员重要作业能力与典型任务绩效的预测分析能力。

本书集中展示了我国科学家在空间环境对人的能力特性影响方向的研究进展。全书共 6 章。第 1 章引言，对空间环境特征及其地面模拟技术、空间飞行中人的能力优势和作用、长期空间飞行中人的作业能力影响因素、国内外整体研究情况等进行介绍，主要由陈善广撰写。第 2 章介绍空间环境对人的基本认知能力与情绪的影响，主要由周仁来撰写。第 3 章介绍空间环境对骨骼肌肉系统和运动操作能力的影响及对抗措施，主要由陈晓萍撰写。第 4 章介绍空间特因环境对生物节律的影响，以及生物节律和睡眠紊乱对人的健康和工效的影响，主要由郭金虎撰写。第 5 章介绍我国研究者在航天员作业能力建模仿真领域的研究进展与成果，由陈善广、王春慧和王冬梅共同撰写。第 6 章介绍空间环境下人的能力特性变化研究展望，主要由陈善广撰写。陈晓萍、田雨负责全书材料的收集与整理，陈善广对全书内容进行统筹和最终审定。

　　本书可为从事航天医学和航天人因工程研究的科技工作者及管理人员提供技术参考，也便于大众读者了解载人航天任务中航天员面临的挑战及其采取的应对措施。

　　本书关注的航天员能力特性问题属于航天医学与航天人因工程领域，涉及的专业很广，相关的研究方法、数据规律还有待发展与探索，加之作者认知水平所限，书中难免有不当和疏漏之处，敬请读者批评指正。

作者

2022 年 11 月

目　　录

第 1 章 引 言

　　航天员是载人航天活动的主体和核心，维持和增强航天员的作业能力，充分发挥人的主观能动作用是确保载人航天任务成功的关键[1,2]。从阿波罗 13号化险为夷到国际空间站组装、哈勃太空望远镜维修，实践表明，人在空间飞行中发挥着越来越重要的作用。人是万物之灵，具有其他动物无可比拟的智慧，特别是对未知或非结构化情形的响应能力，是目前任何机器系统无法替代的。因而，人在系统中始终是最积极、最活跃的因素。但人也有明显的局限性，如必须有适宜生存的环境、力量和速度有限、执行重复和单调任务时容易出错等，所以人往往也是系统中最不确定的因素。人的能力特性研究是航天人因工程研究的基础，深入了解人在空间环境中的能力特性，对于合理规划未来载人航天任务、确定技术发展路线、有针对性地选拔训练航天员、充分发挥航天员的作用、实现航天员-航天器系统优化整合设计、确保航天任务的安全可靠高效完成至关重要。

　　20 世纪 60 年代，苏联成立了生物医学问题研究所，从事空间特殊环境对生物特别是对人的生理、心理影响规律的研究，并在和平号空间站开展了大量在轨实验研究，在空间飞行环境中人的能力研究方面积累了宝贵数据。2010年，俄罗斯牵头开展了"火星 500"国际大型模拟登陆火星的密闭试验，探索了人类是否具备长时间深空旅行的耐受能力，包括登陆火星所需克服的生理、心理不良反应以及生活物资保障问题。美国也从载人航天发展初期就特别关注人在空间飞行中的能力变化，NASA（美国国家航空航天局）专门部署开展了空间飞行环境下人的能力研究，保障了其航天飞机、空间实验室等任务的顺利实施，同时，推动形成了载人航天的人 - 系统整合设计标准（NASA -

STD3000），有力支撑了国际空间站的建设，为后续载人飞行任务提供了标准支撑。1984 年，NASA 在长期载人飞行和深空探测方面，系统规划了人在太空中的能力研究，研究内容包括长期空间飞行中人的优势和局限性分析、空间环境对人的能力及可靠性影响、人机功能分配关键影响因素、人的作业能力发挥保障和维持技术等一系列关键问题。2005 年，NASA 启动人的研究计划（Human Research Program，HRP），2010 年将其与乘员健康、安全方向整合。HRP 的主要目的是提高人在空间探索中的能力特性，研发相关对抗措施和技术，减少乘员健康和效能风险。为保障 HRP 的针对性，NASA 曾开展了六个月的分析工作，给出人因问题的差距以及知识需求，优选开展的研究和技术。HRP 在 NASA 的统一组织下，确立每年研究提案，整合研究结果，如2009 年主要关注感知运动、骨肌系统等，2010 年主要关注工作负荷测量、适居性概念工具、认知神经效能、行为健康和绩效、舱外活动生理学等。随着各航天大国新的载人航天发展计划的启动，对空间飞行中人的能力研究在深度和广度上将持续加强[3-9]。

我国从载人航天任务启动之初就开始关注人的能力研究，部分研究成果已经成功应用于我国历次载人航天飞行任务中。2011 年，载人航天领域首个国家 973 项目"面向长期空间飞行的航天员作业能力变化规律及机制研究"启动，研究内容涵盖人的感知与认知决策、运动操作能力、生物节律及航天员建模仿真等，取得了初步成果。目前，我国空间站工程顺利推进，未来的载人登月和深空探测项目也在论证之中，中国载人航天工程正在从短期空间飞行阶段向长期空间飞行阶段跨越，同时面临着许多新的技术难题和挑战。长期空间飞行对人的能力影响更大、要求更高，系统深入开展人的能力研究将成为后续航天任务顺利实施、航天员作用充分发挥的基础和关键。

1.1　空间环境特征及其地面模拟技术

1.1.1　空间环境特征

空间环境指地球稠密大气以外的环境，包括地球之外的星球表面环境。空间环境的特征因素包括微重力/低重力、真空、高低温、太阳辐射、粒子辐射等，这些特征都与地球表面环境存在巨大差异。

空间环境非常严酷，对于地球生物的生存极端不利。在载人航天任务中，航天器为航天员的生存与空间探索活动提供保障。航天器的环境控制与生命保障系统对其内部的大气成分、压力、温度、湿度等进行了控制，但航天器内部的环境仍然与地面环境存在显著差异。其中，近地轨道飞行的微重力或月球与火星表面的低重力、隔离密闭、噪声、昼夜节律变化等因素对航天员的生理、行为等有较大的影响。本书重点关注近地轨道飞行舱内环境对人的能力影响。

（1）微重力

众所周知，重力实质上是地心引力作用，其大小与物体与地心距离的平方成反比。当距离大到一定程度、重力可以忽略不计时，物体将"失重"，所剩余的微不足道的重力，称为微重力。然而，这种微重力环境因离地球太远了，因此希望在近地面空间的重力场中，人为地创造一个微重力环境。航天器的轨道飞行，为长时间微重力环境提供了真正的应用基础。其基本原理如下所述。

根据力学理论，航天器在空间轨道上围绕地球转动是因为航天器具有一定大小的速度（动能）并受到地球引力的作用，轨道一般为椭圆，也有圆轨道，现以圆轨道为例说明航天器的受力状态。航天器所受地球引力 f 的大小为

$$f = \frac{Gm_e m}{R^2} = mg \qquad (1-1)$$

式中　G——万有引力常数，$6.67 \times 10^{-11} \mathrm{N \cdot m^2/kg^2}$；

　　m_e——地球质量，$5.98 \times 10^{24} \mathrm{kg}$；

　　m——航天器质量；

　　R——航天器到地球中心的距离；

$g = \dfrac{Gm_e}{R^2}$——航天器的重力加速度。

当航天器在地面上时，$R = R_e = 6.4 \times 10^6 \mathrm{m}$（地球半径），重力加速度 $g_{地} = \dfrac{Gm_e}{R^2} \approx 9.8 \mathrm{m/s^2}$；当航天器在距地面高度为 R_e 的轨道上时，即 $R = 2R_e$，$g = 0.25 g_{地}$，则航天器的重力加速度值随飞行高度的增加而变小；在地

球轨道范围内，约是地面重力加速度的几分之一，也就是说航天器的重量变小了。

航天器在圆轨道上运动，理想情况下，所受外力就是重力，即 $f = mg$，其方向指向地球中心。f 的作用是把航天器拉向地球。但是航天器在发射进入空间轨道后具有一定的速度 v，v 的作用是按牛顿惯性定律使航天器飞离地球，当航天器的速度达到第一宇宙速度时，重力和离心力两者抵消。用能量的观点来说，运动动能抵消了重力势能，这就是所谓的失重状态。根据牛顿第二定律，航天器除了受到重力作用外，还受到一个惯性力的作用，此惯性力的大小等于航天器的质量乘以重力加速度，其方向和重力加速度的方向相反（背向地球中心），即 $f + f_{惯} = mg + (-mg) = 0$。在航天器坐标系中，航天器处于力平衡状态。

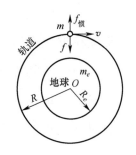

图 1-1　航天器在轨道
上的受力分析

这里应该指出，上面的结论成立是基于地球和航天器都是对于球心质量分布为对称的球体，且所受引力等效于质量全部集中于球心相互间的引力这一假定，然而，地球与航天器都不能完全满足这个假定，因而不能完全抵消重力作用。从这个意义上可以认为，航天器中存在微弱的重力作用；相对于失重而言，这种作用可称为微重力。具体而言，空间轨道器上的重力加速度为 $(10^{-6} \sim 10^{-3})g$，故而这种环境称为微重力环境。

在航天器中，为了充分利用微重力，人们总是希望微重力尽可能向零重力靠近，因此必须研究影响微重力水平的作用力。这就要研究一些微重力的来源。首先应当指出，大气（无论是稠密的大气层，还是稀薄气体）对运动中的航天器均要产生气动阻力，这种气动阻力是微重力的主要来源，太阳光压作用也是微重力的一个来源。当然，与气动阻力相比，太阳光压的作用小得多，而且只对高轨道飞行器产生作用，而对于低于 500km 高度的卫星，则可以忽略。另外还存在一种作用时间较短、有一定频谱宽度的干扰（可称为瞬时干扰），它会产生短时的干扰加速度。这些瞬时干扰有运载器的操作（如轨道操作、姿态控制操作时的发动机点火，太阳帆板的伸缩等）以及机载载荷（如太空舱）的操作（如相机快门启闭、电动机转动、乘员活动）等。现已研究出载人航天器上作用力对微重力水平影响的程度。其中，航天器轨道转移对微重力水平影响最大，范围是 $(10^{-3} \sim 10^{-2})\ g$，其次是航天员活动的影响，为 $(10^{-4} \sim 10^{-1})\ g$，航天员活动中走路、跳跃、蹲下和站起的影响范围是 $(10^{-4} \sim 5 \times 10^{-2})\ g$，深呼吸、咳嗽、打喷嚏的影响范围为 $(10^{-4} \sim 2 \times 10^{-2})\ g$，环境大气阻力的影响（是轨道高度的函数）范围为 $(10^{-7} \sim 10^{-3})\ g$，航天器本身自旋产生的影响范围为 $(10^{-4} \sim 10^{-2})\ g$，光引起的过载影响为 $10^{-8}g$，不均匀的重力场产生的过载影响范围为 $(10^{-9} \sim 10^{-4})\ g$，地磁场的影响范围为 $(10^{-12} \sim 10^{-11})\ g$，发动机和姿控系统工作时的过载影响范围为 $(10^{-2} \sim 10^{-1})\ g$。

空间环境的微重力特征对人的影响是多方面的。微重力环境对人的姿态和行为会产生很大的影响。由于处于漂浮状态，人体下肢的使用明显减少，下肢肌肉会萎缩，肌肉力量和耐力会降低。在微重力环境下，骨质也会不断流失，出现骨质疏松。重力条件改变会影响人的前庭功能，部分航天员在进入空间环境的早期可能出现空间运动病的症状，包括身体不适、食欲不振、眩晕、恶心、呕吐等。空间微重力环境会引起体液流向身体上部，在进入空间后的早期阶段，航天员会出现面部浮肿、组织充血等现象；这种体液分布的改变还会引起血流动力学特征及神经内分泌功能的改变。

（2）隔离密闭

长期隔离密闭是空间飞行任务中航天员所处环境与一般地面环境的另一个重要差异。在载人航天任务中，航天员生活在航天器中，航天器为航天员的生存与空间探索活动提供保障。但航天器的活动范围受限，与外界的沟通也受到诸多限制。航天器内众多设备运行会带来较大的噪声，生活在其中的航天员需要应对持续的环境噪声的影响。隔离密闭本身以及舱室环境噪声等伴随因素对个体和乘组心理、生理和行为均可能带来负面的影响。同时，隔离密闭环境下多种应激压力因素叠加可能对人的生物节律和睡眠产生影响，进而影响人的生理和行为。

（3）其他

在空间飞行任务中，航天器/航天员还面临着空间辐射、航天器外极端的真空热环境、发射和返回时的振动冲击与超重等环境因素的影响。

空间辐射是载人深空飞行中威胁航天员健康的主要风险因素之一，其防护也是制约人类迈向深空的主要瓶颈之一。在空间飞行中，太阳辐射以及粒子辐射是航天员要面对的重要辐射源。

太阳是一个巨大的辐射源，每秒钟可向周围空间辐射出 3.816×10^{26} J 的能量，它的辐射包括：γ 射线、X 射线、紫外线、可见光、红外线、微波和无线电波等各种波长的电磁波。然而，不同波长的辐射能量是不同的。可见光部分辐射强度最大，可见光和红外线部分的通量占总通量的 90% 以上。太阳的紫外线、X 射线和无线电波等辐射，在总通量中占的比例很小。尽管它们随太阳活动急剧变化，然而所引起的太阳总辐射通量变化却很小。为了描述太阳总辐射通量，引入太阳常数的概念。太阳常数定义为：在地球大气外，太阳在单位时间内投射到距太阳 1 天文单位处垂直于射线方向的单位面积上的全部辐射能。根据对近年来多次测量结果的分析，太阳常数为 1353W/m^2，其值尚有 1%～2% 的波动。太阳的电磁辐射作用于任何物体表面都会产生压力，通常称为"光压"。在 1 天文单位处，光压为 4.51×10^{-6}～9.02×10^{-6}Pa，具体数值和接收物体表面性质有关。光压是宇宙空间中的基本作用之一。在对航天器的结构、能源、温控、姿控和无线电通信等系统进行设计，对航天器轨道保持、材料与元器件进行选择，对人体防护措施等方面，都应考虑太阳辐射的影响。

近地空间是一个强辐射环境。除电磁辐射外，粒子辐射是对空间飞行器影响最严重的环境。粒子辐射的来源包括银河宇宙线、太阳宇宙线和地球辐射带等。

①银河宇宙线

银河宇宙线是一种高能粒子辐射，主要来自银河系中的星际气体和宇宙射线反应产生的中性粒子。这些粒子可以穿透银河系中的各种物质和磁场，传播到地球附近的大气层中。银河宇宙线的成分非常复杂，包括质子、重离子（如氦、碳、氧等）、电子、正电子、中子和伽马射线等粒子。银河宇宙线的强度是变化的，通常用单位面积和时间内通过大气层的能量流量来表示，即每平方厘米每秒的电离层高度上的能流密度。在地球的赤道,银河宇宙线的强度约为每秒 100 个电子伏以下,而在极地附近,它可能达到每秒 1000 个电子伏以上。银河宇宙线的强度还受到太阳活动和太阳风的影响。在太阳活动高峰期,太阳风可以阻止一部分银河宇宙线进入地球大气层,从而减少宇宙射线的强度。而在太阳活动低谷期,太阳风的影响会减弱,银河宇宙线的强度会增加。总之,银河宇宙线是一种复杂的高能粒子辐射,包括多种粒子成分和能量范围,并受到多种因素的影响,其强度也有所变化。对于太空探索和空间飞行,银河宇宙线是一个重要的辐射环境因素,需要认真研究和评估其对航天员和航天器的影响。

②太阳宇宙线

太阳宇宙线主要由太阳风和太阳耀斑产生的带电粒子组成,是太阳对地球附近空间的主要辐射源之一。太阳宇宙线主要由质子和 α 粒子组成,其中质子占绝大部分。太阳宇宙线中还含有电子、重离子、中子和伽马射线等带电粒子。这些粒子的能量范围很广,从几十兆电子伏到数千亿电子伏不等。太阳宇宙线的成分和强度都随着太阳活动的变化而变化。在太阳活动高峰期,太阳耀斑爆发频繁,太阳宇宙线的强度会增加。而在太阳活动低谷期,太阳宇宙线的强度会减小。对于航天员和航天器来说,太阳宇宙线都是一个重要的辐射环境因素。在航天任务中需要采用辐射防护措施来减小太阳宇宙线对航天员和航天器的影响。

③地球辐射带

在地球周围,存在着被地磁场捕获的大量带电粒子,这些粒子所占据的区域称为"辐射带"。地球辐射带的形成是因为地球磁场对来自太阳和宇宙射线的带电粒子进行约束,使其在地球周围形成一定的空间分布。地球辐射带主要由两个带状区域组成,分别是范围较小的"内辐射带"和范围较广的"外辐射带"。内辐射带的高度约为 1000 ~ 6000km,外辐射带的高度约为 15000 ~ 25000km。地球辐射带主要由高能带电粒子组成,包括质子、电子和重离子等。这些带电粒子的能量非常高,可以对卫星和航天器等设备产生损害。在太空探索和卫星通信等领域,地球辐射带的研究和辐射环境监测非常重要。科学家们需要了解辐射带中带电粒子的分布和能量，以便在设计和运行卫星和航天器时采取适当的防护措施，减少对它们的影响。同时，辐射带的研究也有助于深入了解太阳系中的高能物理过程，促进了人类对太空环境的认知。

整个空间环境中，粒子辐射对空间飞行威胁较大。当粒子辐射强度超过某一允许值时：人体会感到不舒适、患病甚至死亡；照相胶卷朦胧；太阳电池输出减少；各种半导体器件增益降低甚至完全毁坏；电磁材料、热力学材料、结构材料等改变性质；等等。因此只有研究和掌握粒子辐射的规律，才能通过轨道的选择、飞行时间的选取、耐辐射材料和元器件的选用以及采取屏蔽措施等，圆满地完成空间飞行任务。

航天器在太空真空中飞行，由于没有空气传热和散热，受阳光直接照射的一面，可产生高达 100℃ 以上的高温；而背阴面温度可低至 -100～-200℃。巨大的温差是航天器、舱外航天服设计和测试时必须考虑的环境因素。

航天器在起飞和返回阶段，运载火箭和反推火箭等点火和熄火时，会产生剧烈的振动。航天器加速上升和减速返回时，正、负加速度会使航天器上的一切物体产生巨大的超重。在载人航天任务中，一方面应对航天器进行合理设计来降低振动和超重；另一方面要对航天员进行地面的训练和选拔来适应存在的振动和超重。

1.1.2　空间环境模拟

为了充分掌握空间环境对人的影响，最好的方式是直接在空间环境中开展实验研究。然而与地面研究相比，以人为对象的空间实验研究面临很多问题与挑战。首先，由于条件限制，实验设计只能依赖并且受限于飞行任务，而难以进行多次或长期的实验。其次，设置对照实验非常困难，空间环境实际上是非常复杂的复合环境，而由于条件所限，很难排除各种因素的影响。同时，一些空间实验需要航天员进行操作，而航天员任务繁重，还需要担负很多其他的重要任务，这也会成为那些需要由航天员操作的实验以及以航天员为对象的研究工作的一个限制因素。因此，在地面建立模拟空间环境条件的方法，对于航天医学、人因工程及空间生命科学领域的研究具有重要意义，地面模拟技术对于航天员的选拔和训练也必不可少。

空间环境模拟技术主要研究在地面上人工等效再现或模拟载人空间特因环境的技术和方法，包括航天动力学环境、大气环境、失重环境、真空热环境、地外生存环境等的模拟技术。实际应用中，各航天机构及相关研究部门以航天环境物理参数模拟和航天环境效应模拟等方法和技术为手段，建造离心机、冲击塔、转椅和秋千等大型地面设备用于模拟载人航天动力学环境；建造飞船内环境模拟舱和航天服试验舱用于模拟轨道飞行阶段航天器乘员舱内大气环境；建造模拟失重水槽用于模拟空间失重环境；建造舱外航天服试验舱用于模拟空间真空热环境；建造密闭生态循环试验舱用于模拟地外生存环境。

（1）空间失重环境模拟

微重力是空间飞行任务中对航天员影响最明显的环境因素之一。微重力环境会对人的姿态和运动操作、骨骼肌肉系统及心血管系统、前庭功能等造成影响。因此，微重力也是各航天机构在地面重点模拟的环境因素。地面模拟中采用的主要手段包括失重飞机、中性浮力水槽、头低位卧床等，各技术手段所模拟的主要效应以及研究内容见表 1-1。这些模拟技术和平台一方面为研究者提供了认识微重力对人的影响及其对抗措施有效性的平台，另一方面为航天员适应失重环境下的生理反应及熟练掌握失重状态下的作业程序、方法和技巧提供了训练平台。

表 1-1　地面模拟空间飞行手段、效应及研究内容示例

地面模拟 空间飞行技术	主要效应	研究内容示例
失重飞机（抛物线飞行）	模拟短时微重力和重力变换	研究短时微重力条件对人体运动特性与施力特性、人的感知特性的影响
中性浮力水槽	模拟微重力环境执行舱外活动的运动操作特性	研究模拟失重条件下着航天服的运动特性、施力特性、体力负荷；研究人服系统作业能力特性
头低位卧床	模拟体液头向分布、失重生理效应	研究模拟长期失重对人骨骼肌肉系统、心血管系统、内分泌系统功能、脑认知功能的影响，验证相关对抗措施

①失重飞机（抛物线飞行）

失重飞机（抛物线飞行）是一种常用的模拟重力变化的方法，以法国 Novespace 的 A300 抛物线飞机为例，该飞机在约 6000m 高度平飞阶段重力大小为 $1g$，在进行抛物线的爬坡飞行时为超重状态，重力大小约为 $1.8g$，持续约 20s。飞机在到达 7500m 高度后关闭动力，飞机靠惯性上升至最高点约 8500m 后下降，该过程持续约 22s，处于微重力状态（$10^{-6}g$）。在飞机降落至 6500m 高度后，重新开启动力加速飞行，直至降至 6000m 高度转为平飞，这段时间持续约 20s，重力大小为 $1.5g \sim 1.8g$（见图 1-2）。每次飞行任务由大约 30 个抛物线飞行组成，每个抛物线飞行都包含超重、微重力和超重三个过程。抛物线飞行提供的微重力状态较为理想，接近真实的失重状态，但是持续时间很短，而且在过程中重力不断转换，而非仅受到微重力状态的影响。

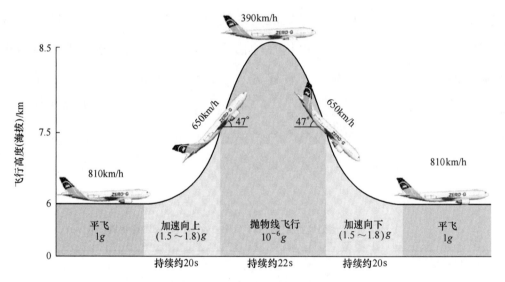

图 1-2　抛物线飞行示意图

（一次抛物线飞行包括超重、微重力和超重三个时间段，时间均在 20s 左右。图中显示
的飞机是法国 Novespace 的 A300 客机改装成的抛物线实验飞机，图片由郭金虎提供）

失重飞机的主要用途有三方面：一是训练航天员，让航天员熟悉失重环境；二是对航天器上与失重特性有关的设备进行性能试验；三是进行微重力科学实验研究。美国的小型失重飞机有 T-33 和 F-104 飞机改装的失重飞机，大型失重飞机有 KC-135 和 PC-9；俄罗斯有用伊尔-76 改装的大型失重飞机；法国有 A300 失重飞机，是目前世界上最大的失重飞机；日本也有大型或

中型失重飞机。中国曾利用歼教-5改装成小型失重飞机。

②中性浮力水槽

中性浮力水槽是训练航天员模拟太空失重状态下的一种方法，其工作原理是浮力配平，即利用水的浮力来平衡目标物的重力。通过精确配平，使目标物所受的向上浮力与向下重力平衡，产生漂浮状态。在航天服舱外活动训练和相关试验中，航天员穿着水槽训练航天服全部浸没在水中，通过为航天员配重，使其在水中受到的浮力和本身重力大小相等，重心和浮心尽可能一致，达到中性浮力状态。中性浮力法提供了人在失重状态下对运动和力的一种感觉上的效应，可以实现三维空间的微重力试验，且试验时间不受限制，目前主要用于航天员模拟失重训练。

美国和俄罗斯在航天员失重环境训练方面均建有中性浮力设备。美国先后建立的中性浮力设备有马歇尔航天飞行中心的中性浮力模拟器（Neutral Buoyancy Simulator，NBS）、约翰逊航天中心的微重力环境训练设施（Weightless Environment Training Facility，WETF）和中性浮力实验室（Neutral Buoyancy Laboratory，NBL）。NBS水槽建造于1968年，直径22.8m，深12.2m，曾用于天空实验室、航天飞机以及哈勃太空望远镜等任务的中性浮力试验和训练。约翰逊航天中心的WETF水槽是在一个拆掉离心机的建筑物中改造的，类似于一个游泳池，长23.4m，宽9.9m，深7.6m。NBL水槽1997年开始使用，长62m，宽31m，深12m，可同时进行2个乘组使用实体模型来完成训练任务，主要用于航天飞机、国际空间站的舱外活动硬件设计验证试验和航天员任务训练。俄罗斯加加林航天员培训中心的水槽直径23m，深12m，在俄罗斯航天器多次故障修复任务中起了极为重要的作用。

中国航天员科研训练中心（以下简称中国航天员中心）目前主要采用中性浮力法模拟失重环境，于2007年建造模拟失重水槽（见图1-3），用于航天员失重环境训练及型号产品实（试）验验证。模拟失重水槽在规模上兼顾了空间站工程的需要并充分考虑人员和设备的安全保障。模拟失重水槽由水槽槽体、水处理系统、水下航天服、地面生保系统、指挥控制系统、水下训练支持设备、潜水队伍、大厅吊车、岸边吊车、冷却水系统等大大小小数十个分项系统组成。槽体为圆筒形结构，采用不锈钢材料制作，直径 23m，有效水深 10m。可放置最大包络尺寸为 φ5m×18m，总重不超过 15t 的试验模型，槽体材质和加工工艺充分考虑水的腐蚀性，选用耐腐蚀性强的不锈钢材料焊接而成。水处理系统、锅炉加热系统等辅助设备，可使池水温度维持在 28～30℃，水质满足卫生学要求和水质平衡要求，既能保证水下人员的舒适度，又能减小水的腐蚀性。试验大厅配置有 5t 起重设备，可保障试验模型及设备器材的转运和组装。水下配置有摄像头和扬声器，指挥控制系统可监视水下试验现场情况，既可向水中人员发布指令，又可监测穿着水下航天服的试验员的生理参数，并与其通话。水下航天服及其地面生保系统，可同时为 2 名穿着水下航天服的试验员提供服装通风、维持余压及试验员呼吸所需的压缩空气和用于调节服装内温度的冷却水。地面生保系统采用的供气流量自动调节阀是根据水下航天服供气余压维持需求自主研制的具有特殊功能的供气阀门。该阀门可以自动感受水下航天服内绝对压力的变化并随水下航天服内绝对压力的增大而增大供气质量流量，随水下航天服内绝对压力的减小而减小供气质量流量，保持水下航天服内的气体体积流量基本恒定，从而减小水下航天服在上升下潜过程中的余压波动，使水下航天服保持中性浮力状态，保证训练效果。该设施主要用于航天员舱外活动训练、舱外活动相关航天器设计验证、出舱程序验证、舱外活动相关技术研究等。在中性浮力水槽中，研究者对航天员-航天服系统（人服系统）的运动特性、施力特性等能力特性进行了测量评估，以支撑工程任务的工效设计与评估。

图 1-3　中国航天员中心的中性浮力水槽

③头低位卧床

头低位卧床实验是模拟失重状态下心血管系统功能变化的一种手段。与地面相比，在进入空间环境的初期，由于重力方向改变，人体血液会流向身体上部，包括头部和胸部，下肢毛细血管中的血也会进入血管，在短期内造成血浆的总量增加。卧床实验通过体位的变化模拟微重力对心血管系统的影响。其中−6°头低位卧床所诱发的体液分布情况与在轨微重力时较为接近，常用于模拟长期失重生理效应，验证防护措施效果（见图 1 - 4）。在此类实验中，受试者在实验期间一直保持卧床状态，包括但不限于排泄、就餐、洗漱等，同时要求无枕睡眠。卧床实验期间受试者可绕身体纵轴变换体位，允许进行读书、看报、看电影、玩游戏等活动。卧床期间，每日监测受试者的血压、心率、呼吸频率、体温、饮水量、排尿量等一般健康状况；受试者的重要任务是参加所设计的各项研究测试。

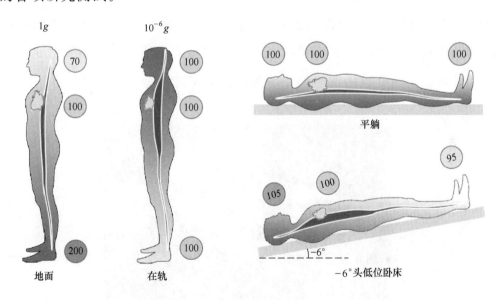

图 1 - 4　头低位模拟失重效应示意图

［所有图片中心脏处的血液压力设定为 100（100%），"地面"条件下头部的压力略低于心脏，脚部的压力远高于心脏；"在轨"条件下，头部、脚部的压力与心脏处相当，体液分布向头的方向转移；"平躺"条件下，头部、脚部的压力与心脏处相当，体液分布向头的方向轻微转移；"−6°头低位卧床"条件下，头部的压力略高于心脏，脚部的压力略低于心脏，体液分布向头的方向转移，体液分布状态与"在轨"条件最为接近（图片由郭金虎提供）］

（2）隔离密闭环境模拟

隔离密闭是载人航天任务中航天员面临的典型环境要素，在地面研究和测试中通过相似的环境对该要素进行了模拟。这些相似的环境包括：航天器模拟舱室，例如我国地面训练和技术测试用的天宫实验室模拟器、空间站模拟器；火星基地等模拟平台，例如我国在深圳市绿航星际太空科技研究院建立的受控生态生保系统集成试验平台（支持开展了"绿航星际"4 人 180 天受控生态生保系统集成试验）、俄罗斯生物医学问题研究所建立的模拟火星载人飞行试验平台（支持开展了"火星 500"试验）；在极地、沙漠、海岛等环境下构建的隔离密闭实验平台，例如夏威夷 HI-SEAS 火星/月球栖息地。

我国于 2016 年 6 月至 12 月开展了"绿航星际"4 人 180 天受控生态生保系统集成试验。所使用的试验平台由 4 个植物舱、2 个乘员舱、1 个生保舱和 1 个资源舱组成，占地面积为 370m²，总容积 1049m³，其中植物栽培总面积 260m²，具备乘员生活保障、舱内温湿度和通风调节、供配电与信息保障功能，是目前我国闭合循环程度最高、跨领域试验项目最多、驻留人数最多、持续运行时间最长的受控生态生保系统集成试验保障设备（见图 1-5）。

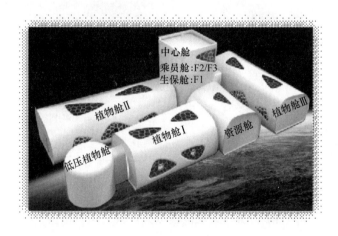

图 1-5　绿航星际 4 人 180 天受控生态生保系统集成试验保障设备

在隔离密闭实验中，受试者在隔离密闭模拟环境中进行几天到几百天的工作生活，这与航天员在空间环境中所处的社会、人际环境和生活模式有较好的相似性，常用来考察隔离密闭对人的社会心理、情绪、操作行为与绩效等的影响。此类隔离实验有助于研究者探讨未来人类在其他星球生存时所面临的心理、情绪问题。

（3）其他环境要素模拟

除失重环境、隔离密闭环境模拟外，航天动力学环境模拟、空间真空热环境模拟等模拟技术对人员训练、设备空间适应性测试也至关重要。

航天动力学环境主要有航天器发射阶段及再入返回阶段的超重、振动、冲击、加速度等环境。在航天应用方面，随着航天发射技术和返回技术的发展和提高，空间飞行中的动力学环境过载量级有逐步减小的趋势。目前对于动力学环境的载人试验主要是对超重环境和加速度环境的耐受选拔和训练。我国载人航天超重环境模拟设备主要用载人离心机；加速度环境模拟设备主要用电动秋千；冲击环境模拟设备主要用冲击塔。

离心机可以模拟航天器发射和返回过程中产生的加速度，进而帮助研究超重对人体的影响并用于航天员的选拔与训练。离心机的特征参数有最大 G 值和 G 值增长率。一般训练用离心机的最大 G 值为（16 ～20）g，最大 G 值增长率约为 $6g/s$。离心机主要包括电机或液压驱动系统、转臂、载人座舱（单轴舱或三轴舱），以及舱内显示、控制和噪声模拟设备等。俄罗斯加加林航天员培训中心的离心机臂长 18m，最大 G 值为 30g（高 G 值主要用于装船设备的试验），最大 G 值增长率为 $5g/s$。其座舱压力既可模拟 20km 高空的低压，也可以调节舱内温度和气体成分，还可以同时检测航天员的诸多生理参数。我国载人离心机利用圆周运动产生离心惯性力的原理模拟飞船上升段和返回段超重过载环境，臂长 8m，最大 G 值为 16g，最大 G 值增长率为 $6g/s$，座舱内可实时监测受试者的生理参数，同时设有通话和摄像监视系统，具有完善的安全连锁及安全保护功能。

秋千是通过旋转运动产生的角速度和角加速度的变化对人的前庭系统造成刺激，来研究人的前庭功能和运动病以及用于航天员选拔训练的重要设备。秋千一般由吊舱、转椅、支架、摆臂、电动驱动系统以及控制系统等组成。与秋千的功能相类似的设备还有转椅和旋转台等。我国电动秋千设备摆长 6m，摆动周期为自然摆动周期，摆角范围为 0°～45°可调，具有摆角超限报警、受试者报警、极限位置停机等安全保护功能。

冲击塔主要用于模拟航天器飞行过程中特别是返回和着陆时的冲击，研究冲击对人体的影响及防护措施。人用冲击塔一般采用自由落体来产生冲击加速度。能够实现冲击环境模拟的试验设备根据刹车方式不同，有弹性金属带减速刹车、气动刹车、液体阻尼刹车（如水刹车）等几种。目前水刹车冲击塔的精度在国内以及国际同类设备中，处于领先水平，其结构包括座椅、垂直导轨、牵引和释放机构以及底部的刹车系统。刹车系统是靠底部的活塞，在冲击塔下落时插入一个水容器中，产生要求的冲击波形。冲击塔的特征参数包括最大冲击 G 值、G 值增长率、作用时间和冲击波形等。

我国水刹车冲击塔主要由塔架、冲击平台和冲杆、水刹车阻尼装置、平台导向机构、平台提升系统、电控系统和冲击信号采集处理系统等组成。冲击平台的有效落程为 10m，可产生峰值为（2～80）g、脉冲宽度为 15～200ms 的多种常用冲击波形。水刹车冲击塔性能稳定可靠，可调性强，可实现多种冲击波形及脉宽要求。

空间真空热环境包括空间真空、冷黑、太阳辐照等环境。航天员在太空进行舱外作业时，所穿着的舱外航天服直接暴露在空间自然环境中，经受空间真空热环境的考验。舱外航天服在其研制过程中必须在模拟的空间真空热环境中进行充分的热真空和热平衡试验，验证其热设计和热性能是否满足要求。航天员穿着舱外航天服也需要在模拟的空间真空热环境中进行舱外活动训练。

我国的舱外航天服试验舱就是模拟空间真空热环境的大型地面设备，由舱体、热沉、氮系统（包括液氮系统和气氮系统）、真空系统（包括高真空主抽气系统和粗抽气系统）、紧急复压系统、红外模拟器、训练支持设备、液氦系统等大大小小数十个分项系统组成。舱体采用卧式圆柱体结构，内径 4.2m，圆柱段长约 6.5m，采用不锈钢制造。舱体的两个椭圆封头一端是能够最快开启的整体大门，另一端为固定式封头。舱外航天服试验舱拥有一个独特的真空系统。该真空系统由提供舱内高真空环境的高真空主抽气系统和提供舱内低真空环境的粗抽气系统组成。

非载人空间模拟设备真空系统的试验载荷（如卫星整机或部件等）均为放

气量很小的金属材质，而在进行载人试验时由舱外航天服内漏放到舱外航天服试验舱内的气体量很大。另外，试验中要求舱外航天服外层多孔材料的小孔内达到一定的真空度，这相当于对舱内真空度的要求提高了一个数量级。以上两种不利条件叠加到一起，对舱外航天服试验舱高真空系统的性能要求大为提高。为了能够满足这种高真空度的严苛要求，高真空主抽气系统采用了多台低温泵联合抽气并另配一套液氦泵的方案，这种"并联"配置不但大大提高了高真空系统的抽气能力，而且在使用中具有很大的灵活性。

紧急复压装置是舱外航天服试验舱的特色装置。紧急复压是载人空间环境模拟设备最重要的安全保障功能，非载人空间环境模拟设备无需该功能。舱外航天服试验舱实施载人试验时，如果出现意外危险情况（如服装破裂等意外因素引起服装快速失压），为了保证航天服内受试者的安全，需要在医学要求的短暂时间内将舱内的低压环境紧急恢复至人体安全压力状态，同时向服装应急供氧。紧急复压的时间及程序由航天医学专家和工程专家共同确定，以确保能够满足医学安全要求并在工程实现上可行。舱外航天服试验舱紧急复压装置采用多个能够快速开启的大口径气动真空阀门并联的技术方案，既能满足紧急复压的快速要求，又减小了单件失效的风险。此外，舱内结构和装置对抗紧急复压冲击气流的散流设计也是舱外航天服试验舱具有特色的设计之一。

航天动力学环境模拟装置、真空热环境模拟装置等在我国的航天员选拔训练、舱外航天服的性能评价试验等任务中发挥了重要作用，有效支撑了我国载人航天任务的成功实施。

1.2　空间飞行中人的能力优势和作用

载人航天是复杂的系统工程，要实现系统协同高效工作，首先需要确定系统中人与机器的角色和功能，这也是深入分析和研究空间飞行中人的能力需求的出发点和落脚点。有不少研究分析过关于一般意义上的人和机器的能力特征、优势与局限性，这些成果给最初的载人航天工程发展提供了一定的指导。但特殊的空间环境下人的能力会有什么变化，对人的优势和局限性有什么其他影响，美国和苏联从 20 世纪 60 年代首次载人飞行任务启动之初就开始研究这些问题，如美国利用空间实验室任务开展了大量人的能力特点的实验研究，涉及视觉、触觉和听觉反馈，也包括舱内日常活动、着舱外服进出舱门等方面，对比飞行前、飞行中、返回后不同阶段航天员能力的变化，发现在人最初进入太空时动作时间增加，但一到两周后能力基本恢复[3]。1984 年，NASA 为确保空间站建设任务，整合了前期研究结果，系统分析了空间中人的优势和局限性[9]。人具有的优势包括：

1）在特殊状态具有良好的检测能力，在各种场景下具有良好的跟踪能力。

2）能对各类特征宽泛的刺激呈现敏感性，具有感知特征模式并进行概括的能力。

3）具有在高噪声环境下检测信号（包括模式）的能力。

4）具有长时间存储大量的信息并在适当时回忆的能力。

5）具有优秀的判断、即兴发挥和采用灵活程序的能力。

6）具有很好的执行操作能力，低概率事件（如意外事件）的处理能力，以及采取全新和完全不同方案解决问题的能力。

7）具有利用经验和归纳的能力。

8）具有在某些超负荷情况下完成任务的能力。

人的局限性包括：

1）操作力量有局限性，不适合大而精确地用力或长时间持续用力。

2）在敏感性、反应时间、信息通道数量、响应速度和耐压性上有局限性，不适合短时间多任务同步执行。

3）对刺激信号的响应有延迟。

4）无法做到精确的校准和测量。

5）连续、可靠的操作能力有局限性，不适合执行不能被打断或者要求长时间保持注意力的任务，同时由于人响应的可变性，对于不变的重复性的响应操作容易不稳定。

6）人对低概率事件的检测能力有局限性，不适合执行检测很少出现的刺激或事件。

由于科技的快速发展，系统自动化和智能化水平不断提高，人和机器各自的特点也会发生变化，并与当前技术的发展密切相关。但从载人航天过去飞行经验和未来航天发展趋势来看，空间飞行中人的角色定位的主要原则一直没有变化，即自动系统无法完成的任务、重要系统干预或备份任务、系统故障诊断任务必须由人参与完成。对于长期空间飞行的航天员，应在以下四个方面发挥主导作用：

1) 长期空间飞行中航天器的高级监控和管理。对于中短期以及近地轨道飞行而言，航天器的高级决策基本由地面支持团队进行。但随着飞行时间的延长，深空探测任务特征的变化，乘员自主决策需求增加。美国空间实验室和国际空间站任务表明，航天员对意外情况下的卓越自主决策能力，对于提升任务绩效和可靠性具有无可替代的作用。但同时也需要针对空间特殊环境下航天员对航天器及任务整体态势的感知能力、工作动机水平、不同应急环境下的决策质量和稳定性、人员工作负荷与人因可靠性检测和评估技术开展深入研究。

2) 航天器实时动态操控。自动化水平的快速发展使得航天器操控主要依靠自动系统，这可以大大降低航天员操作负荷，但面对复杂的空间环境和多变的任务需求，在航天器交会对接、机械臂的遥操作、星球表面着陆和起飞任务中，人工控制仍是航天任务可靠性和成功性的重要保障之一。如在阿波罗11号任务的月面着陆过程中，飞船自动控制系统将在一个带有大石头的弹坑着陆，为避免灾难性的碰撞，航天员通过手动控制转到另一个合适地点降落。该类任务对航天员的空间感知能力、精细判读能力、决策能力、多维空间动态的精细操控能力都提出了很高的要求，如何保障其能力的发挥成为系统设计和任务规则的关键。

3) 航天器（或星球基地等）组装、维护和维修。这对提高航天器系统可靠性非常重要，正是因为这类任务中会面临大量非结构化场景、非合作性目标以及各种计划外的情况，当前系统的自动化水平还无法做到全部自主应对，必须依靠人的参与。美国和俄罗斯都有很多关于航天员在紧急维修任务中发挥作用的例子，如美国空间实验室任务中航天员对太阳帆板维修、国际空间站建设中航天员大量的舱内外组装和维修作业。这些作业依赖于人的视觉和操作系统，与人的认知决策能力、操作运动能力、人的负荷及操作可靠性等密切相关[4]，特别是对于舱外的组装和维修任务，航天员着舱外航天服后的操作运动能力对任务的完成至关重要。

4）空间科学实验研究。载人航天的重要优势是可以开展需要有人支持的在轨科学实验。由于人可以对实验过程进行主动观察、过程控制以及结果的初步分析，极大提高了在轨实验资源的利用，加大成果产出，如在执行阿波罗17号飞行任务期间，挑战者号登月车共进行了三次舱外活动，在第二次舱外活动时，杰克·斯米特（Jacket Schmitt）所具有的地质学知识帮助他发现了以"橙色土壤"著称的一种化学领域稀有的物质。这类任务与人的视觉观察能力、认知和判断能力等密切相关。

1.3　长期空间飞行中人的作业能力影响因素

通过对空间飞行任务中人的角色定位和功能分配可以看出，人在太空中能力的发挥程度对航天任务影响重大，为此需要系统分析航天任务对人的能力需求，以及空间飞行各种环境因素对能力的影响。在心理学范畴中，能力分为一般能力和特殊能力。一般能力是指顺利完成各种活动所必需的心理特征，包括观察力、记忆力、思维力、想象力、操作能力和创造能力。特殊能力是指在某种专业或职业活动中所表现出的能力，如机械、数学、音乐、绘画等能力[10]。职业能力是一般能力与特殊能力的"合金"。因为不同的职业既有对人的特殊能力的具体要求，也有对人的一般能力的不同需要。航天员是一种特殊职业，航天员职业能力的重要体现是，其完成特定航天任务的能力，可把它称为作业能力。

面对空间飞行任务，本书从人与系统之间的交互过程出发，将航天员的作业能力划分为感知能力、信息处理能力和操作能力三个方面。感知能力：借助人的感知器官，实现对外界环境及机器系统状态的感知，涉及对人的视觉、听觉、触觉等感知能力；信息处理能力：借助人的认知决策能力对所获取的信息进行分析判断，形成操作决策，主要包括知觉、注意、记忆、决策等能力；操作能力：根据形成的决策，驱动人的肢体、眼、耳等器官，实现对外界的操作或交流等，涉及人体参数和生物力学特性等。空间飞行中人的作业能力会受到来自生理层面、心理层面、技能水平、空间特殊环境及系统设计的影响。

（1）生理层面对作业能力的影响

一个人的生理状态是作业能力发挥的基础，对于航天任务而言，主要涉及人的眼、耳、前庭等感知系统，骨肌系统，中枢神经系统以及心血管系统等几个层面，其基本的生理特征（如晶状体形状和眼压、肌纤维力量、脑功能状态等）直接影响各个部分的功能特征（如视功能、肌肉力量、认知能力等），最终会影响航天员任务的完成（如是否能看清和处理显示的信息、是否能打开舱门等）。人的生理状态的维持需要在营养、睡眠、舒适性和健康等方面满足其需求，否则会导致各方面能力的快速下降。

（2）心理层面对作业能力的影响

人的心理层面对作业能力的影响主要包括认知能力和社会心理状态。人的认知能力（空间知觉、持续注意能力、记忆广度、决策能力等）直接影响航天员信息加工能力、操作时眼手协调性等。人的社会心理状态（情绪变化、性格动机、团队相容性等）不仅会影响人的认知能力，更对人的决策稳定性等产生重要影响。

（3）技能水平对作业能力的影响

对于航天员而言，特别是其执行长期空间飞行任务时，其技能水平对作业能力的发挥也会产生影响，如训练不足、技术支持不力等会使得任务完成度和准确度降低。

（4）空间特殊环境及系统设计对作业能力的影响

长期空间飞行的特殊环境及系统人机界面设计、交互方式等会对航天员生理、心理、操作效率及可靠性产生影响。

1）失重。长期失重会导致人的生理系统变化，包括骨丢失、肌萎缩、眼压和颅压改变、前庭功能变化等，从而对航天员的作业能力产生影响。如1997年，进步号234补给船与和平号空间站因人控交会对接失败而发生碰撞。分析表明，航天员执行任务时情景意识水平低、空间失定向以及失重条件下感知与运动控制功能下降是发生事故的重要原因。

2）狭小空间及团队人际关系。在长期空间飞行中，狭小空间和单调的人际关系会对航天员的情绪和动机等产生影响，进而影响作业能力，如以前美国和俄罗斯的空间飞行任务中因人际关系紧张导致任务无法正常开展的情况。

3）昼夜节律变化。在长期空间飞行中，昼夜节律变化与地面有很大差异，如近地轨道 90min 一个昼夜、月球表面 28 天一个昼夜等，这些变化会影响人在地球上形成的生物节律，容易导致睡眠紊乱、缺失，甚至失眠等，由此引发人员脑力疲劳、情绪下降等，从而影响航天员的作业能力。

4）人系统整合设计及适人性。航天器适人性设计水平对航天员能力发挥的影响很大，如限制器设计不合理将直接影响人对设备的可达性和操作力量，舱外设备的人机界面与航天员着舱外服后的灵活性、力量特性等匹配性对其完成舱外组装和维修任务至关重要。

1.4　国际空间站近年来开展的人的能力与绩效研究概况

由于太空环境与地球环境不同，长期执行太空任务的航天员在生理、心理方面都会发生较大的改变，这些变化很有可能导致操作绩效降低，进而引发事故。本节总结了近年来国际空间站（ISS）开展的有关航天员在太空中的生理、感知觉与认知特性和操作绩效变化的研究。

（1）航天员在太空中的生理变化研究

在生理研究方面，研究者主要关注了航天员在空间飞行任务前、中、后的身体机能变化以及航天员的健康保障措施。近年来，研究者关注到航天员在航天任务归来后出现了最大摄氧量下降、行动力下降、容易晕厥等症状，并对此开展了研究，以期能够找到改善的方法。在航天员长期空间飞行前、中、后的最大摄氧量和次最大摄氧量的某项研究中，研究者旨在量化由于有氧能力的减少而导致的身体工作能力降低的风险。研究结果表明，在 ISS 任务的前几周，航天员的摄氧量（VO_2）峰值先下降，之后略有恢复；在任务结束时，航天员会出现有氧能力下降的情况[3,11,12]。但研究结果并不适用于所有航天员，某些个体测试的结果表明，一些航天员在执行任务期间，VO_2 的峰值能够达到飞行前水平，甚至高于飞行前。总的来说，在 ISS 任务之后，航天员的有氧能力会下降，但其在飞行后 30 天内可恢复。此外，该研究发现，目前主流的有氧适应性的方法在应用于个体时是不可靠的，因此建议采用"综合阻力和有氧训练研究"（SPRINT），该方法可确保航天员在运动的同时保持他们的有氧能力。此外，除了有氧能力的降低，航天员在返回地球时还会出现晕厥的症状。研究发现，太空锻炼可以有效地预防和避免晕厥，即在执行任务期间，航天员应定期进行锻炼，并在返回地球后接受静脉滴注盐水。

航天员生理机能因素的变化会影响其任务操作绩效。一项收集了 13 名长期飞行航天员功能绩效和生理数据的研究显示，相比于飞行前，在飞行后，航天员对姿势平衡的动态控制有更高的要求（例如，跌倒恢复、离开座椅/行走时躲避障碍物、物体转移、跳下)[13]，动态姿势稳定性要求降低（例如，打开舱口、攀登梯子、物体和工具的手动操作）。这些数据以及相应的卧床实验数据表明，在飞行前和飞行中，进行平衡训练时为航天员提供适当的轴向身体负载是十分重要的。该项研究结果将有助于对由生理因素变化导致的功能绩效损伤采取的应对措施进行设计。

除了与机能相关的生理因素外，研究者还关注了航天员在空间飞行中身体尺寸的变化。此项研究由约翰逊航天中心舱外活动（EVA）项目办公室和航天员的人因因素和适居性（SHFH）项目共同发起，旨在探究飞行前、中、后航天员身体尺寸的变化。研究收集人体测量学变化的数据，即航天员身体各部分（即胸部、腰部、臀部、手臂和腿部等）的长度、高度、深度和周长[14]，探索由于航天任务而造成的人体各部位尺寸的变化，该研究结果可用于设计和验证各种空间设备，以维持航天员在太空中的舒适感，并进一步提升航天员的操作绩效。

（2）航天员在太空中的感知觉与认知特性变化研究

在空间飞行中，航天员面临着感觉、知觉和心理健康方面的挑战。其中，微重力对前庭和本体感受系统的影响尤为显著。研究显示，航天员进入微重力环境后，前庭和视觉线索的冲突会导致前庭眼反射的紊乱，这会对眼球运动、注视和空间定位产生直接影响[15]。由于缺乏引力作为空间定位的参考框架，航天员变得更加依赖于视觉线索来形成周围环境的地图以及维持相对于其环境的身体位置感；即使睁着眼睛，航天员也会报告自我运动的错误感知，身体方向感知的扭曲（感觉就像是"颠倒"）。然而，这些影响是短暂的（虽然偶尔会持续更长时间），通常会在航天员进入微重力环境的几个小时内消失[16]。

许多航天员在太空中都产生过迷失方向的体验。有研究者评估了长期暴露在微重力环境下如何影响视觉、身体和重力线索在确定朝向中的相对权重[17]。该研究对视觉、身体和重力（如果存在的话）线索进行了分离，测量了国际空间站上 7 名航天员（平均持续时间 168 天）飞行前、飞行中、返回后的垂向感知。实验测量了每种线索的相对影响和航天员对线索判断的变异性。14 名地面控制组受试者在类似时期进行了类似的测量。结果显示，在没有视觉线索的情况下，航天员的主观视觉垂直判断的变异性在返回地球后显著大于飞行前；在进入太空以及回到地面的较长时间内，航天员在判断垂直方向时更少地依赖视觉。而对于控制组受试者，在一年的实验周期内，身体、重力和视觉在受试者进行垂向判断中的权重没有变化。该研究显示了航天员在垂向感知上对于线索权重的利用表现出可塑性，对后续失定向的对抗措施设计有一定的启发。

长期的空间飞行会对航天员的运动感知产生一定的影响。由于人们通过半规管来感受加速度，而当感官线索不足时，人们会误判加速度的来源和性质。因此，中枢神经系统必须解决惯性运动感官线索的模糊性，以获得空间定向的准确表征[18,19]。然而，在空间飞行中，大脑适应性地将前庭信号与其他感官信息整合起来，可能会产生航天员运动协调受损、眩晕、空间定向障碍，以及返回地球后的感知错觉等问题。一项旨在比较航天员在空间飞行归来前后的倾斜和平移运动知觉的研究中，研究者假设这些刺激在低频范围内是最模糊的，即线性加速度可以解释为平移，也可以解释为相对于重力的倾斜。在航天飞机上飞行两周前后，研究者利用运动倾斜装置和可变半径离心机对 11 名航天员进行测试，获得了其口头报告数据。结果发现，在空间飞行后不久，航天员高估了侧倾的感知，并且这种高估在 1～2 天内恢复，这一发现与前人研究结果一致；在动态线性加速度（0.15～0.6Hz，61.7m/s²）下，飞行后平移感知也立刻被高估；两天后，侧向运动感知恢复；8 天后前后运动感知恢复[18]。这些结果表明，在适应失重状态后，倾斜平移运动知觉发生了变化。这些结果对于暴露在微重力环境下的航天飞机着陆过程中的手动控制，乃至对人类的小行星和火星任务具有重要的意义。

此外，微重力还会影响航天员的其他感知觉能力。在深度知觉方面，对于中等景深的距离，航天员在判断图像中的距离或真实世界环境中的距离时，会产生对目标尺寸大小的错觉，导致他们在抓取物体时容易产生误判[20]。此外，对微重力环境的适应会造成关节、肌肉和皮肤的本体感觉的改变，导致各种形式的感觉-运动的不一致，例如肢体位置意识和动作姿势[16]。由于缺乏引力，视觉线索与垂直前庭/身体线索之间的不匹配则会产生"空间运动病"的现象[21]，但对于大多数人来说，在进入微重力环境 4 天之后，空间运动病症状会减轻[22]。

尽管空间飞行的极端条件对航天员的感觉和知觉产生了各种损害，但空间飞行条件似乎不会对记忆、简单反应、心算等基本的认知表现带来明显损害[16]。不过，在长期飞行任务的中期之后，专注力等认知能力可能受损，包括注意的集中性下降、警觉性下降以及出现神游状态（"第三季度"现象）等[23]。由于认知能力对于执行太空任务很关键，越来越多的研究聚焦空间飞行人的认知功能变化。

为了解航天员的认知功能状态，研究者开发出了一系列针对性的测试。在该研究中认知功能将使用简短的（1～5min）、经过验证的神经认知评估软件（Individualized Real-Time Neurocognitive Assessment Toolkit for Space Flight Fatigue，Neuro CAT）来测试执行 1 年期任务的航天员[24]。该软件还用于评估飞行前和飞行中，以及地面和天上航天员面对急性、长期暴露微重力和其他航天压力源环境时的认知变化。

一项"检测探索任务期间行为健康风险的标准化行为测量"实验便采用了该工具包，为 2017 年的 ISS 任务提供了标准化的认知和行为测量。另外还有通过日记研究的方法收集航天员认知和行为健康的信息。研究者在 ISS 上第一次成功地通过录音收集数据，作为"长期航天任务相关的行为问题：航天员日记评述"的扩展。它替代电子的书面记录，是一项收集性质的研究，收集了生活在航天器狭窄和隔离环境中航天员行为和人因问题的信息[25]。这项研究的重点是 6 名 ISS 航天员的日记，将他们与之前的航天员的日记相比较，以便及时了解航天员的认知和行为状况的变化。

在 NASA 开展的双胞胎研究（Twin Study）中，使用神经认知功能评估软件（Neuro CAT）开展了 10 项认知领域的测试。研究发现，与地面生活的马克·凯利（Mark Kelly）相比，当飞行任务持续时间从 6 个月延长到 1 年时，在轨工作的斯科特·凯利（Scot Kelly）的认知水平并未出现显著下降，但其速度和准确性在飞行后出现了明显下降，原因可能是斯科特对地面重力的重新适应以及飞行结束后忙于执行其他众多任务。此外，还开展了基因组学等众多研究，一项有趣的发现是，斯科特的端粒在空间中的平均长度显著增加。空间飞行后的测量显示，斯科特的端粒长度在着陆 48h 内缩短，最终稳定在飞行前的水平附近；而地球上马克的端粒长度保持相对稳定。研究还发现，斯科特在空间飞行中体重下降，叶酸指标在飞行前很低，但在飞行中上升。斯科特的体重下降、叶酸指标升高与端粒延长可能是在轨时的坚持锻炼、规律饮食等健康的生活方式产生的积极效果[26]。

（3）航天员在太空中的操作绩效变化研究

在空间飞行中，航天员需要进行大量的精密操作，如果操作失误，会造成严重的事故隐患。空间飞行使航天员的生理和心理都产生了不同程度的变化，而这些生理变化与心理变化将共同影响航天员操作技能的准确性。

有项研究旨在确定长期微重力和不同重力对航天员的精细运动功能和交互任务绩效的影响（研究名称为：人与计算机系统之间的相互作用）。精细运动功能的变化可能会影响未来乘组登陆行星表面后，执行基于计算机的设备操作的精确性[27]。研究中，研究者们在 ISS 利用一系列测试评估了航天员精细运动控制的各个方面，包括点击、拖拽、形状描绘和夹点旋转。该项研究的初步结果显示，在入轨初期和返回初期，航天员精细操作的精确性下降，反应时间延长。该项研究有助于判断长期微重力导致精细运动功能下降的风险。

也有研究发现，航天员返回地面的当天，在认知和感觉运动表现方面有微妙而明显的变化[28]。他们的手动灵敏度和倾斜感知能力减弱，表明返回后重新适应重力期间航天员的运动功能和感知功能下降。虽然航天员的目标追踪功能不受影响，但需要进行注意分配的多任务作业绩效显著下降。此外，航天员返回后的 24h 内操作能力出现明显下降，即与飞行前的绩效相比，航天员在驾驶模拟汽车时保持车道位置的能力明显受损。对照组受试者和睡眠剥夺 30h 的受试者没有出现明显改变。在返回后大约 4 天，研究者发现航天员的所有任务绩效都恢复到了基础水平。基于上述结果，研究者提出了一系列建议，包括在航天员返回后进行及时训练、在尝试挑战性任务之前进行自我评估，以及在返回初期限制涉及手动控制的多任务等。

1.5　空间环境下人的作业能力与绩效领域国内研究进展

长期空间飞行中人的作业能力问题涉及人的生理、心理、认知与行为、操作等多个层面，既是一个非常复杂的科学问题，也是长期飞行任务规划和系统设计必须面对和解决的难题。目前国际上的研究积累了不少数据和经验，使我们对人在太空的能力变化有了一定的认识。截至 2022 年 10 月，我国已成功进行了 9 次载人飞行，先后将 14 名航天员（含 2 名女航天员）送上太空，在短期飞行到中长期飞行人的能力需求及变化特性方面获得了一些有价值的成果。

此外，在国家 973 计划项目"面向长期空间飞行的航天员作业能力变化规律及机制研究"等基础科研项目的推动下，我国研究人员在地面构建的模拟空间飞行环境与平台上开展了大量人的能力研究，包括卧床、悬吊、失重飞机、中性浮力水槽、隔离密闭等地面模拟环境实验研究，取得的数据和成果对加深空间飞行中人的作业能力变化规律及机制的理解起了重要作用。与实验研究并行的虚拟人建模仿真研究也为理解和预测航天员能力与绩效提供了新的技术手段和工具。2014 年 9 月，《Science》杂志出版专刊——《人在太空的能力与绩效：中国航天人因工程研究进展》，以 973 计划项目成果为核心，共包括 3 个专题 31 篇论文，涵盖了空间飞行或模拟失重条件下人的能力特性及生理变化，航天人机交互设计与乘组认知行为，人的建模、仿真和绩效评价等方面的研究成果。《Science》杂志资深责任总编肖恩·桑德斯博士在评述中指出："专刊汇集了中国载人航天最新的开创性研究成果，为读者描绘了一个未来太空探索研究的可能图景。中国科学工作者已经将他们的研究成果成功应用到航天器设计改进、航天员选拔与训练方法完善等方面，相信世界各地的科学家和工程师将从中受益。本专刊的新知识对于相关国家实施载人航天计划也有重要的借鉴意义。"

围绕空间环境对人能力特性影响这一方向，通过持续研究，我国研究人员建立了面向航天员在轨能力监测的认知和情绪功能评价和调节系统，揭示了空间飞行环境因素对人感知觉、认知和情绪功能的影响规律；揭示了近地轨道飞行条件下航天员生物节律的变化规律，深化了对生物钟基因调节的分子机制的认识；揭示了微重力环境下航天员运动、操作能力的变化规律，明确了失重性骨丢失和肌萎缩的分子调控机制；创建了"航天员建模仿真系统"，实现了认知绩效仿真、生物力学仿真、作业可视化、负荷预测与绩效分析等多功能多层次数字仿真分析，具备了对航天员重要作业与典型任务绩效的预测分析能力。本书将对我国研究者在本研究方向的进展进行集中展示，以期为后续研究提供借鉴。

参 考 文 献

[1] 陈善广. 载人航天技术 [M]. 北京：中国宇航出版社，2018.

[2] 陈善广，王春慧，陈晓萍，姜国华. 长期空间飞行中人的作业能力变化特性研究 [J]. 航天医学与医学工程，2015，28（01）：1-10.

[3] Kubiis J F, McLaughlin E J, Jackson J M, Rusnak R, McBride G H, Sazon S V. Task and work performance on Skylab missions 2，3，and 4：Time and motion study - experiment M151 [R]. In R. S. Johnston & L. F. Dietlein（Eds.），Biomedical results from Skylab（NASA SP - 377）. Washington；DG：U. S. Government Printing Office，1977.

[4] A E Nicogossian. Human Capabilities in Space [R]. NASA Technical Memorandum 87360，1984.

[5] NASA. Man - Systems Integration Standards NASA - STD - 3000 [R]. NASA，

Washington D. C.，1994.

[6] Office of Technology Assessment. Salyut – Soviet steps toward permanent human presence in space [R]. OTA – TM – STI – 11，Washington D. C.，U. S. Government Printing Office，1983.

[7] Michael R，Barratt M D. Human Research Program 2012 Fiscal Year Annual Report [R]. NASA，2012.

[8] Clement G. Fundamentals of Space Medicine [M]. Dordrecht：Springer，2005.

[9] Vontiesenhausen G. An approach toward function allocation between humans and machines in space station activities [R]. NASA – TM – 82510，NASA 1. 15：82510，1982.

[10] 郭伏，钱省三. 人因工程学 [M]. 北京：机械工业出版社，2005.

[11] Moore A，Evetts S，Feiveson A，et al. Evaluation of Maximal Oxygen Uptake (V02max) and Submaximal Estimates of VO2max Before，During and After Long Duration ISS Missions [C]. Increment 19/20 Science Symposium. 2009 (JSC – 17839).

[12] Moore Jr A D，Downs M E，Lee S M C，et al. Peak exercise oxygen uptake during and following long – duration spaceflight [J]. Journal of applied physiology，2014，117 (3)：231 – 238.

[13] Mulavara A P，Peters B T，Miller C A，et al. Physiological and functional alterations after spaceflight and bed rest [J]. Medicine and science in sports and exercise，2018，50 (9)：1961.

[14] Young K S，Amick R，Rajulu S. Quantification of In – Flight Physical Changes：Anthropometry and Neutral Body Posture [C]. 2016 NASA Human Research Program Investigators' Workshop，2016 (JSC – CN – 34601).

[15] Vessel E A，Russo S. Effects of reduced sensory stimulation and assessment of countermeasures for sensory stimulation augmentation [R]. NASA，2015.

[16] Kanas N，Manzey D. Space psychology and psychiatry [M]. Springer Science & Business Media，2008.

[17] Harris L R，Jenkin M，Jenkin H，et al. The effect of long – term exposure to microgravity on the perception of upright [J]. npj Microgravity，2017，3 (1)：3.

[18] Clément G，Wood S J. Rocking or rolling – perception of ambiguous motion after re-

turning from space [J]. PLoS One, 2014, 9 (10): e111107.

[19] Carriot Jérome, Mackrous Isabelle, Cullen Kathleen E. Challenges to the Vestibular System in Space: How the Brain Responds and Adapts to Microgravity [J]. Frontiers in Neural Circuits, 2021, 15.

[20] Haffenden A M, Schiff K C, Goodale M A. The dissociation between perception and action in the Ebbinghaus illusion: Nonillusory effects of pictorial cues on grasp [J]. Current Biology, 2001, 11 (3): 177 - 181.

[21] Suedfeld P, Steel G D. The environmental psychology of capsule habitats [J]. Annual review of psychology, 2000, 51 (1): 227 - 253.

[22] Lackner J R, DiZio P. Space motion sickness [J]. Experimental brain research, 2006, 175: 377 - 399.

[23] Wang Y, Jing X, Lv K, et al. During the long way to Mars: effects of 520 days of confinement (Mars500) on the assessment of affective stimuli and stage alteration in mood and plasma hormone levels [J]. PloS one, 2014, 9 (4): e87087.

[24] Seidler R D, Bloomberg J, Wood S, et al. The Effects of Spaceflight on Neurocognitive Performance: Extent, Longevity, and Neural Bases [C]. Human Research Program Investigators' Workshop. 2017 (JSC - CN - 38511).

[25] Goemaere S, Van Caelenberg T, Beyers W, et al. Life on mars from a Self - Determination Theory perspective: How astronauts' needs for autonomy, competence and relatedness go hand in hand with crew health and mission success - Results from HI - SEAS Ⅳ [J]. Acta Astronautica, 2019, 159: 273 - 285.

[26] Garrett - Bakelman F E, Darshi M, Green S J, et al. The NASA Twins Study: A multidimensional analysis of a year - long human spaceflight [J]. Science, 364 (6436).

[27] Kritina H, Maya G E V, Anikó S, Shelby T, Alan F, Brandin M. Effects of Long - duration Microgravity and Gravitational Transitions on Fine Motor Skills [J]. Human Factors, 2022: 1 - 13.

[28] Moore S T, Dilda V, Morris T R, et al. Long - duration spaceflight adversely affects post - landing operator proficiency [J]. Scientific reports, 2019, 9.

第2章　空间环境对人的基本认知能力与情绪的影响

太空环境中的重力、大气层以及辐射等方面有别于地球环境。空间飞行过程中所带来的失重、大气层变化（例如氧气缺失、空气密度变化）以及偶然的辐射爆发都会影响人的健康和行为表现[1]。为适应复杂的太空环境，在空间飞行过程中，航天员的视觉、前庭觉以及本体感觉系统都需要做出相应的调整[2-4]。研究发现，在短期和长期航天任务过程中，人类个体会出现神经系统功能紊乱[5]。航天员会表现出感觉神经、认知神经、感觉运动功能和身体功能损伤[6-8]以及生物节律紊乱和睡眠缺失[9]等症状。并且，在长期的空间飞行过程中，航天员的情绪等也会受到影响[10]。许多航天任务都需要涉及高水平的认知能力。那么，航天环境对航天员的认知系统和情绪功能有哪些改变或影响呢？这些改变对航天员的培训有哪些启示？以后的研究将从哪些方面深入探讨太空环境以及空间飞行对认知系统和情绪调节功能的影响呢？本章将对这些问题进行探讨。

认知是指对记忆、注意、语言、问题解决和计划等信息进行加工的过程。人类所拥有的复杂认知能力是人类区别于其他动物的基础[11]。认知心理学家认为，认知过程是人类感官将外界的物理能量输入我们的神经和认知系统，并在此对能量进行加工，包含感觉刺激接收、编码、存储、提取等一系列过程。太空环境中引力的缺乏改变了与重力敏感性相关的耳石器官的功能，而耳石传入神经信号的改变可能会影响高级认知功能，例如空间定向、空间知觉或模式和客体再认等[12]。航天员的工作通常包括操作复杂的技术系统、进行科学实验或在舱外活动中执行特定任务等，而任务的顺利完成都对认知功能和心理运动功能有较高的需求。尽管很少有研究发现，航天员在受过高度训练的任务中出现绩效能力下降，但并不意味着航天员在太空中的认知功能未受到损害。自人类空间飞行早期以来，一些研究便为在轨飞行过程中认知功能的紊乱提供了证据，包括空间定向障碍和视觉错觉、时间感知的改变、注意力障碍、运动技能的障碍以及任务表现较慢等[13,14]。模拟空间飞行过程中也发现了与空间飞行一样的结果[15]。太空环境的复杂性也会导致航天员睡眠缺失、生物节律紊乱、空间运动病、前庭神经系统和本体感觉系统的改变以及免疫系统问题，而这些问题的出现容易引起认知功能紊乱[16]。最初，探讨空间飞行对于认知功能的影响源于对航天员在飞行过程中操作表现的观察。观察结果发现，航天员在空间飞行过程的操作能力有所下降。尽管航天员在空间飞行过程中的操作绩效下降并不能忽略环境、行为、生理、工程技术等因素的影响，但这些结果还是引起了研究者对航天环境影响认知功能的关注。霍基（Hockey）[17]认为有两个因素会影响航天员的认知能力：第一个因素是太空中的微重力环境对特定脑机制的直接影响，特别是前庭和感觉运动系统；第二个因素是非特异性的应激因素，例如，长期睡眠不足、超工作负荷，或为适应极端的太空环境产生的身体和情绪负担。相较于微重力环境，后者主要通过改变心理激活状态，来影响认知功能。

　　情绪对人类的认知与行为起着重要的作用。情绪表现包括主观体验、面部表情、中央和外周神经系统反应。情绪变化会影响人类个体的认知、信息加工及行为反应[10]。人类个体的生活和工作环境都会影响个体的情绪状态。根据俄罗斯研究者的报告，航天员的情绪在空间飞行时有衰弱化的影响，即"神经或精神脆弱，自身表现为疲劳和迅速丧失力气、感觉阈低、心绪极度不稳和睡眠障碍等"[18]。其他研究还发现，在空间飞行过程中，航天员会产生比较明显的焦虑和抑郁情绪，甚至出现心境障碍[19,20]。能否成功地控制消极情绪并保持积极情绪，将直接影响航天员的工作效率，决定任务的成败。另外，太空环境中极端的工作和生活条件可能会导致航天员保持在负性应激状态（包括警觉状态、疲劳状态，超工作负荷状态，以及由于人际关系紧张或长期的密闭隔离效应而产生的情绪压力状态）。持续的应激状态不仅影响人类个体身体健康，还与认知和精神运动能力的下降有关。

近年来，太空环境对航天员的认知功能和情绪的影响受到了国内外研究者的广泛关注。本章将从认知和情绪的角度探讨空间飞行对感知觉、注意、工作记忆、长时记忆以及情绪的影响。

2.1 感知觉

外界环境中的信息通过传入神经到达中枢神经系统，中枢神经系统再通过传出神经传达指令到身体的各个部位。正确对外部环境感知是有机体能够对内部和外部环境的变化做出合理反应的前提。如果我们的感觉无法提供可靠的环境信息，将不能在不同的环境中做出适当的反应，这会导致我们受伤甚至死亡。身体对环境的感知源于我们的感官细胞与外界环境的交互作用。而知觉是一个综合目标预期、运动表现以及先前经验等不同感觉系统信息的复杂加工过程。适宜的地球环境保证有机体能够正常从环境中感知信息，令大脑做出适宜的反应。神经系统的组织和功能特征都会适应地球环境，地球重力环境在建立身体空间的神经表征过程中起着重要作用[21-23]。因多维纳（Indovina）等人[22]认为，处理视觉运动信息的前庭联合网络与自然引力有着紧密联系，这说明地球重力环境的影响已经内化到人类大脑中。但是，航天员在宇宙飞船发射、登陆月球和空间站以及在轨飞行中所经历的重力环境与地球均不相同[24]。因此，为适应不同的重力环境，航天员需要改变认知神经系统的功能去适应新的环境，而空间飞行过程中重力转变所引起的神经系统功能的改变，会导致空间定向障碍、错觉、平衡障碍、运动病和感觉运动控制改变[25-27]，从而影响航天员的操作绩效。那么，太空环境对人类的感知觉有哪些影响呢？了解航天环境对航天员感知觉功能的影响对以后的太空探索和航天员培训有着至关重要的作用。

太空环境的主要特点是重力环境与地球不同，人类大脑中并没有专门的脑区负责感知重力效应，人类个体对重力的感知源于前庭觉、视觉和触觉等感觉通道信息的整合。了解太空环境对感知觉功能的影响就需要先了解与重力相关的前庭系统的结构和功能与感知觉的关系。前庭系统是大脑内置的导航系统，由双耳的半规管、内耳平衡石和球囊组成[28]。前庭感觉器官作为加速计，半规管探测与旋转运动相关的角加速度，内耳平衡石感知与平移运动和重力相关的线性加速度（见图 2 - 1）[29]。偏航轴上的头部运动仅涉及角加速度，而俯仰或摇摆轴的头部运动涉及角加速度和线性加速度的组合。前庭感受器的活动基于头部的倾斜程度，这与重力有关。在头部倾斜过程

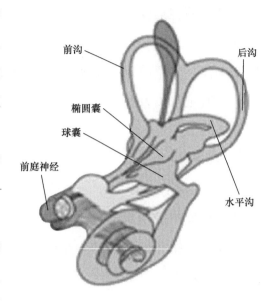

图 2 - 1　前庭感觉系统

中，头部感受器会传递信号到中枢神经系统，这个信号会影响知觉平衡和空间定向[30]。另外，中枢神经系统信息传递需要整合半规管和内耳平衡石的信号。中枢神经系统利用前庭信号输入产生眼睛反射和姿势运动，并且保持目光稳定和身体平衡。大脑对前庭觉、本体觉以及视觉等信息的整合，从而形成空间定向和运动的知觉表征[31]。太空环境中缺乏合适的重力线索，这会导致大脑没有足够的能力产生正确的空间表征，从而导致定向障碍和感知异常[5]。

　　耳石信号与其他感觉和认知因素共同影响在轨飞行中下落的感觉。前庭系统除了参与反射行为外，还在空间和导航的内部表现中起着重要的作用。为了确定客体在三维空间的位置，大脑需要整合客体相关的感觉信息，包括视觉、嗅觉以及身体在太空位置的内部表征。为了在视觉空间中形成正确的表征，大脑必须正确对眼睛、身体和头部运动进行正确解析。因此，在这一过程中，感觉和运动输入都需要被充分利用。在记忆空间信息（如物体的位置）时，更新内部表象，以响应这些动作尤其重要，因为大脑必须依靠非视觉的视网膜外信号来补偿自身产生的运动。在地球上，重力能够为识别客体和感知客体的形状和方向提供参考。重力还是中枢神经系统在运动控制过程中使用的参考系。以自我为中心的参照系是指观察者以外的物体的方位（例如重力、地平线、建筑

物），以自我为中心的参考框架是指相对于主体的空间关系所表示的位置（例如，以视图、手臂或者手为中心）。人的前庭觉和空间表征在失重状态下发生了根本性的改变，航天员经常在轨道上报告的视错觉，特别是在长期空间飞行之后所看到的持久后效，都证明了这一点。另外，最近的脑成像研究发现，为适应复杂的太空环境，满足太空导航和运动控制的复杂需求，在微重力条件下，边缘系统和大脑皮层活动会增强[32]。

前庭系统和视觉系统的连接在人类生物运动知觉中发挥了重要作用，且这种连接在重力变化时会发生重塑，这是中国航天员科研训练中心人因工程国家级重点实验室陈善广研究员团队和中国科学院心理研究所蒋毅研究员团队基于天宫实验室在轨实验数据、头低位卧床模拟失重效应实验数据和对照实验数据（见图 2 - 2）取得的一项重要发现，研究结果发表于《Nature Communications》。研究主要关注人类对视觉生物运动的加工。在地球上，生命体的运动受到地球重力的制约。而人类对符合重力作用的生物运动具有特殊的敏感性，表现为仅仅依靠几个附着于运动生物关节上的光点，就能探测到生命体的存在，并从中提取与生存及社会交互相关的信息；有趣的是，当光点生物运动刺激倒置呈现，其运动模式不再符合重力作用的影响时，人们对其的感知就会显著变差。有研究表明，上述倒置效应主要取决于生物运动中包含的重力加速度线索。这种由视觉重力线索驱动的朝向特异的知觉敏感性可能反映了生命体在地球重力环境中发展出的一种适应性机制，具有进化意义。然而，这种知觉敏感性究竟缘何而来？地球重力在其中扮演了何种角色？这些重要的科学问题一直以来未能得到很好的解答。

关于这些问题，存在两种不同的假设。假设之一是人们对正立生物运动相对于倒立刺激的知觉优势完全源自我们的视觉经验，正如人们通过长期观察学习，获得了对正立面孔相对于倒立面孔的知觉优势。而另一种假设则与地球重力有关，即由于我们自身始终处于地球重力场，大脑前庭系统可以利用身体接收的重力信号估计重力的方向，这种实时的计算有可能为视觉重力加速度的加工提供便利，从而塑造了视觉生物运动知觉的朝向依赖性。

该研究结果支持了后一种假设。首先，通过航天实验，研究者发现暴露于

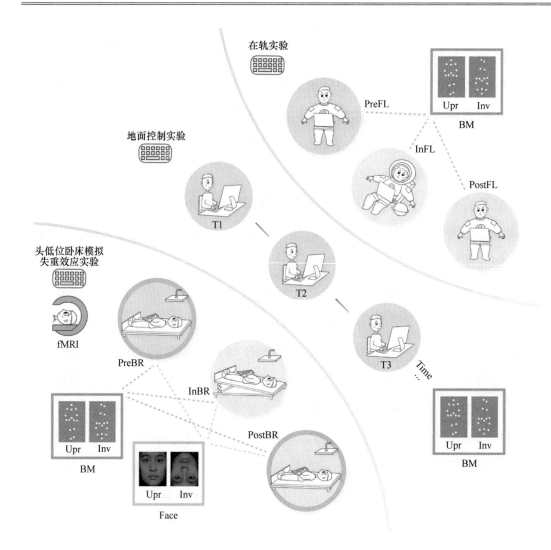

在轨实验：受试者在空间飞行前（PreFL）、飞行中（InFL）和飞行后（PostFL）开展生物

运动知觉测试。头低位卧床实验：受试者在卧床前（PreBR）、头低位卧床中（InBR）、卧床

后（PostBR）开展生物运动知觉测试和面孔知觉测试，并在卧床前和卧床后的测试中进行了

fMRI扫描。地面控制实验：受试者间隔特定的天数在坐立姿态下多次完成生物运动知觉测试。

图 2 - 2   生物运动知觉研究方案示意图

（详细信息见发表于《Nature Communications》上的论文《Modulation of biological motion

perception in humans by gravity》）

太空失重环境约一周之后，航天员生物运动知觉的倒置效应显著降低，且该效应在个体间具有高度的一致性（见图2-3a，图2-3b），提示地球重力环境对于维持人类对生物运动信息的朝向特异敏感性至关重要。为了进一步检验上述效应是来自失重还是其他非重力因素（如航天实验环境和练习效应），研究者开展了两个控制实验。结果发现，在正常地球重力条件下，不论个体是在模拟航天任务的幽闭环境中反复进行生物运动知觉测试，还是在实验室中进行多次测试，都不会表现出生物运动知觉倒置效应的减弱（见图 2 - 3c，图 2 - 3d），从而支持太空失重、而非重力无关因素决定了航天实验的结果。

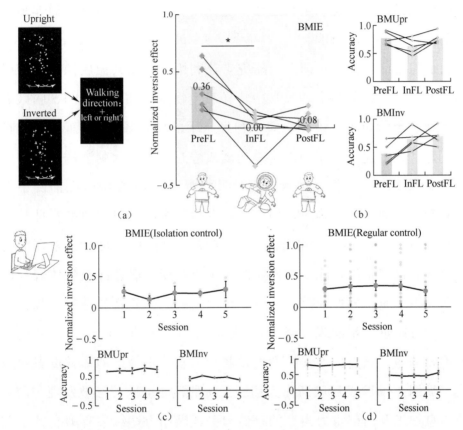

图 2 - 3　生物运动知觉在轨飞行实验及地面控制实验的流程和结果（见彩插）

（a）受试者判断隐藏在动态干扰刺激的直立或倒置的"光点小人"（如图中蓝色标示，该标示仅用于说明）的行走方向。其中的动态干扰刺激（噪声）由具有平衡的左右行走方向但形体位置被打乱的"步行者"组成。蓝色和白色箭头分别表示由目标步行者和噪声指示的步行方向；（b）空间飞行前（PreFL）、飞行中（InFL）和飞行后（PostFL）获得的直立（BMUpr）和倒置（BMInv）条件下的标准化 BM 反转效应（BMIE）和任务绩效；（c）从隔离控制实验获得的结果（$n=2$），受试者在隔离30 天之前（第一次）、期间（第二次至第四次）和之后（第五次）执行 BM 感知任务。浅色的小蓝点表示单个数据；（d）从常规控制实验中获得的结果（$n=22$），参与者在一个多月的时间内（平均 35 天）在 5 个测试环节中重复执行 BM 感知任务

　　为验证航天实验的发现，并进而探究失重带来的生物运动知觉变化背后的神经机制，研究者开展了一个在地模拟失重实验。实验采用−6°头低位卧床方法模拟航天对人的影响，该方法被证明可以诱发类似于失重状态下的生理及前庭响应改变。45天头低位卧床实验产生了和航天实验类似的行为影响，即生物运动知觉倒置效应在头低位卧床期间逐渐减弱，并最终降至显著低于前测的水平。与此同时，研究者还测量了面孔知觉倒置效应，发现其并不随头低位卧床时间的延长而减弱，说明生物运动知觉的改变可能源于运动，而非形状信息加工受前庭响应改变的影响。

　　在头低位卧床模拟失重前后，研究者还利用功能磁共振成像技术扫描了受试者的神经活动。在前测中，大脑中特异于生物运动加工的pSTS脑区表现出对生物运动刺激的朝向依赖性响应（神经水平的倒置效应），而该效应在后测中显著下降，且上述改变无法由简单运动或静态身体形状刺激诱发的神经响应所解释（见图2-4a）。作为对照，负责面孔加工的FFA脑区在前测中表现出对面孔刺激的朝向依赖性响应，但该效应在后测中并未发生改变；此外，对房屋图片有响应的PPA脑区对正倒立房屋刺激的相对响应强度也未在前后测中表现出差异。这些结果排除了头低位卧床本身改变一般性静态物体表征的可能性，说明模拟失重特异性地改变了生物运动信息的朝向特异性视觉加工。静息态功能连接分析进一步发现，pSTS与脑岛后部区域的功能连接在后测显著增强；更重要的是，该连接增强幅度可预测行为水平生物运动知觉倒置效应的减少幅度（见图2-4b）。后脑岛作为前庭系统的核心脑区，已被发现与前庭和视觉重力信息加工及内部重力模型的存储有关，因而上述结果有力支持了前庭重力计算参与视觉生物运动信息朝向特异性加工的假说。

　　该项生物运动知觉研究使我们更深入地了解地球重力环境对于人类认知功能的意义：地心引力不但影响我们自身的活动，还通过施加于身体的重力信号影响我们对包含重力加速度线索的其他生命体运动的加工，从而塑造了人脑对符合地球重力作用的视觉生物运动特异的敏感性。在机制方面，上述过程可能有赖于大脑对前庭（自身）及视觉系统（他人）传递的重力信号的整合及利用。在地球环境中，这种整合机制有助于人类有效地探测和知觉地球上的生命

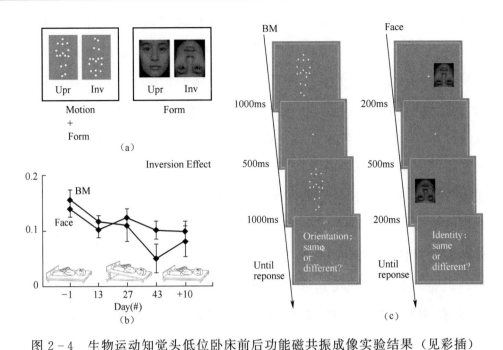

图 2-4　生物运动知觉头低位卧床前后功能磁共振成像实验结果（见彩插）

（a）我们测量了生物运动（BM）和面部（Face）知觉的倒置效应，它们分别与运动和形状处理以及单独的形状处理相关；（b）生物运动和面部感知任务的流程，受试者指出两个连续出现的步行者/面部是否相同；（c）在头低位卧床前（第−1 天）、头低位卧床期间（第 13、27 和 43 天）、头低位卧床后（第+10 天）的倒置效应变化情况，其中蓝线为生物运动知觉的倒置效应，绿线为面孔知觉的倒置效应

体。而当摆脱地心引力的束缚时，人类或可通过重新调校前庭视觉交互及相应的内部重力计算模型，提升对不同重力状态下生命信息的探测能力，以便更好地适应太空环境。

空间定向能力是指在一个三维空间环境中定位自己的能力，它与空间站内的导航任务有关。空间定向的一个重要方面的能力是对自己和外部环境的空间关系的正确知觉。这就需要一个参考系提供稳定的坐标系统来定义自己的位置、方向和运动。在地球上，空间定向通常是把重力方向作为参考系。引力的方向提供了一个可靠的线索，可以确定垂直方向的主观知觉和身体方位与直立位置的任何偏差。此外，与环境有关的视觉暗示（如房屋、树木、其他人的方位）对空间方位的感知具有重要意义。事实上，视觉信息的影响可能部分或甚至完全超越耳石器官和其他本体感受性受体系统提供的信号[33]。但在此种情况下，容易发生空间定向扭曲，例如在地球上出现的经典方向和自我运动错觉。在太空中，重力线索消失了，视觉线索的影响得到加强，空间定向受到严重干扰。在对 104 名俄罗斯航天员的研究中[34,35]，98％的航天员被发现有部分或者完全定向干扰，特别是在黑暗或闭着眼睛的情况下。由于缺乏明确的视觉参考，航天员无法确定他们相对于航天器的位置、方向或运动。格拉索尔（Glasauer）和米特尔施泰特（Mittelstaedt）[12]的研究发现，航天员在蒙住眼睛后没有办法正确辨别自己在转弯期间的方向。这一效应进一步得到了证实，航天员在太空中比在地球上更难保持精确的无视觉环境的空间地图[36,37]。空间定向困难大多发生在进入微重力环境后，仅持续几分钟或几个小时。但有些空间定向困难可能在持续 14～30 天后，才能制定出适应性应对策略或实现生理调整。但是，有研究观察到许多空间错觉在一段时间后（30～50 天）再次出现，这表明空间适应性过程并不稳定[38]。马斯特（Mast）和扬克（Jäncke）[39]的研究发现，重力环境转变会引起视觉重定向错觉（视觉重定向错觉是突然的微重力转变所引起的人类个体对地表的相对方向辨别错觉）。由于太空环境中缺乏地球上固有的"向上"或者"向下"的线索，可能引起倒位错觉（Inversion Illusion）。倒位错觉通常发生在在轨飞行过程中。此种错觉同时伴随着振动和翻腾的感觉[35]。造成倒位错觉的一个可能原因是在重力不存在的情况下的流体转移引起的头部水头压力，由此产生与地球重力环境中的倒置相同感觉[39]。维拉德（Villard）等人[40]探讨微重力基于水平和垂直线的视错觉（如缪勒-莱耶错觉）的影响，结果发现，在模拟飞行过程中，基于线性透视的视错觉（如缪勒-莱耶错觉）会减少出现，而与线性透视无关的视错觉（如波根多夫错觉）则不受失重的影响。有研究采用 HDBR 模拟失重知觉正确性和冲突控制能力受到的影响和变化规律，并在卧床实验 6 个不同阶段（卧床前第 6 天，卧床第 11 天、第 20 天、第 30 天和第 40 天，以及卧床后第 8 天）对 16 名受试者进行重复测试。结果发现，在知觉正确性测试中，受试者在卧床第 11 天的正确率显著提高，在卧床第 32 天时达到并维持在一个较高的水平直至卧床后第 8 天最后一次测试。在刺激-反应冲突任务中，在卧床第 32 天出现显著的促进作用，并在起床后明显下降。他们认为，低位卧床不会对认知功能造成明显损害，甚至可能有促进作用；知觉正确性和反应协调性的变化趋势在卧床早期具有一定的相似性[41]。另外，长期的空间飞行也会影响深度知觉。在空间飞行过程中，人类个体并不能够正常获得深度知觉线索[42]。进一步研究发现，在登陆空间站后，由于深度线索不明显以及眼高缩放大小不同，航天员的距离和大小知觉会受到影响。他们会过高或过浅感知客体的高度和深度。另外，相较于地球环境，在轨飞行过程中，航天员同样会低估物体间的距离[43]。微重力条件也会影响航天员的大小、形状和距离知觉[43]。拉蒂农（Ratino）等人[44]对比航天员在飞行中和飞行前后的时间知觉（时间知觉是对客体延续性和顺序性的感知，可分为时距知觉和时序知觉）发现，航天员会过长估计时间。其他研究也发现，航天员报告在轨飞行过程经历的时间异常短[45,46]。大脑对重力的感知加工依赖于包括前庭觉、本体觉多感觉系统的整合。拉夸尼蒂（Lacquanit）等人[47]认为，重力对视觉的影响已经内化到大脑中。人类在婴儿期就能够意识到重力的影响，5～7 个月的婴儿能够预期到物体从倾斜的平面中落下速度会减慢，而从下往上速度会减缓[48]。尽管有专门负责探测加速度和重力变化的感觉器官，但是视觉系统没有特定的重力感受器。视觉系统只能通过视网膜的加速度来估计重力方向。尽管同一个空间位置的重力加速度是相同的，但是视网膜加速度会随着视距（观测者和场景之间的距离）的变化而成反比例变化。视觉系统对加速度的估计是很不敏感的，视距也很难评估。在三维空间中，眼睛朝向、适应度、立体视差会影响视距，但这些线索在目标距离过远或者二维空间中无法起作用。环境中物体大小也能够作为参照物影响视网膜成像[49]。因此，太空环境的特殊性会影响视觉系统的功能。其他研究发现，重力相关的感觉输入能够通过视觉场景信息调整初级视觉皮层活动[50]。凯泽（Kaiser）和阿乌马达（Ahumada）[51]研究发现，在宇宙飞船上，航天员的视敏度会受到太空的暗度、太阳的亮度以及机舱内光照条件的影响。航天员只能根据与太阳的位置调整舱内的亮度和阴影。另外，在月球表面，尽管航天员的静视敏度和深度知觉并不会受到影响，但是距离知觉和近视力能力减弱[52,53]。空间飞行过程中的重力转换会影响动态视力，导致视野模糊[52]。在飞船发射过程中，重力增加，会减少和阻碍外围视觉，有些航天员会出现暂时意识缺失，视野狭窄是航天员在重力加速度影响下出现的典型症状；超重力、持续振动和随机加速度也会干扰视觉稳定性。其他研究发现，全身振动会影响知觉任务的正确率[54]。由宇宙射线核引起的细微的光线闪烁也会影响航天员大脑加工和视觉系统[55]。希克尔（Sikl）和希梅切克（Simecek）[56]采用不同的 3D 知觉任务探讨密闭狭小的空间对视空间知觉的影响发现，长期待在密闭狭小的空间并不影响受试者的 3D 知觉。但是，邓雅菱等人[57]探讨了 72h 密闭狭小环境和睡眠剥夺对人类个体知觉速度的影响，发现实验组（密闭狭小组和睡眠剥夺组）24h 后，知觉速度明显降低，48h 恢复，72h 后再次降低（见表 2-1），说明密闭狭小空间和睡眠剥夺都会影响知觉速度，且睡眠剥夺的影响更大。罗格（Roge）和加博（Gabaude）[58]研究发现，一个晚上睡眠不足会降低视觉感知任务的知觉敏感性。另外，脑功能成像研究还发现，视觉系统的活动可能会受睡眠不足的影响[59]。例如，奇（Chee）等人[59]发现睡眠剥夺会导致枕叶皮层内视觉任务相关激活的显著性下降，且当个体出现注意力缺失时，视觉皮层活动的下降最为明显。睡眠剥夺与枕叶皮层视觉加工的激活降低有关，且视觉记忆和知觉匹配任务表现较差有关[60]。

表 2-1　各组各时间点的反应时均值和标准差　　　　（单位：s）

	实验前	24h	48h	72h	总平均
对照组	10.213（0.830）	11.190（2.665）	9.535（1.464）	10.624（2.562）	10.353（2.009）
密闭狭小组	10.486（1.065）	13.368（3.708）	10.889（2.308）	12.711（2.810）	11.863（2.840）
睡眠剥夺组	10.723（1.488）	15.477（3.289）	11.537（2.721）	14.158（3.973）	12.974（3.501）

2.2　注意

注意是人脑从海量信息中选择一些信息进行加工的同时忽略其他信息，以优化认知加工的一种选择机制。注意是认知能力的重要指标之一。在空间飞行任务中，一方面，航天员的注意广度和注意资源的灵活分配非常重要[61]；另一方面，空间飞行过程与重力负荷相关的感觉运动功能改变和航天员在极端的太空环境中表现出生物节律紊乱、睡眠减少等症状，往往会伴随着注意力涣散和警觉性水平的下降 (Mallis & DeRoshia, 2005)。

在空间飞行过程中,航天员需要具备快速从复杂环境中选取任务相关的信息进行加工并反应的注意选择能力。研究发现,对称探测任务和视觉搜索任务的成绩受到重力惯性条件的影响[62]。首先,孙美荣等人[63]对 −6° 头低位卧床条件下的自下而上和自上而下注意加工进行了探讨,结果发现,45 天的头低位卧床状态并不会影响对自下而上的注意能力,且对自下而上的注意能力也并未产生疲劳和学习现象。其次,对于复杂的视觉搜索任务,受试者的反应时和正确率逐渐提高,即出现了知觉学习现象。上述结果说明,虽然在头低位卧床过程中,受试者长期处于模拟失重状态,但是人的基本注意能力不会由于环境的改变或者基本肌体状态的改变而受到较大的影响。

认知控制主要是指根据当前任务目标灵活且快速地注意分配的过程。航天员在执行飞行任务过程中,需要快速有效地在多种任务之间进行转换,这就与认知控制能力有关。一部分研究发现,空间飞行会影响认知控制能力,例如,曼泽伊 (Manzey) 等人[64]在空间飞行过程中没有发现初级认知功能、语法推理、心算或记忆搜索的速度和准确性受到损害,但在知觉-运动任务发现有明显的干扰。其他研究发现,航天员更容易在同时完成多个认知任务、快速系列任务或者注意分心任务中表现出认知缺陷[65]。但是,本克 (Benke) 等人[66]通过对航天员为期 6 天的认知加工能力进行观察后也发现,航天员飞行前后在简单反应时任务、选择反应时任务、Stroop 任务和视空间任务上的表现都没有差异。同样,模拟航天环境对认知控制能力影响的研究也得到了不同的结果。一部分研究发现,睡眠剥夺会损害人类个体的转换功能[67],增加 Stroop 任务的反应时[68],影响人类个体的优势反应抑制能力[69],睡眠不足还会影响多任务作业的表现[70]。另外,脑电研究也发现在 GO/NO GO 任务上,睡眠剥夺条件会表现出更小的 P3 波,说明在神经生理指标上也发现了睡眠剥夺对认知控制能力的损伤[71,72]。脑成像研究发现,正常睡眠组在注意任务中有额上回和下顶叶的激活,而睡眠剥夺组在左额下回的激活程度显著降低,进一步发现了睡眠剥夺对自上而下的控制功能的影响[73]。有研究采用 −6° 头低位卧床实验模拟空间飞行过程中失重环境发现,头低位卧床对抑制功能的影响表现为由损害到恢复的发展变化过程[74,75]。但是，其他研究发现，持续保持 36h 的清醒，增加自我报告的焦虑水平和降低情绪 Stroop 任务的反应速度，但是不影响经典的 Stroop 任务，说明睡眠剥夺可能通过改变情绪状态来影响认知控制[76]。另外，有研究在微重力条件下，心理旋转任务的反应时反而会减少[77]，即微重力条件反而对执行功能有一定的促进作用。同样，最近有研究采用心算任务并结合 ERP 技术发现，在复杂的任务中，在微重力条件下的反应更加迅速（见图 2 - 5）。同时，ERP 数据显示，在微重力条件下，P2 波幅减弱，溯源分析发现额上回和额中回被激活，更进一步说明在微重力条件，人类个体抑制能力得到了增强[78]。

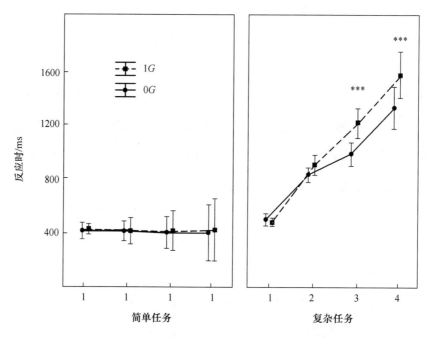

图 2 - 5　不同重力条件下心算任务的反应时

（1、2、3、4 代表心算任务不同的难度水平，难度随着数字的增大而增加；＊＊＊代表 $P < 0.001$）

手控交会对接是航天作业中的典型任务。有研究结果发现，在 28h 睡眠剥夺条件下和饮酒后血液中酒精质量分数达到 0.1% 时的手眼协调能力，与睡眠剥夺的时间存在显著相关，受试者血液中的平均酒精质量分数与手眼协调的能力存在显著的线性相关。进一步分析发现，中度睡眠缺失对手眼协调能力的影响与酒精中毒的模式一致，甚至更加严重[79]。另外，还有研究发现，睡眠剥夺可能会对人类大脑右半球的空间注意力系统产生更大的负面影响[80]。另外，航天员在对接过程中的多目标跟踪能力（Multiple Object Tracking，MOT）对航天员任务的完成也非常重要。有研究选取 MOT 任务来考察航天环境下受试者多目标追踪能力的变化情况发现，MOT 任务的总体变化趋势，在卧床前和卧床开始前两次测量中（大约 20～22 天），MOT 成绩表现出提高的趋势和训练效应；之后到卧床结束表现出下降的趋势（见图 2-6）；且在目标位 4 时达到了显著下降的趋势，表明模拟失重会对多目标追踪能力产生显著影响[81]。

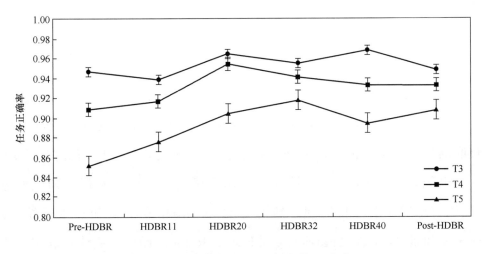

图 2-6　卧床期间 MOT 任务的正确率

（Pre - HDBR 是指卧床前两天，HDBR11、HDBR20、HDBR32、HDBR40 分别指卧床
第 11、20、32 和 40 天，Post - HDBR 是指卧床结束后第 8 天。T3：同时追踪 3 个目标；
T4：同时追踪 4 个目标；T5：同时追踪 5 个目标）

航天员需要保持高度警觉，以保证航天任务的成功和安全完成，因此，注意功能对航天员的航天作业绩效起到了非常重要的作用。在复杂认知加工的过程中，一个人必须有意识、警觉，并保证在一段时间内能够集中注意力来完成当前任务。对于正常人而言，警觉性在一天中只会有微小的浮动，并且与地球昼夜周期相对应，在下午的早些时候会有明显下降。但是，在持续超过 16h 的清醒后，人类个体的持续警觉性和警觉性注意水平会显著下降[82]。其他研究发现，睡眠剥夺会导致大脑工作水平降低，尤其是中央执行控制功能的核心控制区前额叶在睡眠剥夺后会出现功能性损伤[83,84]。PVT 反应测试的结果也显示，睡眠剥夺使他们的反应时间变得更长，受生物钟的影响，他们在凌晨的表现尤其差[85]。马欢等人[86]对我国某次在轨飞行任务前和返回后 3 名航天员的警觉度进行 PVT 测试，发现与飞行前第一次 PVT 结果相比，有两名航天员在飞行后有较大改变，其中第一名航天员 PVT 均值在飞行后降低，而第三名航天员的 PVT 均值升高，第二名航天员的 PVT 均值在飞行前后无明显改变。其他研究采用注意网络任务发现，在 72h 睡眠剥夺过程中，随着睡眠剥夺时间的延长，反应时间也随之延长，且在睡眠剥夺 40～48h 后对注意网络功能的影响最大[87]。

2.3　工作记忆

工作记忆（Working Memory，WM）的早期定义是执行某项计划而可快速获取的记忆，工作记忆能够同时存储多个计划或者单个计划的多个部分[88]。随后，巴德利（Baddeley）[89]认为，工作记忆是在完成一系列认知任务过程中（例如语言理解、学习和推理）暂时存储和控制信息的认知加工系统。随后，帕迪·戈德曼-拉基奇（Patricia Goldman－Rakic，1987）从认知和神经生物学的角度借鉴了这一观点，认为生物之所以进化出有引导行为的能力是依靠记忆表征，而不是刺激本身，这揭示着概念和计划能够主导行为的可能性。因此，引导行为的能力是通过不同的刺激表征而不是刺激本身，这是一个重要的进化成就。大部分认知研究都指出，工作记忆是复杂行为的基础。工作记忆受损时，日常生活中很多活动的执行能力也会受到影响，许多以行为紊乱为特征的神经和精神综合征中都发现了工作记忆的损伤[90]。工作记忆是人类高级认知活动的核心，是学习、推理、问题解决和智力活动的重要成分，基本上所有认知功能都离不开工作记忆（保持和控制即时信息的能力）。因此，了解航天环境或者空间飞行对工作记忆的影响是非常必要的。

凯利（Kelly）等人[91]采用斯滕伯格的短时记忆任务、视觉搜索任务、反应获得任务等实验范式观察 4 名航天员在 10 天的飞行任务前后的表现，并没有发现在飞行过程中有明显的绩效下降，但却发现在飞行过程中认知负荷对绩效的影响大于地面。另外，前额叶资源分配会受到睡眠和昼夜节律的影响[92]，而工作记忆系统主要依赖于大脑的背侧前额叶皮层，该区域的活动会受睡眠不足的影响。利姆（Lim）和丁格斯（Dinges）[93]发现，工作记忆任务的准确性和反应时间都受到睡眠剥夺的影响。其他研究还发现，睡眠剥夺会影响认知加工的不同成分，非执行注意的认知任务在睡眠剥夺后下降，但工作记忆的扫描效率和主动抑制任务却不受影响，他们认为睡眠剥夺后的工作记忆缺陷可能仅仅是由于警觉、注意力和精神运动警觉的下降，而并不会影响工作记忆中控制信息的能力[94]。

但是，头低位卧床模拟失重研究发现，人类个体的言语工作记忆和空间工作记忆成绩变化趋势与对照组一致，并未出现工作记忆能力的损害[95]，见表 2-2 和表 2-3。另外，刘卿等人[96]采用工作记忆 2-back 任务考察了受试者在 45 天 -60°头低位卧床模拟失重条件下，卧床前 2 天、卧床第 11 天，卧床第 20 天、卧床第 32 天、卧床第 40 天以及卧床后第 8 天工作记忆的变化趋势，并采用生理多导仪记录其任务期间的生理变化情况。研究结果发现，相较于卧床前，卧床第 11 天、第 20 天、第 32 天后皮肤电反应显著降低，但在卧床第 40 天后和卧床后 8 天有所回升，但是仍然低于卧床前。随着卧床时间的延长，2-back 任务的正确率逐渐提高，反应时也逐渐缩短。持续的头低位卧床可能会对人类个体的生理和工作记忆的刷新功能有一定的影响（见图 2-7 和图 2-8）。最近，有研究探讨长期模拟航天环境中的脑功能静息态连接以及与行为变化的关系，结果发现 70 天的 -6°头低位卧床会显著改变与感觉运动和空间工作记忆的表现存在显著相关运动、躯体运动以及前庭等大脑区域[97]。

表 2-2　两组受试者在不同测试时间点的言语工作记忆的正确率和反应时（$M \pm SD$）

		卧床前	卧床第 5 天	卧床第 10 天	卧床后
卧床组	正确率	95.80±2.43	96.48±2.77	97.42±3.27	97.43±1.67
	反应时	940.84±215.90	804.30±231.02	701.21±154.49	674.58±146.94

续表

		卧床前	卧床第 5 天	卧床第 10 天	卧床后
控制组	正确率	94.19±4.36	95.16±5.04	96.17±5.71	96.15±4.02
	反应时	959.44±225.08	816.59±172.32	722.48±139.70	716.96±138.34

表 2 - 3　两组受试者在不同测试时间点的空间工作记忆的正确率和反应时（$M \pm SD$）

		卧床前	卧床第 5 天	卧床第 10 天	卧床后
卧床组	正确率	90.26±10.61	95.41±3.92	97.39±3.29	96.51±4.85
	反应时	978.84±224.89	800.51±172.89	749.63±188.90	698.51±186.59
控制组	正确率	88.24±11.90	95.26±5.00	96.16±3.32	94.87±6.12
	反应时	1038.14±233.54	825.02±218.37	731.79±141.10	742.27±128.99

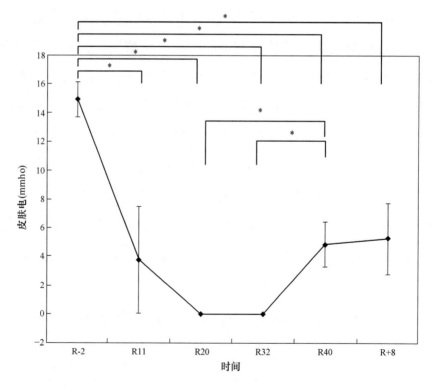

图 2 - 7　受试者在不同测试时间点的皮肤电反应

（R - 2、R11、R20、R32、R40 和 R+8 分别代表卧床前两天、卧床第 11 天、

卧床第 20 天、卧床第 32 天、卧床第 40 天和卧床后第 8 天，* 表示 $P < 0.05$）

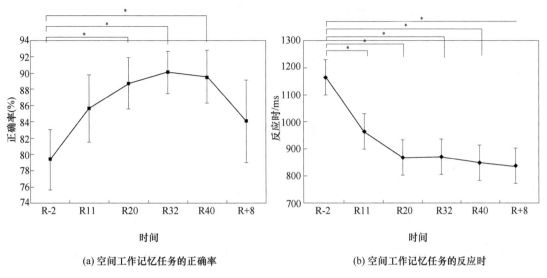

(a) 空间工作记忆任务的正确率　　　　　(b) 空间工作记忆任务的反应时

图 2 - 8　受试者在不同测试时间点的 2 - back 任务的正确率和反应时

2.4　长时记忆

长时记忆是人类个体关于外界和自身的客体经验，是大脑的高级认知活动之一。长时记忆使人类个体做出反应，以适应环境变化，是人类认知能力发展以及心理发展的前提。因此，记忆能力是保证航天员进行复杂任务操作的一种重要认知功能。

根据记忆事件的发生时间点，长时记忆可以分为回溯性记忆和前瞻性记忆。回溯性记忆是对过去事情的记忆，包括回忆和再认等多种形式，再认记忆是指可以把以前学过的东西辨认出来的能力。研究发现，睡眠剥夺对再认记忆没有影响，但是会损害前瞻性记忆[98]。其他研究发现，一个晚上的睡眠剥夺会在情景记忆编码过程中产生明显的海马活动缺陷，从而导致更糟糕的后续记忆。另外还发现，相对于正常睡眠人类个体，前额叶区域的活动可以预测睡眠剥夺个体的记忆编码。上述结果表明，睡眠缺失损害了神经活动和将新的经验编码进入记忆系统的能力[99]。进一步研究发现，慢波睡眠剥夺会减少海马的记忆编码[100]。

前瞻性记忆是指对将来要完成的活动和事件的记忆，可分为基于事件的前瞻性记忆和基于时间的前瞻性记忆。前者指记住看到目标事件或靶线索时要去做某事，后者指意向行为在将来某个时间点或某个时间段完成。相对于其他的标准临床认知测试，前瞻性记忆是日常功能非常敏感的指标。陈思侠等人[101]首次对头低位卧床条件下的回溯性记忆和前瞻性记忆进行了探讨，结果发现，卧床组比对照组的再认记忆成绩增长趋势更明显，基于时间的前瞻性记忆成绩波动更显著，但卧床组基于事件的前瞻性记忆成绩与对照组无显著差异。15天−6°头低位卧床条件下女性受试者在基于事件的前瞻性记忆以及再认记忆成绩上没有损害，但是在基于时间的前瞻性记忆成绩上有一定波动，他们认为可能是由于基于时间的前瞻性记忆需要自我启动较多，具有较高的认知需求，所以呈现出一定的干扰。

另外，进一步对 16 名男性受试者采用 45 天−6°头低位卧床来模拟长期微重力环境因素，考察受试者基于时间的前瞻性记忆能力，同时对受试者的情绪变化进行记录。结果发现，卧床效应显著，基于时间的前瞻性记忆表现下降，显示波动的趋势，在卧床期间第 11 天、第 20 天、第 40 天，卧床后下降，在卧床第 32 天有轻微恢复。受试者对时间的监控策略和基于时间的前瞻性记忆正确率结果相似。这说明，模拟失重条件对于基于时间的前瞻性记忆产生影响[102]。

2.5　情绪

航天员长期生活、工作在太空环境中，飞行器内部的密闭隔离环境会使航天员的情绪状态、心理稳定性、认知功能、操作行为及人际关系等方面发生变化，影响航天员的精神健康和工作效率，甚至会危害到整个载人空间飞行任务。有研究根据太空环境对情绪的影响提出了四阶段模型[103]。在空间飞行的初期（Quarter 1），航天员会出现头痛、背疼等生理不适症状。在空间飞行 6周后（Quarter 2），航天员基本从生理和心理方面适应了太空环境，且不会受到密闭隔离等因素的影响。在飞行任务的中后期（Quarter 3），各种心理反应的变化最为明显，表明这一阶段是航天员最艰难的心理适应期。在临近出舱的时期（Quarter 4），航天员的心理状态逐渐恢复到进舱前水平。根据上述模型假设，我们发现与太空环境对认知功能的影响不同的是，情绪波动主要发生在中后期航天员基本适应太空环境之后，即"第三季现象"。

微重力环境会引起心血管功能紊乱、肌肉萎缩、骨质疏松、内分泌失调、水盐代谢变化及免疫功能下降，这些生理功能变化可能会影响人类个体的情绪。研究采用头低位卧床实验探讨微重力对情绪的影响，结果发现，情绪冲突任务的正确率基本保持不变［见图2-9（a）］，但是做出冲突抑制反应的反应

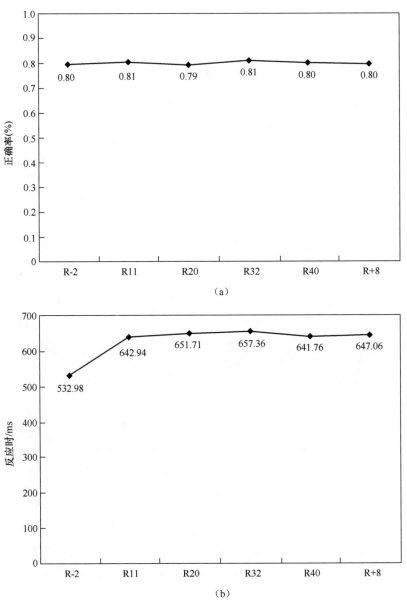

图 2-9　不同卧床时间点情绪冲突任务的正确率和反应时

时显著变长［见图 2-9（b）］，ERP 的 P2 成分波幅显著降低（见图 2-10），这说明长期头低位卧床对情绪冲突的加工有显著的损害。整个卧床期间人类个体的消极情绪没有发生明显变化，但是积极情绪有显著下降，说明长期头低位卧床对人类个体积极情绪的损害是比较明显的［见图 2-11（a）］。卧床期间人类个体的皮肤电反应出现了明显的下降［见图 2-11（b）］，和卧床前、卧床后结合起来观察，整体上呈现出明显的"U"形曲线的变化趋势，说明长期头低位卧床对人类个体生理活动的影响是比较明显的。而与此同时，额区 EEG 偏侧化指标的出现明显上升（见图 2-12），但是消极情绪水平保持不变［见图 2-11（a）］，说明人类个体为了保持情绪的稳定付出了很大的努力[104]。头低位卧床不会诱发个体产生焦虑和抑郁情绪，但是，根据卧床周期的不同，人类个体在短期卧床后（15 天）会体验到更多的消极情绪，而长期卧床（45天）更多地影响了人类个体的积极情绪体验、交感神经活性和自发的情绪调节

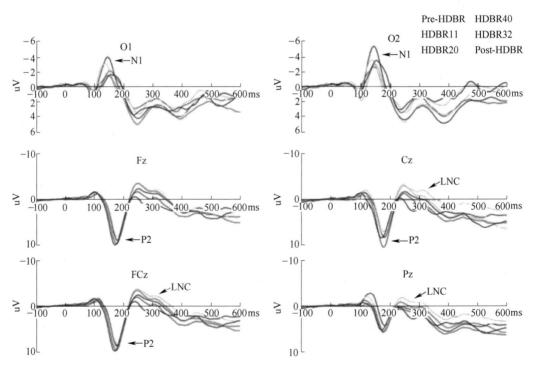

图 2-10　不同卧床时间点情绪冲突任务的 ERP 波形变化趋势

（Pre - HDBR 是指卧床前两天，HDBR11、HDBR20、HDBR32、HDBR40 分别指卧床第 11 天、

第 20 天、第 32 天和第 40 天，Post - HDBR 指卧床结束后第 8 天，见彩插）

能力。昼夜节律变化会使人类个体的积极情绪体验减少，会出现疲劳和慌乱等消极行为心境，并且迷走神经活性降低[10]。

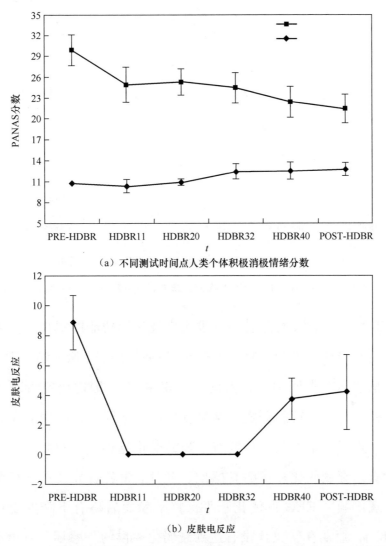

（a）不同测试时间点人类个体积极消极情绪分数

（b）皮肤电反应

图 2-11　不同测试时间点人类个体积极消极情绪分数和皮肤电反应的变化

由于地面模拟的航天环境中，剥离了重力效应、狭小密闭和节律紊乱等因素的影响，研究不同条件下认知和情绪的变化规律及其神经机制，因此，模拟航天环境的结果在测试指标的有效性、方法的准确性以及结果的可靠性方面，都有待于在更加真实的航天环境中进行验证。在轨飞行条件获取的实验数据能够为航天环境对人类个体情绪的影响提供直接有力的证据。有研究者对一名俄罗斯航天员在 438 天的太空停留期间的认知、视觉和分时性能进行多达 29 次

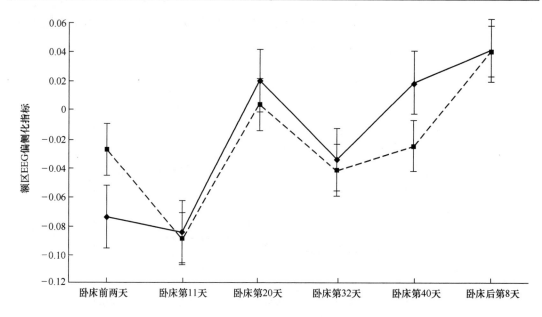

图 2-12　不同测试时间点的额区 EEG 偏侧化指标

（实线代表电极点 FP2-FP1 的数据，虚线代表电极点 F4-F3 的数据）

的评估，结果发现，在飞行过程中并没有出现认知功能的损伤。然而在飞行前三个星期和返回地球的前两个星期，航天员的情绪会受到影响，但在第 2～14个月期间，情绪会基本回到飞行前的基线水平[27]。国内研究者对 3 名航天员在轨飞行条件下的数据进行研究，结果发现在飞行前、飞行中和飞行后呈现出积极情绪活动水平逐渐升高而后略有下降的变化趋势［见图 2-13（a）］，短期在轨飞行没有达到衰弱化症候的易感期。此外，3 名航天员在飞行前、飞行中和飞行后呈现出额区 EEG 偏侧化水平保持平稳而后略有下降的变化趋势［见图 2-13（b）］；短期在轨飞行没有达到衰弱化症候的易感期，且由于良好的心理对抗措施，其积极情绪整体水平较高，情绪调节能力保持平稳[105]。

在空间飞行过程中，环境改变会影响航天员的生物节律，会导致睡眠缺失。睡眠剥夺也是通常用来模拟空间飞行过程中睡眠缺失的重要手段。罗勒（Rohrer）等人（1961）认为密闭隔离空间对航天员情绪的影响可以分为三个阶段：第一阶段，航天员会表现出焦虑和不安；第二阶段，由于单调、环境和生活的影响，航天员会出现抑郁情绪或者心境；而在第三阶段，航天员会出现明显的敌意。另外，持续的睡眠剥夺状态与情绪调节不当有关，导致过度的神

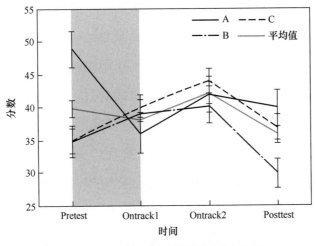

（a）在轨飞行条件下积极情绪分数变化规律

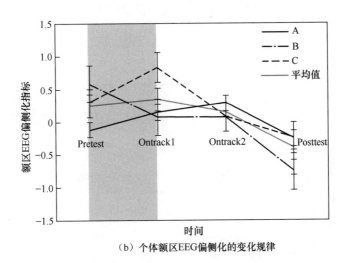

（b）个体额区EEG偏侧化的变化规律

图 2-13　在轨飞行条件下积极情绪分数和个体额区 EEG 偏侧化的变化规律

（A、B、C 分别代表不同航天员的数据，Pretest 和 Posttest 分别代表在轨飞行前

第 25 天和飞行结束后第 2 天的测试数据，Ontrack1 与 Ontrack2 分别代表在轨

飞行过程中航天员的测试数据，两次测试的间隔时间是 5 天）

经和行为反应，会产生消极的体验。最近的研究发现，睡眠剥夺增强了奖赏回路对愉悦刺激的反应，这种反应增加与早期初级视觉加工通路和边缘区域的连通性增强相关，且同时伴随着内侧和前额区域的连接减少[106]。刘卿等人[107]采用简明心境量表（Profile of Mood State，POMS）和积极消极情绪量表（Positive Affect and Negative Affect Scale，PANAS）探讨睡眠剥夺和狭小密

闭环境对情绪的影响（见图 2 - 14），结果发现，与单纯隔离条件相比，实验组在睡眠剥夺条件下，更容易产生疲劳、慌乱负性心境，也更容易出现心烦意乱的负性情绪。但是，与对照组相比，实验组处于隔离条件时，两组的以上项目得分并没有显著差异。此结果说明，狭小密闭的社会隔离环境并没有对人类个体情绪产生影响，但睡眠剥夺会造成人类个体负性心境和负性情绪上升。此外，睡眠不足对情绪知觉有影响。有研究发现，睡眠不足会增强负性情绪反应[108]。也有研究发现，快速眼动睡眠不足会增加对威胁刺激的反应，相对于非快速眼动睡眠的中断[109]，这个结果表明，保持充分的快速眼动睡眠在情绪控制方面有着关键作用。睡眠不足也会减少情感表达。麦格林奇（McGlinchey）等人记录了睡眠剥夺前后的情绪表达，发现睡眠剥夺后积极情绪的表达减少了[110]。

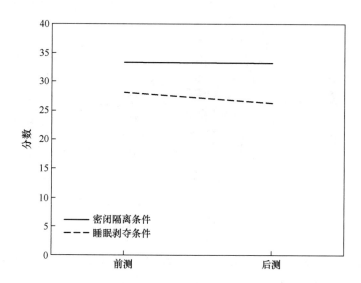

图 2 - 14　睡眠剥夺与密闭隔离条件下人类个体积极情绪分数的变化

参考文献[111]中借助"火星 500"试验，使用主观心境量表、情绪图片刺激、血浆激素分析、80.8 神经类型测试以及乘员日志和心理访谈作为主要研究方法，通过对 520 天密闭隔离期间 6 名乘员心理、行为和生化指标进行分析，完成了对长期密闭隔离环境中人体心理反应变化特征与规律的探讨。研究结果显示，"火星 500"乘组执行任务期间，心理反应的阶段性变化规律与极地研究的"第三季现象"吻合。此外，在长期密闭隔离环境中，高负荷的工作安排并非起着单一的消极作用。在任务后半程乘员枯燥、抑郁、烦闷等负性情绪起主导地位的时期，布置新的实验任务对维持乘员的动机、情绪和工作能力有着积极的作用。因此，在长期空间飞行任务中，可以考虑在飞行的中后期安排一些新的或者重复次数较少的工作，帮助航天员进行心理状态的自我调整。

2.6　总结与展望

综上所述，先前的研究从多个方面探讨了航天环境对航天员的认知和情绪的影响规律。首先，许多研究探讨了微重力、超重力以及在轨飞行过程中航天员感知觉功能的变化，但很少有研究探讨重力的连续区间变化引起的感知觉功能改变[112]，因为大脑对重力的感知需要整合视觉、前庭觉和本体觉等多感觉通道的信息[47]，所以了解每一个感觉通道在重力区间变化过程中的变化和感知重力的阈限，能够更进一步探讨重力变化对感知觉功能的影响，并能为以后的航天员培训和航天工程技术设置提供建议；另外，fMRI 研究发现，在模拟飞行过程中，与多感觉通道整合和空间任务相关的右侧颞顶联合区的活性减少[113]。尽管以往有研究为太空环境会改变航天员知觉功能提供了支撑，但是这些研究并不能确认造成航天员知觉功能改变的原因是环境改变引起了特定感觉神经系统功能变化，还是对多感觉通道的整合产生了影响。因此，今后的研究需要结合更加精准的认知神经科学方法，更加系统地探讨环境变化对感知觉通道功能的影响。

以往研究发现，空间飞行对注意功能的影响主要表现在警觉性、手眼协调能力和多目标能力的降低上，但是航天环境对认知控制的影响仍然存在争议。存在这种争议的原因如下：一方面，先前的研究绝大部分采用的是简单的注意任务。例如 Stroop 任务等。相比较复杂的航天任务而言，这些任务的难度是比较简单的。另外，太空环境中认知能力没有受到影响，可能是因为这些认知任务并没有涉及手眼协调和前庭神经控制等直接受到微重力影响的行为举动[114]。以后的研究可以考虑增加认知任务的难度或者采用更具有生态效度的任务来进一步探讨空间飞行或者太空环境对认知控制的影响。另一方面，萨加斯佩（Sagaspe）等人[76]认为睡眠剥夺可能会通过改变情绪状态来影响认知控制，这就可能造成航天环境相对于地球环境的区别可能主要是通过影响人类个体的情绪来影响高级认知功能，而并不是直接损害高级认知功能。基于此种解释，以后的研究就需要进一步了解情绪在航天环境对高级认知功能中的作用。此外，偏向竞争理论的学者认为，视野中的客体会相互竞争有限的注意资源[115]，具有显著物理特征的客体能够通过自下而上的方式捕获注意，即自下而上的注意加工。而人类个体的知识经验、记忆能够有意识引导注意定向到与任务目标相关的客体上，即自上而下的注意加工。基尔戈尔（Killgore）和韦伯（Weber）[82]的简单反应时研究不足以说明睡眠剥夺会损害高级抑制能力，因此，以后探讨航天环境对注意功能影响的研究可以尝试结合眼动或者 ERP技术考虑注意的加工方式和注意加工的不同阶段。

只有少数研究发现了在空间飞行过程中或者模拟航天环境中工作记忆的损伤。巴德利（Baddeley）[116]认为工作记忆包括语音环路、视空间画板、中央执行系统和情境缓冲区，以往关于航天环境对工作记忆影响的研究大多涉及视觉工作记忆、空间工作记忆或者中央执行系统，显少有研究系统地从工作记忆的4 个子成分出发探讨航天环境对工作记忆的影响，因此，以后的研究可以尝试系统地探讨失重、睡眠剥夺、在轨飞行和密闭空间对工作记忆子成分的影响。另外，航天员在执行航天任务过程中需要随时整合不同感觉通道的信息，而在模拟飞行过程中，与多感觉通道整合和空间任务相关的右侧颞顶联合区的活性减少[113]。根据客体工作记忆的模型，在正常情况下，工作记忆中主要是存储整合客体，那么，空间飞行过程引起的环境变化是否会影响不同工作记忆子系统的信息整合呢？以后的研究可以尝试结合 ERP 技术探讨航天环境的改变对跨子系统的工作记忆信息整合的影响。抑制能力是执行控制的一个重要成分，在众多研究领域扮演着核心角色。另外，睡眠剥夺是航天环境下可能遭遇到的不可抗性的现象，对人体心理影响很大。睡眠不足会改变与注意、记忆和执行功能任务相关的 fMRI 信号[117]，未来航天人因学研究应当结合认知神经科学技术，探讨睡眠剥夺对工作记忆的影响。

航天环境对长时记忆的研究甚少，就测试内容方面而言，主要集中在回溯性记忆和前瞻性记忆两个方面；而就操纵的环境变量而言，主要涉及模拟失重环境和睡眠剥夺。一方面，长时记忆是人类重要且非常复杂的认知功能。长时记忆不仅涉及回溯性记忆和前瞻性记忆，根据记忆内容的性质，长时记忆还可以分为陈述性记忆和程序性记忆。程序性记忆是关于如何做事的记忆，与操作技能学习相关。以往研究发现，航天环境主要影响多感觉通道整合和空间任务相关的大脑区域[113]，那么，空间飞行和航天环境会不会引起程序性记忆的改变呢？此外，失重、空气成分变化以及辐射等其他环境变化也可能会影响航天员的记忆功能。例如，有研究探讨α-硫辛酸对小鼠的太空辐射引起的氧化应激和抗氧化状态的作用及其与认知功能障碍的关系发现，长期接触宇宙射线会损害空间记忆[118,119]。因此，以后的研究可以考虑探讨其他环境变化对记忆功能的影响。

空间飞行以及极端太空环境所引起的应激状态会影响航天员的情绪感知。有研究发现，头低位卧床模拟失重条件下人类个体的积极情绪体验减少[104]，而睡眠缺失和密闭隔离空间等会让人类个体体验到更多的消极情绪[107]。情绪调节对人类的心理健康十分重要，在航天任务中的重要性更是不言而喻。因此，未来研究可以从情绪控制和情绪调节的角度出发，探讨如何在航天环境或者航天任务中进行有效的情绪调节。另外，尽管以往研究并没有发现情绪对航天员的任务绩效会产生直接的影响，但是在空间飞行过程中，航天员个体为了保持情绪的稳定付出了很大的努力[104]。那么，这些情绪调节是否会耗费航天员的认知资源呢？而这种认知资源消耗是否会影响航天员的任务绩效呢？航天环境改变会不会通过情绪改变影响航天员的注意、记忆或者执行控制等认知功能呢？因此，未来的航天研究可以探讨航天环境改变对情绪、认知功能的交互影响。

参 考 文 献

[1] Park J S, Liu Y, Kihm K D, et al. Micro - morphology and toxicological effects of lunar dust [C] //37th Annual Lunar and Planetary Science Conference，2006：2193.

[2] Wang Y, Zhang X, Wang C, Huang W, Xu Q, Liu D, Zhou W, Chen S, Jiang Y. Modulation of biological motion perception in humans by gravity [J]. Nature Commu-

nications，2022，13（1）：2765.

[3] Reschke，M F，Bloomberg J J，Harm D L，et al. Posture，locomotion，spatial orientation，and motion sickness as a function of space flight [J] . Brain Research Reviews，1998，28（1-2）：102-117.

[4] William H P，Jacob J B，Millard F R，et al. Spaceflight-induced changes in posture and locomotion [J] . Biomechanics，1994，27（6）：812.

[5] Clément G，Reschke M F. Neuroscience in space [M] . New York：Springer Verlag，2008.

[6] Oman，C M. Spacelab experiments on space motion sickness [J] . Acta Astronautica，1987，15（1）：55-66.

[7] Eddy D R，Schiflett S G，Schlegel R E，et al. Cognitive performance aboard the life and microgravity spacelab [J] . Acta Astronautica，1998，43（3-6）：193-210.

[8] Clément G，Ngo-Anh J T. Space physiology Ⅱ：adaptation of the central nervous system to space flight-past，current，and future studies [J] . European Journal of Applied Physiology，2013，113：1655-1672.

[9] Flynn-Evans E E，Barger L K，Kubey A A，et al. Circadian misalignment affects sleep and medication use before and during spaceflight [J] . npj Microgravity，2016，2（1）：1-6.

[10] Liu Q，Zhou R L，Zhao X，et al. Acclimation during space flight：effects on human emotion [J] . Military Medical Research，2016，3：1-5.

[11] Pessoa L. On the relationship between emotion and cognition [J] . Nature Reviews Neuroscience，2008，9（2）：148-158.

[12] Glasauer S，Mittelstaedt H. Perception of spatial orientation in microgravity [J]. Brain Research Reviews，1998，28（1-2）：185-193.

[13] Christensen J M，Talbot J M. A review of the psychological aspects of space flight [J]. Aviation Space & Environmental Medicine，1986，57（3）：203.

[14] Kubis J F. Task and Work Performance on SKYLAB Missions 2，3，and 4：Time and Motion Study-Experiment [J] . Biomedical Results from Skylab，1977，377：136.

[15] Harrison A A，Connors M M. Groups in Exotic Environments [M] //Advances in Experimental Social Psychology. Academic Press，1984，18：49-87.

［16］ Johnson D G. Fundamentals of Aerospace Medicine. Aviation Space & Environmental Medicine ［M］. 1986，134（10）：1160.

［17］ Hockey G R J. Changes in operator efficiency as a function of environmental stress，fatigue，and circadian rhythms ［R］. Handbook of perception and human performance，1986，2：1 – 49.

［18］ Kanas N. Psychosocial support for cosmonauts ［J］. Aviation，Space and Environmental Medicine，1991，62（4）：353 – 355.

［19］ 秦海波，白延强，吴斌，等. 载人航天飞行中的情绪研究进展 ［J］. 航天医学与医学工程，2012，25（4）：302 – 306.

［20］ Kanas N，Manzey D. Space Psychology and Psychiatry ［M］. Dordrecht：Springer，2008：1295 – 1300.

［21］ Kahane P，Hoffmann D，Minotti L，et al. Reappraisal of the human vestibular cortex by cortical electrical stimulation study ［J］. Annals of Neurology：Official Journal of the American Neurological Association and the Child Neurology Society，2003，54（5）：615 – 624.

［22］ Indovina I，Maffei V，Bosco G，et al. Representation of visual gravitational motion in the human vestibular cortex ［J］. Science，2005，308（5720）：416 – 419.

［23］ Harris L R，Jenkin M，Jenkin H，et al. The unassisted visual system on earth and in space ［J］. Journal of Vestibular Research，2010，20（1 – 2）：25 – 30.

［24］ Clark T K，Newman M C，Oman C M，et al. Modeling human perception of orientation in altered gravity ［J］. Frontiers in systems neuroscience，2015，9：68.

［25］ Strangman G E，Sipes W，Beven G. Human cognitive performance in spaceflight and analogue environments ［J］. Aviation Space and Environmental Medicine，2014，85（10）：1033 – 1048.

［26］ Mulavara A P，Feiveson A H，Fiedler J，et al. Locomotor function after long – duration space flight：effects and motor learning during recovery ［J］. Experimental brain research，2010，202：649 – 659.

［27］ Manzey D，Lorenz B，Poljakov V. Mental performance in extreme environments：results from a performance monitoring study during a 438 – day spaceflight ［J］. Ergonomics，1998，41（4）：537 – 559.

［28］ Kandel，Eric R，et al. Principles of Neural Science ［M］. New York：McGraw - Hill，2000.

［29］ Pfeiffer C，Serino A，Blanke O. The vestibular system：a spatial reference for bodily self -consciousness ［J］. Frontiers in integrative neuroscience，2014，8：31.

［30］ Angelaki D E，Cullen K E. Vestibular system：the many facets of a multimodal sense ［J］. Annual Review of Neuroscience，2008，31（1）：125 - 150.

［31］ Lopez C，Blanke O. The thalamocortical vestibular system in animals and humans ［J］. Brain Research Reviews，2011，67（1 - 2）：119 - 146.

［32］ Zeng L L，Liao Y，Zhou Z，et al. Default network connectivity decodes brain states with simulated microgravity ［J］. Cognitive neurodynamics，2016，10（2）：113 - 120.

［33］ Howard I P，Jenkin H L，Hu G. Visually - induced reorientation illusions as a function of age ［J］. Aviation Space and Environmental Medicine，2000，71（9 Suppl）：A87 - 91.

［34］ Kornilova L N，Ch M，Chernobyl'skii L M. Phenomenology of spatial illusory reactions under conditions of weightlessness ［J］. Human Physiology，1996，21（4）：344 - 351.

［35］ Kornilova L N. Orientation illusions in spaceflight ［J］. Journal of Vestibular Research，1997，7（6）：429 - 439.

［36］ Watt D G. Pointing at memorized targets during prolonged microgravity ［J］. Aviation，Space，and Environmental Medicine，1997，68（2）：99 - 103.

［37］ Young L R，Oman C M，Merfeld D，et al. Spatial orientation and posture during and following weightlessness：human experiments on Spacelab Life Sciences 1 ［J］. Journal of Vestibular Research，1993，3（3）：231 - 239.

［38］ Kornilova L N. Vestibular function and sensory interaction in altered gravity ［J］. Advances in Space Biology and Medicine，1997，6：275 - 313.

［39］ Mast，Fred W，Jäncke L. Spatial Processing in Navigation，Imagery and Perception ［M］. Springer Science & Business Media，2007：2920 - 2.

［40］ Villard E，Garcia - Moreno F T，Peter N，et al. Geometric visual illusions in microgravity during parabolic flight ［J］. Neuroreport，2005，16（12）：1395 - 1398.

［41］程真波，李冬冬，谈诚，等．头低位卧床模拟失重对知觉正确性和冲突控制能力的影响［J］．航天医学与医学工程，2013，26（1）：7-11.

［42］Clément G，Demel M. Perceptual reversal of bi-stable figures in microgravity and hypergravity during parabolic flight［J］. Neuroscience Letters，2012，507（2）：143-146.

［43］Clement G，Skinner A，Lathan C. Distance and Size Perception in Astronauts during Long-Duration Spaceflight［J］. Life（Basel），2013，3（4）：524-537.

［44］Ratino D A，Repperger D W，Goodyear C，et al. Quantification of reaction time and time perception during Space Shuttle operations［J］. Aviation Space & Environmental Medicine，1988，59（3）：220-4.

［45］Linenger J M. Off the planet：surviving five perilous months aboard the space station Mir［M］. McGraw Hill Professional，2000.

［46］Jones T. Sky Walking：An Astronaut's Memoir［J］. Air & Space Power Journal，2005（4）.

［47］Lacquaniti F，Bosco G，Gravano S，et al. Multisensory integration and internal models for sensing gravity effects in primates［J］. BioMed research international，2014，（5-6）：615854.

［48］Kim I K，Spelke E S. Infants'Sensitivity to Effects of Gravity on Visible Object Motion［J］. Journal of Experimental Psychology Human Perception and Performance，1992，18（2）：385.

［49］Barlow H. Vision Science：Photons to Phenomenology by Stephen E. Palmer［J］. Trends in Cognitive Sciences，2000，4（4）：164-165.

［50］Cheron G，Leroy A，Palmero-Soler E，et al. Gravity influences top-down signals in visual processing［J］. PLOS One，2014，9（1）：e82371.

［51］Kaiser M K，Ahumada A J. Perceptual challenges of lunar operations［R］. SAE Technical Papers，2008.

［52］Paloski W H，Oman C M，Bloomberg J J，et al. Risk of sensory-motor performance failures affecting vehicle control during space missions：a review of the evidence［J］. Journal of Gravitational Physiology，2008，15（2）：1-29.

［53］Board S S，National Research Council. A risk reduction strategy for human exploration of space：a review of NASA's Bioastronautics Roadmap ［R］．2006.

［54］ Conway G E，Szalma J L，Saxton B M，et al. The effects of whole - body vibration on human performance：A meta - analytic examination ［C］//Proceedings of the Human Factors and Ergonomics Society Annual Meeting. Sage CA：Los Angeles，CA：SAGE Publications，2006，50（17）：1741 - 1745.

［55］ Pinsky L S，Osborne W Z，Bailey J V，et al. Light Flashes Observed by Astronauts on Apollo 11 through Apollo 17 ［J］．Science，1974，183（4128）：957 - 959.

［56］ Šikl R，Šimeček M. Confinement has no effect on visual space perception：The results of the Mars - 500 experiment ［J］．Attention，Perception，& Psychophysics，2014，76（2）：438 - 451.

［57］ 邓雅菱，刘芳，刘宛灵，等．密闭狭小环境下72h睡眠剥夺对知觉速度的影响 ［J］．人类工效学，2014，20（5）：31 - 36.

［58］ Rogé J，Gabaude C. Deterioration of the useful visual field with age and sleep deprivation：insight from signal detection theory ［J］．Perceptual and motor skills，2009，109（1）：270 - 284.

［59］ Chee M W L，Tan J C，Zheng H，et al. Lapsing during sleep deprivation is associated with distributed changes in brain activation ［J］．Journal of Neuroscience，2008，28（21）：5519 - 5528.

［60］ Chuah L Y M，Chee M W L. Cholinergic augmentation modulates visual task performance in sleep - deprived young adults ［J］．Journal of Neuroscience，2008，28（44）：11369 - 11377.

［61］ 姜薇，丰廷宗，潘静，等．飞行学员多目标追踪任务加工特点的研究 ［J］．航天医学与医学工程，2013，26（4）：269 - 273.

［62］ Leone G. The effect of gravity on human recognition of disoriented objects ［J］．Brain Research Reviews，1998，28（1 - 2）：203 - 214.

［63］ 孙美荣，王芳，安安，等．45天 - 6°头低位卧床对视觉搜索能力的影响 ［J］．航天医学与医学工程，2012，25（6）：403 - 406.

［64］ Manzey D，Lorenz B，Schiewe A，et al. Behavioral aspects of human adaptation to space：analyses of cognitive and psychomotor performance in space during an 8 - day space mission ［J］．Clinical Investigator，1993，71（9）：725 - 731.

[65] Manzey D，Lorenz B，Heuer H，et al. Impairments of manual tracking performance during spaceflight：more converging evidence from a 20 – day space mission [J]. Ergonomics，2000，43（5）：589 – 609.

[66] Benke T，Koserenko O，Watson N V，et al. Space and cognition：the measurement of behavioral functions during a 6 – day space mission [J]．Aviation，Space，and Environmental Medicine，1993，64（5）：376.

[67] Couyoumdjian A，Sdoia S，Tempesta D，et al. The effects of sleep and sleep deprivation on task – switching performance [J]．Journal of Sleep Research，2010，19 （1 – Part – 1）：64 – 70.

[68] Cain S W，Silva E J，Chang A M，et al. One night of sleep deprivation affects reaction time，but not interference or facilitation in a Stroop task [J]．Brain and cognition，2011，76（1）：37 – 42.

[69] Drummond S P A，Paulus M P，Tapert S F. Tapert，Effects of two nights sleep deprivation and two nights recovery sleep on response inhibition [J]．Journal of Sleep Research，2006，15（3）：261 – 265.

[70] Haavisto M L，Porkka – heiskanen T，Hublin C，et al. Sleep restriction for the duration of a work week impairs multitasking performance [J]．Journal of Sleep Research，2010，19（3）：444 – 454.

[71] Liu Q，Zhou R，Liu L，et al. Effects of 72 Hours Total Sleep Deprivation on Male Astronauts' Executive Functions and Emotion [J]．Comprehensive Psychiatry，2015，61：28 – 35.

[72] Qi J L，Shao Y C，Miao D，et al. The Effects of 43 Hours of Sleep Deprivation on Executive Control Functions：Event – Related Potentials in a Visual Go/No Go Task [J]．Social Behavior and Personality：An International Journal，2010，38（1）：29 – 42.

[73] Jackson M L，Hughes M E，Croft R J，et al. The effect of sleep deprivation on BOLD activity elicited by a divided attention task [J]．Brain imaging and behavior，2011，5（2）：97 – 108.

[74] 闫晓倩，张学民，罗跃嘉，等．45 天－6°头低位卧床对视觉注意返回抑制能力的影响 [J]．航天医学与医学工程，2013，26（2）：87 – 91.

[75] 姚茹，赵鑫，王林杰，等.15d−6°头低位卧床对女性抑制功能的影响 [J].航天医学与医学工程，2011，24（4）：259−264.

[76] Sagaspe P，Sanchez−Ortuno M，Charles A，et al. Effects of sleep deprivation on Color−Word，Emotional，and Specific Stroop interference and on self−reported anxiety [J]. Brain and cognition，2006，60（1）：76−87.

[77] Matsakis Y，Lipshits M，Gurfinkel V，et al. Effects of prolonged weightlessness on mental rotation of three−dimensional objects [J]. Experimental brain research，1993，94（1）：152−162.

[78] Wollseiffen P，Vogt T，Abeln V，et al. Neuro−cognitive performance is enhanced during short periods of microgravity [J]. Physiology & behavior，2016，155：9−16.

[79] Dawson D，Reid K. Fatigue，alcohol and performance impairment [J]. Nature，1997，388（6639）：235.

[80] Manly T，Dobler V B，Dodds C M，et al. Rightward shift in spatial awareness with declining alertness [J]. Neuropsychologia，2005，43（12）：1721−1728.

[81] 雷寰宇，吕创，张学民.飞行任务中分心物的速度与数量变化对手眼协调追踪绩效的影响 [J].航天医学与医学工程，2016，29（5）：372−375.

[82] Killgore W D S，Weber M. Sleep deprivation and cognitive performance [J]. Sleep deprivation and disease：Effects on the body，brain and behavior，2013：209−229.

[83] Alhola P，Polo−Kantola P. Sleep deprivation：Impact on cognitive performance [J]. Neuropsychiatric disease and treatment，2007，3（5）：553−567.

[84] Durmer J S，Dinges D F. Neurocognitive consequences of sleep deprivation [C] // Seminars in neurology. Copyright © 2005 by Thieme Medical Publishers，Inc. ，333 Seventh Avenue，New York，NY 10001，USA. ，2005，25（01）：117−129.

[85] Muto V，Jaspar M，Meyer C，et al. Local modulation of human brain responses by circadian rhythmicity and sleep debt [J]. Science，2016，353（6300）：687−690.

[86] 马欢，刘至臻，田雨，等.航天员在轨飞行任务前后的警觉度变化及节律特征分析 [J].航天医学与医学工程，2017，30（6）：391−395.

[87] Dai X J，Liu C L，Zhou R L，et al. Long−term total sleep deprivation decreases the default spontaneous activity and connectivity pattern in healthy male subjects：a

resting – state fMRI study ［J］. Neuropsychiatric Disease and Treatment, 2015: 761 – 772.

[88] Miller G A, Eugene G, Pribram K H. Plans and the Structure of Behaviour. In Systems Research for Behavioral Sciencesystems Research ［M］. Routledge, 2017: 369 – 382.

[89] Baddeley A. Working memory ［J］. Current biology, 2010, 20 (4): R136 – R140.

[90] Devinsky O, D'esposito M. Neurology of cognitive and behavioral disorders ［M］. Oxford University Press, 2003.

[91] Kelly T H, Hienz R D, Zarcone T J, et al. Crewmember performance before, during, and after spaceflight ［J］. Journal of the experimental analysis of behavior, 2005, 84 (2): 227 – 241.

[92] Vandewalle G, Archer S N, Wuillaume C, et al. Functional magnetic resonance imaging – assessed brain responses during an executive task depend on interaction of sleep homeostasis, circadian phase, and PER3 genotype ［J］. Journal of Neuroscience, 2009, 29 (25): 7948 – 7956.

[93] Lim J, Dinges D F. A meta – analysis of the impact of short – term sleep deprivation on cognitive variables ［J］. Psychological bulletin, 2010, 136 (3): 375 – 389.

[94] Tucker A M, Whitney P, Belenky G, et al. Effects of sleep deprivation on dissociated components of executive functioning ［J］. Sleep, 2010, 33 (1): 47 – 57.

[95] Zhao X, Wang Y X, Zhou R L, et al. The influence on individual working memory during 15 days −6° head – down bed rest ［J］. Acta Astronautica, 2011, 69 (11 – 12): 969 – 974.

[96] Liu Q, Zhou R, Zhao X, et al. Effects of prolonged head – down bed rest on working memory ［J］. Neuropsychiatric Disease and Treatment, 2015, 11: 835 – 842.

[97] Cassady K, Koppelmans V, Reuter – Lorenz P, et al. Effects of a spaceflight analog environment on brain connectivity and behavior ［J］. Neuroimage, 2016, 141: 18 – 30.

[98] Harrison Y, Horne J A. Sleep loss and temporal memory ［J］. The Quarterly Journal of Experimental Psychology A Human Experimental Psychology: Section

A，2000，53（1）：271-279.

[99] Yoo S S，Hu P T，Gujar N，et al. A deficit in the ability to form new human memories without sleep [J]. Nature neuroscience，2007，10（3）：385-392.

[100] Van Der Werf Y D，Altena E，Schoonheim M M，et al. Sleep benefits subsequent hippocampal functioning [J]. Nature neuroscience，2009，12（2）：122-123.

[101] 陈思佚，刘丹玮，周仁来，等. 15d-6°头低位卧床对女性个体再认记忆、前瞻记忆的影响 [J]. 航天医学与医学工程，2011，24（3）：162-166.

[102] Chen S Y，Zhou R L，Xiu L C，et al. Effects of 45-day-6°head-down bed rest on the time-based prospective memory [J]. Acta Astronautica，2013，84：81-87.

[103] Gushin V I，Kholin S F，Ivanovsky Y R. Ivanovsky，Soviet psychophysiological investigations of simulated isolation：some results and prospects [M]//Advances in space biology and medicine. Elsevier，1993，3：5-14.

[104] 修利超，谈诚，蒋依涵，等. 45天-6°头低位卧床对个体额区 EEG 偏侧化和情绪的影响 [J]. 心理学报，2014，46（7）：942-950.

[105] 修利超，肖毅，周仁来，等. 空间在轨飞行对个体积极情绪和额区 EEG 偏侧化的影响 [J]. 航天医学与医学工程，2014，27（2）：84-88.

[106] Gujar N，Yoo S S，Hu P，et al. Sleep deprivation amplifies reactivity of brain reward networks，biasing the appraisal of positive emotional experiences [J]. Journal of Neuroscience，2011，31（12）：4466-4474.

[107] 刘卿，刘芳，周仁来，等. 狭小密闭环境下 72h 睡眠剥夺对个体情绪的影响 [J]. 航天医学与医学工程，2014，27（5）：362-366.

[108] Franzen P L，Buysse D J，Dahl R E，et al. Sleep deprivation alters pupillary reactivity to emotional stimuli in healthy young adults [J]. Biological psychology，2009，80（3）：300-305.

[109] Rosales-Lagarde A，Armony J L，del Río-Portilla Y，et al. Enhanced emotional reactivity after selective REM sleep deprivation in humans：an fMRI study [J]. Frontiers in behavioral neuroscience，2012，6：25.

[110] McGlinchey E L，Talbot L S，Chang K，et al. The effect of sleep deprivation on vocal expression of emotion in adolescents and adults [J]. Sleep，2011，34（9）：

1233 - 1241.

[111] Wang Y，Jing X，Lv K，et al. During the long way to Mars：effects of 520 days of confinement（Mars 500）on the assessment of affective stimuli and stage alteration in mood and plasma hormone levels ［J］. PLoS One，2014，9（4）：e87087.

[112] White O，Clément G，Fortrat J O，et al. Towards human exploration of space：the THESEUS review series on neurophysiology research priorities ［J］. npj Microgravity，2016，2（1）：1 - 7.

[113] Van Ombergen A，Wuyts F L，Jeurissen B，et al. Intrinsic functional connectivity reduces after first - time exposure to short - term gravitational alterations induced by parabolic flight ［J］. Scientific Reports，2017，7（1）：1 - 10.

[114] Sangals J，Heuer H，Manzey D，et al. Changed visuomotor transformations during and after prolonged microgravity ［J］. Experimental Brain Research，1999，129（3）：378 - 390.

[115] Desimone R，Duncan J. Neural mechanisms of selective visual attention ［J］. Annual Review of Neuroscience，1995，18（1）：193 - 222.

[116] Baddeley A D. Is working memory still working? ［J］. American Psychologist，2001，56（11）：851.

[117] Dai X J，Liu C L，Zhou R L，et al. Long - term total sleep deprivation decreases the default spontaneous activity and connectivity pattern in healthy male subjects：a resting - state fMRI study ［J］. Neuropsychiatric Disease and Treatment，2015，11：761 - 772.

[118] Manda K，Ueno M，Anzai K. Memory impairment，oxidative damage and apoptosis induced by space radiation：Ameliorative potential of α - lipoic acid ［J］. Behavioural Brain Research，2008，187（2）：387 - 395.

[119] Manda K，Ueno M，Anzai K. Space radiation - induced inhibition of neurogenesis in the hippocampal dentate gyrus and memory impairment in mice：ameliorative potential of the melatonin metabolite，AFMK ［J］. Journal of Pineal Research，2008，45（4）：430 - 438.

第 3 章　空间环境下人的运动操作能力

载人航天初期，航天员只是载人航天器中的一名乘客或是单纯的飞船驾驶员，飞行中的主要任务和工作是观察飞船仪表，控制和管理飞船上的各种仪器和设备。自 20 世纪 60 年代中期开始，航天员的工作任务中增加了新的内容，即舱外活动和飞船交会对接等[1]。20 世纪 70 年代以后，随着载人空间站和航天飞机的出现，航天员又增加了科学实验等任务。目前，人类已经计划登陆火星并开启其他星球探索的长期载人空间飞行新纪元，航天员既要完成对天对地观察、地球资源勘察、特殊材料空间制备等特定任务，还要开展空间生命科学、空间材料科学、天文学、气象学、航天科学技术等各种科学实验研究[2]。可见，航天员已由载人航天器中的乘客和驾驶员，发展成为月球探险家、空间科学家、航天器工程师和太空教师等角色，在空间科学技术的发展中发挥着越来越重要的作用[2]。

面向未来长期空间飞行，在轨运动操作任务越来越复杂，对其能力绩效要求越来越高。一个训练有素的航天员，可以在太空中发挥人的主观能动性、创造性、高度思维能力和应变能力，及时发现、处理和解决复杂人机系统中的问题。诸如载人航天器硬件出现故障时，航天员能实施在轨检查和维修，使其恢复正常工作，以及载人航天器自动控制系统失灵时，航天员能用人工控制的方法使其安全返回地面等。随着载人航天技术的发展和人类航天活动的不断深化，未来，航天员在载人航天中将承担越来越多且日趋复杂的运动和操作任务，其运动、操作能力与作业绩效是空间飞行任务成败的关键。

国内外最新研究资料显示，人在太空运动和操作能力的改变，从一进入太空就开始了[3]。一方面是由于环境因素改变（如失重）对人体的直接作用；另一方面，人体的诸多生理系统在太空中发生相应的调整（如感觉–运动调节系统），这也会对运动产生极大影响。随着飞行时间的延长，环境因素的直接作用，调节系统的改变和骨肌系统的自身特性变化综合发挥作用，共同引起飞行中航天员运动和操作能力的改变[4]。可以想象，当基于人体在地球重力环境下设计和建造的飞行器和操作界面，在长期的空间飞行中遇到不断发生变化的运动操作能力时，人机之间的不匹配，甚至是发生误操作的概率必然会增加。尤其是当航天员在经历重力变化的状况时，如在太空失重环境后进入其他重力星球（如月球和火星），或重返地球，发生这种错误的概率必将是更加显著的。

因此，深入探索和理解太空环境，对人体运动和操作能力的影响及其变化规律等关键科学问题，对研发有效的运动、操作训练与防护措施、合理规划太空运动和操作作业任务，以维持与提高航天员在轨作业绩效等具有重要的理论和实际意义。

3.1　空间飞行对骨肌系统的影响

骨肌系统是人体进行各种运动和操作的执行机构，也是航天员空间作业能力中"运动操作能力"这一重要组成部分的结构基础。国内外以往的地面模拟实验和空间飞行资料表明，长期的空间飞行将导致骨丢失和肌萎缩，导致骨折风险增大、疲劳度增加、运动能力下降，进而影响航天员的空间作业绩效[5]。

3.1.1　失重性骨丢失

（1）空间飞行对人体骨骼的影响

随着人类对自身认识的不断深入，骨骼已经不再被视作单纯起支持躯体作用的器官，而是一个活跃的、具有多种功能的复杂体系，包括存储矿物质、维持机体钙平衡，以及造血功能等。骨骼的生长、发育受到内部因素（如激素、神经内分泌、循环及免疫）和外部因素（如重力、运动形式和负重）的影响，由此形成的骨形成和骨吸收处于一个不断变化和动态平衡的过程。在青少年期，骨形成大于骨吸收，骨骼不断生长。在成年期，骨形成与骨吸收基本平衡，机体保持较为稳定的骨量。而到了老年期，由于激素降低、运动减少等因素，骨吸收大于骨形成，会出现骨密度减少、骨量减少、骨质疏松等表现。正常的成年人，其骨骼处于不断的骨重建和骨吸收的动态过程中，在这个过程中，受到来自激素、局部调节因子以及环境力学刺激等因素的调节，维持在一个动态的平衡状态。这个时期可以从 20 岁一直持续到将近 50 岁。如果在这个过程中出现一些特殊的情况，如加强运动、发生骨折或患上影响骨生长的疾病等，则会导致骨骼发生骨量增加或减少等变化。空间飞行所处的失重环境，则由于重力作用的消失，导致刺激骨形成的因素减少，骨吸收增加，也会发生类似于老年性的骨质疏松的表现。一般称其为由失重引起的骨丢失，并导致骨骼抗载荷能力下降。这种骨丢失，在目前观察到的情况中，只要失重因素持续存在，骨丢失将是持续的、不断的丢失过程，甚至在返回地面后较长时间仍不能恢复至正常水平。

航天员在太空中，由于平时受到的地面的重力作用消失，也就是失重环境下，骨骼系统无须类似于在地面上起到承担躯体重量的任务，必然朝着"用进废退"的方向，也就是朝着"退化"的方向发生变化，出现骨密度减少、骨量丢失等现象[6]。

较早的研究主要集中于对血液中钙离子含量的测定。最早发现失重可引起骨丢失是来自"双子星座"和"阿波罗"航天员飞行中出现钙的负平衡。之后，在"天空实验室"的 3 次飞行中对钙的代谢进行了系统的研究。结果发现与飞行前相比，飞行中血浆中的钙和磷出现持续性的升高。随着飞行时间的延长，飞行中粪和尿中的排泄也逐渐增加。直到飞行结束，矿物质的流失速度为 0.6%。这些矿物质的流失速度有个体差异，钙的流失与飞行时间之间有轻度的相关性[7]。

飞行 30 天以上的苏联航天员也曾出现高钙现象。血液中总钙的含量没有超过正常的生理范围，但在 237 天飞行中，血液中总钙的质量分数超过飞行前 6%～32%。这种高钙伴随着长期飞行后体内钙储存系统能力的下降[8]。

之后，随着各种测量仪器的不断更新和进化，人们逐渐采用更精确的、无损伤的测量骨密度的方法来进行失重下骨骼变化程度的观察，这些方法包括单

光子和双光子 γ 吸收仪、定量的计算机线断层照相术、定量的数字显示的（扫描）放射照相术或双光子 X 线吸收仪、中子激活分析法[9]。

首先，采用 X 线密度仪测量双子星座、阿波罗和联盟－3 号航天员脚跟和手的矿物质密度，结果是飞行后下降了 2%～17%。之后，发现是由于测量方法的问题，此值偏大。然后，采用单光子 γ 再吸收方法测量了阿波罗 14 和 16 号航天员飞行后钙矿物质密度，没有出现明显的改变。之后，在天空实验室航天员中采用同一种方法测量骨密度，发现有个体差异。一名飞行 59 天的航天员飞行后下降 7.4%，两名飞行 84 天的航天员骨密度分别下降了 4.5% 和 7.9%。载重骨每月的下降速率高于肩部的非载重骨。单光子吸收法也证明礼炮－6 号的 8 名航天员（飞行 75～184 天）钙矿物质密度变化存在个体差异，下降的范围是 0.7%（75 天飞行）～19.8%（140 天飞行）；有趣的是，飞行 175 天和 184 天的航天员骨钙的丢失只有 3% 和 4%，少于短期飞行的航天员。但一般情况下矿物质密度的下降与飞行时间轻度相关。钙排泄的变化大于骨密度的改变，说明还有其他一些骨存在钙的丢失。

1981—1987 年使用计算机线断层照相术检查了 7 名飞行 64～366 天苏联航天员腰椎皮质骨和松质骨的密度。对飞行 150 天或 211 天的 4 名航天员和飞行 237 天后的 3 名航天员分别测量椎骨前后部位的密度和背肌的容积，结果 4 名航天员椎体中部小梁的矿物质密度没有改变，1 名下降，其他 2 名上升。椎体后部（主要由皮质骨组成）骨密度变化的 7 人中有 4 人下降，平均下降 7.8%（$P < 0.01$）。背部肌肉下降 4.4%（$P < 001$），骨密度下降 0.4%（$P < 0.01$）。

20 世纪 90 年代，美国和俄罗斯的联合研究采用了 QDR－1000W 型的双光子 X 线 γ 吸收仪测量了整个骨骼、腰椎、臀部、胫骨和肢体近端的钙质量。空间实验室钙平衡的研究表明，整个骨骼矿物质平均丧失 0.4%，腰椎、骨盆和下肢骨矿物质密度的减少最明显，这是由于它们在 1g 的环境（地面）中承受的重量是在人体所有骨骼中最大的。和平号航天员在飞行 4.5～6 个月后，所有航天员飞行中出现中度的矿物质密度的流失，腰椎的流失是 5%～7%，股骨颈的流失是 1%～11%，减少最明显的是股骨大转子（减少 14%），有两名航天员着陆后在胫骨近骺段出现统计学意义（$P < 0.05$）的下降。

目前的观点认为，长期的空间飞行所造成的失重，是导致骨密度减少、骨骼抗载荷能力下降的主要原因。在失重飞行中，由于重力刺激的减少，使骨骼的骨丢失程度大于骨重建速度，原有的动态平衡被打破，从而使骨密度呈现不断减小的趋势。但不同的研究也表明，由于对抗措施、运动锻炼、失重飞行时间的不同，骨丢失的量也报道不一。因此，有关的结论还需要大量的实验来证实。

（2）空间飞行对动物骨骼的影响

尽管动物与人类之间存在诸如种属、生理结构以及神经免疫调节等方面的差异，但是，还是有许多学者愿意使用动物进行骨骼的重力生理研究。主要原因是，使用动物进行失重环境下骨骼系统变化的研究存在以下优点：首先，可以进行一些骨组织结构和力学特性的研究，这些研究是不能在人体中进行的；第二，动物实验的一些观察条件可能更优越，空间飞行中航天员经常进行锻炼以及采取相应对抗措施的干扰因素可以在一定程度上得到控制；第三，可以根据不同要求和目的改变实验条件，研究各种情况下出现的变化，与真实的空间飞行中所得到的结果比较，有利于更深入地了解和发现问题。而且根据相应的实验结果，有关动物在太空失重环境下的变化与人类的变化相比，也有许多的相同之处。

航天中的动物实验开始于 20 世纪 70 年代的苏联宇宙号生物卫星。参加这些动物实验的国家有苏联、美国、波兰、德国、保加利亚、匈牙利、罗马尼亚和捷克斯洛伐克。美国在空间中也进行了动物实验，结果表明，失重确实可以引起骨密度的减少、骨机械强度降低、骨生长减慢以及形态学上的变化[10]。

短短 1 周的飞行就可以在动物体内观察到骨形成的抑制和骨质丢失。在 5 天的宇宙-1514 号飞行后，大鼠的股骨和肱骨的近干骺端的器官性基质（前骨质）就减少。在宇宙-1667 号和 SL-3 中飞行 7 天的大鼠，在不同骨中出现不同程度的骨形成抑制。与对照动物相比，飞行动物的骨小梁中出现了骨质疏松的表征，表现为骨小梁变薄，有少量的前骨质形成，成骨细胞的数量和活动减少，骨膜形成减慢，骨的长度较短。而且，与细胞活动有关的再吸收水平呈相反的变化。

在空间实验室 3 上的大鼠，骨矿化作用减慢，骨形成抑制，矿化作用和胶原代谢发生紊乱。在宇宙-1514 和宇宙-1667 号上飞行的大鼠的大腿骨出现Ⅲ型胶原异构体，证明了上述发现，它比其他的异构体与钙离子的亲和力小。

宇宙-1514 和宇宙-1667 号上的大鼠飞行后肱骨近干骺端的机械强度小于地面对照大鼠，但这两组的矿物质密度都无变化。按年龄配对的对照组骨骼的弯曲强度和其他生物力学指标是增大的，而飞行组维持在飞行前水平。总之，研究结果认为，即使 1 周的飞行也可使骨变脆，飞行对载荷和变形不能产生正常的反应。

飞行 12 天的宇宙-1887 号大鼠，在飞行后 48h 处死，进行形态学和组织化学的研究，实验中发现胫骨近干骺端和大腿远干骺端生长区海绵组织的减少是伴随着这两部分成骨细胞百分比的减少，说明此时存在着胶原合成系统的激活。另一个观察成骨细胞活动的研究是在上颌骨牙周膜韧带的模型中进行的，微重力阻断了骨细胞的生成，结果显示没有分化的骨祖母细胞的数目增加和前成骨细胞的数目减少。胶原代谢的紊乱表现为增殖周期的改变和在胫骨近骨干部位软骨细胞的分化，胶原纤维广泛分布，在不同区域出现蛋白多糖的聚集。股骨、胫骨、肱骨、下颌骨或腰椎的矿物质含量无明显改变。

参加宇宙-1887 号飞行的大鼠，在 5～7 天的飞行后肱骨和股骨的骨密度没有明显改变，但已经出现骨强度的下降。宇宙-1887 号大鼠的腰椎椎体的矿物质的量和成分没有明显改变，但出现了骨强度的下降。不过，在宇宙-2044号飞行 13.5 天的实验中，动物在飞行后 6～11h 处死，骨的结构、前骨质的量或骨强度都没有改变。虽然在软骨纤维网周围的一些结构遭到破坏，但成骨细胞和胶原的超微结构都没有改变。宇宙-1887 号大鼠和宇宙-2044 号大鼠飞行后变化的不同可能与实验大鼠的年龄不同，前者大鼠的年龄是 90 天，后者大鼠的年龄是 110 天，可能是年龄影响骨重力负荷的敏感性，或者与飞行后动物处死的时间有关。宇宙-1887 号观察到飞行大鼠骨骼再吸收增加的现象支持了后一种看法，因为在另一些飞行后第 2 天处死的动物中也观察到类似再吸收类型的反应。

采用非损伤的骨密度测量法对参加空间飞行的大鼠进行研究，也证明 2 周飞行后骨生成速度减慢和骨密度减少。与对照动物相比，宇宙－782、宇宙－936、宇宙－1129号内的大鼠在18～19天飞行后出现骨膜生长的下降，胫骨和肱骨骨小梁的体积减小30%～35%，成骨细胞数目减少，但在皮质骨中没有出现骨再吸收增加的信号。其他一些研究认为，飞行中骨形成是被阻断的，但是恢复是很快的。胫骨近干骺端骨小梁的变化可能是由于破骨细胞的再吸收。但是在肱骨近干骺端和胫骨远干骺端的再吸收认为是反映了腔隙（骨细胞）的骨质溶解。

在近3周的宇宙－782、宇宙－936、宇宙－1129号大鼠飞行后，在股骨的干骺端的皮质骨或脊椎的松质骨中没有明显的改变。但是，一些学者解释宇宙－1129号的结果认为，胶原组织的成熟发生了性质上的改变和延迟，它与飞行中胶原超微结构的变化是一致的。宇宙－605、宇宙－936和宇宙－1129号大鼠股骨远干骺端矿物质密度平均下降7.5%～21%，股骨头丧失的范围是5.2%～17.7%。在灰分中钙的含量比对照动物少，钙/磷比例也下降。SL－3的大鼠在飞行1周后的股骨中也存在类似的矿物质流失和矿物质积聚。这些资料说明，骨的矿化、新骨的成熟减慢和失重时骨重建减慢。骨的这些变化可能有利于保护老的、高矿化的骨组织。3周飞行后大鼠的生物力学的变化表明，骨小梁的弯曲强度和矿物质密度下降。在不同实验中，断裂强度下降20%～30%，其变化大于弹性系数的下降（下降15%～30%）。股骨头这两个指标的变化大于肱骨。出乎意料的是，股骨骨干皮质骨的断裂强度增大。由于矿化作用的增加，像胫骨和股骨皮质骨一样，用整个股骨和胫骨进行弯曲实验，表明它们的结构阻力下降，在近端和远端出现断裂。后者的发现是没有预料到的，因为这些区域包含骨小梁，从这些变化推测骨组织可能出现丢失。在19天飞行和21天悬吊后的再适应过程中，钙水平和矿物质密度已经开始恢复时，骨强度进一步下降。飞行后的前3～4天，在受到正常的机械刺激时可能激活了骨的再吸收，而骨形成受到抑制[11]。

但是，对太空失重环境下进行动物骨骼系统的观察也存在诸多问题，主要表现在以下两个方面：

1) 严格来说，经历空间飞行的动物在太空中并非仅受到失重因素的影响，由于多数动物是在生物卫星中的环境中生存，其生活环境受到极大的限制。有报道表明动物生活环境的狭小和限制同样会造成骨骼系统的异常。而且，在太空环境中的动物还不可避免地经受噪声、振动、宇宙辐射以及加速度等诸多因素的影响，这些因素同样可能对骨骼的生长和稳定产生影响。

2）由于进行空间飞行的经费昂贵、空间有限，飞行次数也较少，限制了进行有关动物实验需要达到的数量和分组，同时这也是导致实验结果正确性下降的重要原因。为了解决这个问题，诸多学者又发明了地面的失重动物模型，包括大鼠的尾部悬吊模型、较大哺乳动物的头低位限动模型（如兔、猴）以及人体的 −6°头低位卧床实验等，以模拟真实的失重环境下机体各系统的变化。大量的实验证明，这些地面的模拟失重模型能在一定程度上得到与太空失重环境类似的结果。地面实验由于其方便性和易控制性逐渐成为近年来诸多学者开展相应研究的主要方法。

3.1.2　失重性肌萎缩

大量的动物实验、地面卧床实验和空间飞行的结果均表明，在失重或模拟失重环境中，骨骼肌的结构和功能都会出现不同程度的下降，尤其以机体的承重部位（下肢）最为明显。主要表现包括肌肉体积的减小、肌力的下降、肌纤维结构类型的改变，以及肌肉蛋白合成代谢的降低等[5,12]。

（1）肌肉体积的减小

苏联生物卫星和美国飞船开展的飞行条件下大鼠后肢骨骼肌变化的研究报道证实，飞行 1 周即可引起骨骼肌质量的明显下降，其降幅可达 3%。有关人体在太空失重环境中的改变，较早的报道来自天空实验室和和平号空间站飞行的数据。阿基马（Akima）报道了不同飞行时间（9 天、15 天、16 天）人体骨骼肌体积的变化情况，膝关节屈肌、伸肌和踝关节最大横截面面积（Cross Section Area，CSA）伸肌分别下降了 5.5%～15.4%、5.6%～14.1% 和 8.8%～15.9%。此后，大量的飞行结果显示，随着飞行时间的延长，肌肉体积也逐渐减小。最新的报道表明，在飞行 6 个月的国际空间站上，航天员下肢肌肉的体积减小了 13×（1±2%），其中，比目鱼肌减小了 15×（±2%），腓肠肌减小了10×（±2%）。这一结果略低于此前勒布朗（LeBlanc A.）报道的结果（下降17%）。但是，在地面恢复14天后，航天员比目鱼肌的体积仍然低于飞行前的水平[13-15]。

由于在太空失重环境中，尤其是长期的空间飞行，相应的锻炼和物理防护措施是必须采取的，以保护肌肉、骨骼和心血管等生理系统的稳定性，因此，真实失重环境所导致的肌肉丢失量也远大于实际观察的结果。为探索失重环境对人体的影响，有多种地面模拟环境建立，以模拟失重环境所导致的生理效应改变。这些模型包括人体头低位（−6°）卧床实验、干浸实验、抛物线飞行以及尾吊动物模型（大鼠、小鼠）等。相对于太空复杂的环境因素（噪声、振动、辐射、日昼夜变更、心理和情绪应激）、人数较少以及通常采用诸多防护措施等因素，地面模拟有着更好的环境可控性。因此，地面模拟在评估失重生理效应、发生机制和防护措施的效果评估等方面已经得以广泛的应用[16]。

骨骼肌萎缩是中长期失重飞行必须面对的重要问题。人体头低位（−6°）卧床实验是地面观察长期失重环境对人体影响的最常用方法。早期的研究表明，7天的短期卧床即可导致人体大腿肌肉的维度出现明显下降（−3%）。而在此后的研究中，发现20天的卧床可导致踝关节伸肌和膝关节伸肌体积均出现明显下降，但下降的程度各报道结果不尽相同。阿基马[17]报道了卧床20天可导致膝关节伸肌、屈肌和踝关节伸肌的生理 CSA（Physiological CSA）分别下降了7.8%、11.5%和12.8%。川上（Kawakami）[18]的报道是卧床20天可导致股四头肌 CSA 下降10%，其中，股直肌的萎缩程度最为明显。船户（Funato）[19]的观察结果为，卧床20天可导致下肢大腿肌群 CSA 下降7%。阿贝（Abe）利用超声观察到的结果是，卧床20天后股四头肌的厚度下降了约2.1%～4.4%，同时观察到的 CSA 结果表明，肌肉和厚度改变与 CSA 结果有较好的一致性。阿克纳（Alkner）[20]报道了卧床29天可导致股四头肌和股三头肌 CSA 分别下降10%和16%。贝里（Berry）[21]报道了卧床30天可导致股四头肌 CSA 下降11%，小腿三头肌（比目鱼肌和腓肠肌）分别下降11%和10.5%，比目鱼肌的萎缩程度远大于腓肠肌。这一结果与空间飞行的结果是基本一致的。

近几年来，由于国外对太空探索的目的地已经由最初的近地飞行、空间站计划逐步转向月球探险和火星探测等需要长期太空停留的任务。此时，长期失重飞行生理效应问题凸显。由此，国外也陆续开展了长期失重飞行的地面模拟实验。在卧床 90 天的实验中，阿克纳[22]报道了膝关节伸肌和踝关节屈肌肌肉体积分别下降 18% 和 29%。在同一实验中，里特韦格（Rittweger）[23]报道了小腿 CSA 下降 25.6%，但前臂肌群几乎没有受到明显的影响（-6.4%）。勒布朗[24]对 120 天头低位卧床的研究结果表明，背部肌群体积下降 9%，股四头肌下降 16%~18%，踝关节屈肌下降 21%，伸肌下降程度则可达 30%。这些研究结果均证实了随着失重飞行时间的延长，肌肉的萎缩也呈增大的趋势。

尽管绝大多数研究表明，在失重/模拟失重环境下，下肢的肌肉体积有明显的下降，但也有部分资料并不支持这一结论。特拉佩（Trappe）[25]开展了飞行 17 天和地面卧床 17 天的同步实验观察，结果表明飞行以及卧床前后，航天员/受试者的小腿形态学和肌力等结果没有明显改变。由此认为，包括飞行（卧床）时间较短等因素在内，在卧床期间开展的三次肌力测试（也可作为防护锻炼）和飞行中的防护能够完全防止失重/模拟失重所导致的生理效应。而另外的一项研究则表明，下肢肌肉体积的下降，与飞行时间并无明显的关系。

除了防护、锻炼措施以及环境因素的影响，还有一个因素对结果的影响是非常显著的，即个体差异的影响。最新的空间飞行结果表明[26]，在国际空间站飞行 6 个月后，有一名航天员的小腿体积改变仅为 1%，但有两名航天员超过了 20%，在剩余的 6 名航天员中，有 5 名超过了 10%。而前文所介绍的地面卧床实验结果之间也存在着一定的差别。这些均提示个体差异在实验影响因素中的重要性。

总的说来，失重飞行引起肌肉体积的下降还是得到了大量的文献和真实飞行结果的证实，但不能确定的因素主要集中于飞行时间是否与肌肉体积的下降程度存在明确的相关性，以及下肢各部位肌肉的下降程度在各研究结果之间并不一致等方面。

（2）肌纤维结构类型的改变

骨骼肌纤维主要可以分为三种类型：Ⅰ型纤维（或称为慢型-氧化型）、Ⅱ

A 型纤维（或称为快型-有氧酵解型）、ⅡX 型纤维（或称为快型-无氧酵解型，以前称为ⅡB型）。不同的中间亚型常被发现，这可能是为了适应机械载荷的改变而出现的类型，骨骼肌纤维也可出现不同亚型的转变。在同一块骨骼肌中，通常混合有多种纤维。一般认为，Ⅱ型纤维多数与躯体的运动（如行走、跑步等）关系密切；而Ⅰ型纤维则与姿态控制等有关。

从动物飞行和地面模拟失重效应模型中可以发现，骨骼肌萎缩的幅度通常是纤维特异性的。姿势性肌肉（如比目鱼肌、骨中间肌和内收长肌）一般含有更高比例的Ⅰ型慢纤维，它们比含有更高比例Ⅱ型纤维的非姿势性肌肉（如跖肌、胫骨前肌）和拇长伸肌更容易受到影响。诸多动物、人体在飞行和地面模拟失重环境中的结果均证实了这一点。

尾吊模型是模拟失重环境对机体产生影响的最常用动物模型[10]。多以大鼠和小鼠为实验对象，通过尾部悬吊导致后肢离开地面，进而诱导废用性骨丢失和肌萎缩，以及体液头向分布等生理效应，与真实的人体空间飞行结果非常类似。常被用于由失重引起各种生理效应改变的机制探讨和有创性研究。

尾吊动物模型可出现非常明显的Ⅰ型纤维向Ⅱ型纤维转换的现象。表现为慢型 MHC-Ⅰ的下调，同时伴有快型 MHC-ⅡX 的表达增加。最近，从 84 天卧床实验中获得的数据显示，这种向快型纤维表型的转变同样也可出现在人类身上，导致Ⅰ型/ⅡA 型 MHC 百分比升高 2.8 倍。此外，混合纤维表达的比例要比单一表型高得多。卧床前，混合纤维的总比例为 13%～14%，而在卧床后，混合纤维的数量增大到 49%。不过，出现类似的肌纤维变化所需的时间在动物和人体之间有明显的差异，人体所需时间大约是动物所需时间的 3 倍之多[27,28]。

有意思的是，人体在短期空间飞行中表现出来的骨骼肌萎缩特性与动物模型（尾吊大鼠）中的变化并不一致。研究发现，短期飞行后，人体的Ⅱ型纤维似乎较Ⅰ型慢纤维更易于萎缩。埃杰顿（Edgerton）[29]观察到，在 11 天飞行后，股四头肌中的股中间肌（VL）的Ⅱ型纤维萎缩程度要大于Ⅰ型纤维。与之类似的是，一项航天飞机的飞行实验（STS - 78）表明，飞行 17 天后，比目鱼肌Ⅱ型纤维横截面积（CSA）下降了 26%，而Ⅰ型纤维 CSA 仅下降了 15%。

然而，长期飞行或卧床后的结果又与短期飞行的结果不同，表现出与动物实验结果类似的变化。在卧床 12 周后，VL 肌 I 型和 II 型纤维的 CSA 分别下降了 35% 和 20%，比目鱼肌的 I 型和 II 型纤维 CSA 分别下降了 42% 和 25%。而特拉佩[28]的结果则发现，股外侧肌 I 型纤维直径下降了 15%，II 型纤维直径下降了 8%。而在国际空间站上停留 6 个月的航天员数据表明，尽管在空间站上有着大量的锻炼和防护措施，航天员腓肠肌中 MHC-I 类纤维增加了 12%，MHC-I/IIA 比例增加了 4%，混合型和 MHC-IIA 类纤维增加了 9%；而在比目鱼肌中，这三项指标的变化分别为 -17%，4%～5% 和 12%，这些结果均表明，在长期的空间飞行中，人类 I 型纤维对废用性萎缩更加敏感[30]。

近年来，随着技术的发展和研究的深入，一些学者也对单一肌纤维的力学特性进行了观察，以期能深入了解失重所导致骨骼肌萎缩的机制。这些来自动物和人体实验、飞行中的数据，进一步说明了失重/模拟失重环境所导致的肌肉收缩特性的改变，包括以下收缩参数：峰值收缩力（Po）、峰值收缩力/横截面面积（Po/CSA）、最大无负荷收缩速度（Vo）等。

（3）肌肉蛋白合成代谢的降低

早期观点认为，在失重/模拟失重环境后，人和动物肌肉的萎缩主要是由蛋白合成与分解速率之间的失衡引起的。事实上，在大鼠尾吊的前两个星期内，蛋白合成下降，而蛋白降解增加。在随后的两个星期内，蛋白合成与降解之间的平衡才能够再次形成，因此肌肉蛋白含量得以稳定，虽然其水平要比尾吊前低。

一项来自和平号空间站 3 个月的研究结果表明，与飞行前相比，人体的总蛋白合成下降了 45%。同时，通过血液中 3-甲基组氨酸表观率间接推算的蛋白降解速率发现，飞行中蛋白降解速率实际上是下降的。

这一结论也得到了地面短期卧床实验的证实。在严格的卧床 14 天后，年轻健康志愿者的总蛋白合成下降了 14%，而骨骼肌蛋白合成下降了约 50%。在 14 天的严格卧床实验中，这种下肢肌肉的废用所导致的蛋白合成下降得到了氨基酸注射刺激蛋白合成的研究结果的证实。在卧床期间，亮氨酸沉积入蛋白的净值比能够随意走动的志愿者低了 8%，这提示卧床能够导致蛋白合成代谢下降。

空间飞行对人肌肉能量代谢的生化和组织学研究较少。这主要是因为活检分析是一种有创的手段。研究表明，5 天和 11 天短期飞行时，不采取物理防护措施不会导致线粒体酶活性的改变，然而可导致慢型纤维糖酵解酶活性的增强。

在和平号和国际空间站上，长期飞行时乘员要执行强制性的锻炼防护计划，包括每天 2h 的跑台运动或自行车功量计运动。在飞行 3.5 周（1 例）或 6 个月（3 例）前后采用 31P 磁共振波谱学（31P - Magnetic Resonance Spectroscopy，31P - MRS）对航天员的小腿肌肉进行检查，没有发现糖酵解或有氧锻炼能力下降。在同一名受试者身上采用活检方法也没有发现肌肉纤维的百分比出现明显变化。然而，通过 31P - MRS 检测时发现，在给定的工作负荷下，收缩的初始相磷酸肌酸的累积显著增加，这提示飞行后肌肉收缩的代谢效率下降了。这些现象的最终解释需要其他方面知识的支持，比如肌纤维募集模式的改变等。

然而，能量代谢的变化与航天导致的肌力下降并没有直接关系。而且，和平号空间站上飞行 6 个月后锻炼能力下降具有这么一个特征，即通过自主收缩耗竭磷酸肌酸的能力下降。在这一领域需要更多的工作，特别是要进行与实际工作输出相一致的不同锻炼水平下 ATP 代谢评价的研究。除了肌肉纤维数量外，纤维类型募集方式的影响也值得进一步深入评估。

3.2　太空失重状态下运动操作能力的变化特征

运动操作能力是航天员执行和完成飞行任务的关键，其取决于运动系统结构与功能的正常。人的运动系统主要由骨骼、关节和肌肉组成。人体运动是以关节为支点，通过附着于骨面上骨骼肌的收缩，牵动骨骼改变位置而产生。因此，在运动过程中，骨骼起杠杆的作用，关节起传动枢纽的作用，骨骼肌则是运动发生的动力源。空间飞行尤其是长期飞行中，微重力将导致骨丢失、骨骼肌萎缩等，对航天员在轨运动操作能力产生不可避免的影响。

国际空间站的飞行实验研究表明[5]，在太空失重环境下，由于体液头向转移（短期失重效应）、骨丢失和肌萎缩（长期失重效应）等因素的存在，导致人体各节段的质心（重心）将发生相应的改变，进而引起整体的质心（重心）变化，最终导致航天员的人体运动学和动力学特性发生变化。那些原本在地面上可以顺利实现的运动和操作，此时可能变得艰难和难以完成。这种变化在有约束条件时（如进行舱外活动，EVA）更加明显。因此，航天员在太空中需要花费大量的时间开展各种运动和操作，以保护人体原有的生理机能和保证任务完成。根据现有空间站的航天员工作规划，航天员每天进行体育锻炼的时间要超过 2h。即便这样，仍然无法阻止长期飞行所导致的生理系统失代偿现象。

我国神舟十号在轨飞行任务中，采用 Actiheart 心率/运动设备所获得的心率和躯干运动数据结果发现（见图 3-1），Actiheart 记录的躯干活动数据显示两名航天员躯干活动显著下降，约降低至飞行前的 1/10。这些结果将来对于研究微重力条件下航天员的肌肉萎缩，以及航天员执行任务和运动锻炼合理规划等具有重要的科学意义。

在模拟微重力条件下航天员躯干运动的减少，可能与航天员的健康及运动模式的改变有关。在空间微重力条件下，航天员会罹患骨质疏松、肌肉萎缩，同时椎间盘突出的发生率也比在地面时高。躯干部位运动的减少，可能与在重力缺失条件下搬运物体不需要躯干部位的肌肉进行配合有关。躯干部位运动的减少有可能会加剧骨质的丢失和肌肉萎缩，同时也可能会使椎间盘突出的发生率进一步增加。此外，躯干部位运动的减少也意味着航天员运动模式的改变，因此在未来的研究工作中，有必要对这方面的问题进行深入探讨。

由于空间飞行资源有限，利用失重飞机系统的原理（即当飞机沿抛物线轨道飞行且下降加速度接近地球重力加速度时，飞机内部物体会处于失重状态），开展失重飞行的运动操作能力研究[31,32]。这种失重状态与太空失重状态极为相似。目前，世界上投入使用的失重飞机主要有美国 NASA 的 KC-135（见图 3-2）和 DC-9（见图 3-3）、ESA 的 A300 以及俄罗斯的伊尔 76 等。其

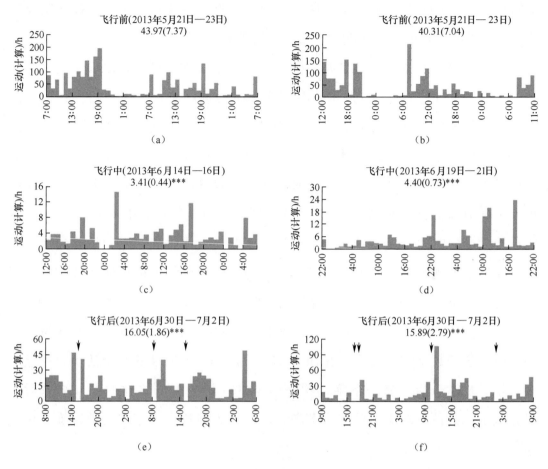

图 3-1　神舟十号航天员躯干运动的变化情况

中，俄罗斯的伊尔 76 是较为理想的选择。该失重飞机能够提供较大的安装空间和电源供给，对于较大的科学实验系统十分有利。一个架次的飞行由若干个失重抛物线组成，每个失重抛物线包括急跃升阶段、失重阶段、下降阶段和平飞阶段四个阶段。其中，失重阶段大约可以产生 20～40s 的失重过程，是目前开展短期失重效应研究的主要手段，但不能作为长期失重效应的研究手段。

　　我国于 2014 年 9 月 29 日—10 月 13 日参加了在法国波尔多举行的抛物线飞机实验，研究抛物线飞行模拟的失重/超重交替变化条件对于躯干和手腕运动的影响。通过对 248 人次的抛物线飞行实验结果分析发现，在飞机加速上升的超重阶段，手腕的活动未发生显著变化，但是躯干的运动约降低至平飞阶段（1g）的 1/4。这些结果说明，重力改变对于身体各部分的影响可能存在显著

图 3 - 2　航天员在 KC - 135 失重飞机中训练

图 3 - 3　航天员在 DC - 9 失重飞机中训练

差异，其中，躯干所受的影响较手腕显著（见图 3 - 4）。

在失重飞机上的研究结果带来了一个很有意思的话题。毫无疑问，这些在失重飞机上的表现都只是人体对失重环境的一种短时适应性响应，因为涉及结构性生理改变的诸多病理生理性调节（如心血管重塑、骨肌系统萎缩）都还没有来得及发生。现有的观点认为，这种改变一方面是受到环境因素的影响，如短时间的失重、噪声等，另一方面则可能是由于人体对陌生环境中产生的自我保护性反应（应激）造成的。可以明确的是，失重环境因素在其中必然发挥了重要作用，但其影响的程度和可能的发生机制，目前并无确切的数据来支持。

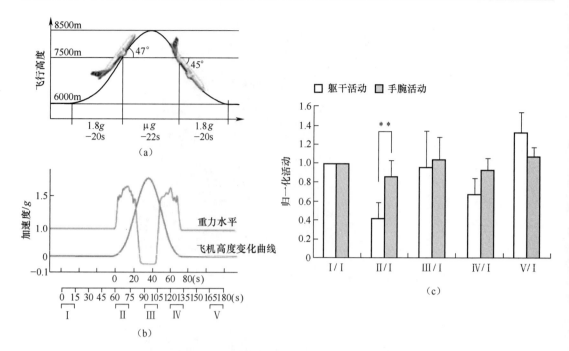

图 3-4　抛物线飞行对躯干运动的影响

（a）抛物线飞行的原理。抛物线飞行在加速上升初期的约 20s 内为超重状态，重力约为 1.8g，在关掉动力执行抛物线飞行的约 20s 内为微重力状态，在恢复动力飞行的约 20s 内为超重状态，重力约为 1.8g；（b）项目团队在研究中选取了 5 个时间段，包括抛物线飞行前后的 Ⅰ、Ⅴ 两个时间段，重力为 1g，以及抛物线飞行期间超重、微重力和超重的 3 个时间段。为了便于分析，所有时间段的数据均取 15s；（c）抛物线飞行过程中及飞行前后手腕和躯干活动的变化情况。＊＊表示 $P < 0.01$

一些与姿态控制密切相关的器官与系统，如前庭、运动控制、姿态平衡等，都可能在其中扮演着重要的角色。

3.3　失重环境对运动操作控制系统的影响

进入轨道飞行后，航天员在长期地球环境下形成的以地球重力坐标系为基础所构建的认知体系将发生调整，会建立新的失重环境下的坐标认知体系。同时，在大脑运动中枢层面上，也将针对空间作业环节诸方面进行方向、力的大小等运动策略上的改变。这种认知体系和决策特征之间的冲突将呈现为整合—冲突—再整合的过程。另外，航天环境下引起的人体各生理系统（如前庭神经系统、骨肌系统）功能随飞行时间发生的时变效应又将加重这种冲突和整合过程，使得这一过程变得漫长而复杂。航天员也难以建立起稳定的认知-运动反馈模式，进而大大降低航天员的运动和操作能力。而且，一旦面临新的重力环境（如月球或返回地球），这种调整又将重新实施。

进入失重环境初始，生物体对抗地球重力作用有关的前庭感觉、视觉、本体感觉等功能及其相互作用就会显著改变。在正常情况下，人耳前庭器官中，半规管能正确传感头部角加速度，耳石能检验出线加速度和头部的位置。在失重条件下，它们能正确感受角加速度和线加速度，但不能确定头部的定向。因此，当头部或身体运动时，不能从耳石或本体感受器接收到相应的位置变化信息，造成与视觉的冲突。宇宙-782号和宇宙-936号卫星的实验表明，在长期失重条件下，前庭感受器基本功能无变化，但姿势和某些运动反应有本质改变。空间实验室利用转椅对航天员进行旋转试验，也得到了相似结果。

人在失重状态时肌肉运动和协调功能也发生了显著改变。由于地心引力的消失，抗地心引力肌群的活动大为减弱，肌肉间的协调活动发生变化。大量肌肉尤其是无数运动单位的协调工作需要有复合的神经结构来进行协调控制。在地球上，神经肌肉协调系统建立有牢固的控制协调程序，进入失重状态后，原有的协调控制程序不能正常运转，引起控制协调的紊乱。礼炮4号、5号测量人体重心，发现有大幅度波动，垂直姿势控制能力下降。当对失重环境适应后，建立起新的控制协调程序，才能恢复肌肉控制系统的正常活动。

感觉异常和运动功能的显著失调，造成航天员定向、运动和操作能力的异常。在失重环境中，人会产生漂浮、跌落、转动和无支持状态等感觉。失重初期，可产生视幻觉、眼动减少、眼震颤不对称、运动的速度和精度下降、肌肉的精确工作能力下降、体力活动效率，包括身体运动、姿势协调和手控工作效率都受到影响[33]。

失重下，人体感觉-运动功能失调是随着前庭（内耳耳石）和躯体感觉（触觉、本体感觉、运动觉）信息变化而发生的，而前庭和躯体感觉信息又与空间定向和姿势、运动控制相关。因为失重下耳石器官唯一的刺激就是平移，而不是倾斜时的线性加速度，所以随着新的感觉-运动整合方式的建立，对前庭信息的感知分析会再次进行。其结果就是在飞行的早期，空间运动病经常发生，整个任务期间都会出现空间定向障碍，在返回时姿态不稳、眩晕。虽然空间运动病通常情况下会在进入太空后的一段时间后消失，但在长期飞行任务中也会再次发生。和平号和国际空间站的数据显示，约 90% 的航天员任务后会经历 Mal de debarquement 综合征，且持续几个月，这种症状与空间运动病类似。

在失重环境下，抗重力肌持续无负荷，在地球上维持姿势和运动的抗重力反射活动消失或发生调整，结果使太空中伸肌反射消失。下肢位置信息不能被正确感知，随意指向的精确性和静止时肢体位置觉受损。在失重环境下，微重力时运动协调功能的改变也是随环境发生改变而导致的身体认知（躯体构图）改变，或由于机体保持原有内部重力模式所致。经过长期飞行返回地球时，航天员会出现姿态平衡功能失调，从而导致运动的不协调。航天员对地球的再适应或功能的恢复需要花很长时间。经过持续长达 6 个月以上的飞行后，一些航天员甚至需要被动出舱[34]。

长时间姿态控制失能失活和运动功能受损与人类登陆其他星球后的自然出舱需求显然不相适应。而且，航天员完成飞行任务的能力严重受损，甚至在火星重力环境下进行跑台锻炼的能力可能也会降低。

3.4　人体运动和操作能力研究的地面模拟失重平台

由于在轨开展人体生物力学特性研究存在诸多限制，故有关的研究工作绝大多数还是在地面模拟状态下进行的。现阶段的模拟方法主要包括以下几类[35]。

3.4.1　零重力悬吊系统

人体在失重环境下进行跑步时，下肢膝关节等部位的运动范围、空间以及与平台作用时间和作用力大小都与地面重力环境下正常跑步运动不同，零重力悬吊系统将人水平悬吊，身体与水平面平行，悬吊绳索产生的拉力正好抵消了地球对人体产生的重力，同时脚掌踩在垂直于地面的跑台上，腰部和肩部施加指向跑台方向的载荷，可以用来模拟失重环境下人体跑步运动。零重力悬吊系统又称为零重力跑台，如图 3 - 5 所示。由于人体在运动过程中一直受到地面重力的作用，该方法的有效性仍受到质疑。不过，NASA 和我国利用类似的设备先后完成了多人次的地面模拟失重环境实验。结果证实，该方法取得的实验数据与地面模拟失重环境飞行和真实太空环境中的实验数据基本一致。因此，此方法在研究失重环境下人体运动生物力学特性方面具有一定的有效性。通过该设备，航天学者发现现有的太空锻炼装置（跑台、功率车等）虽然通过约束系统能够实现模拟重力的力学负荷，但产生真正有效力刺激（足底受力、力作用时间等）只有地面重力环境的 40%～70%，这一方面证实了现有锻炼模式和设备在太空中使用的不足之处，也预示着后继的防护研究需要进一步重点关注那些原本在地面锻炼方案中有效的技术和设备在真实太空环境中是否能够发挥同样的效果。

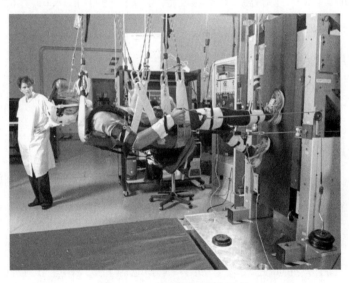

图 3 - 5　零重力悬吊系统

3.4.2　中性浮力水槽系统

中性浮力水槽也称为中性浮力模拟器或失重水槽，利用浸在水中的人体所受浮力与重力相等的阿基米德原理模拟人体在空间 6 个自由度的运动，并在各种姿态中保持随机平衡，使受试者如同处于失重环境中一样（见图 3-6）。这是载人航天中训练航天员舱外活动的最好模拟形式，同时可以进行各种微重力人体生理实验、工效学评价、硬件（设备）系统评估以及舱外活动程序演练测试等。中性浮力模拟属于对失重效应和感觉的模拟，因此它是失重的一种间接模拟方式。中性浮力水槽一般由水罐、供水系统、潜水呼吸系统、浮力配置系统、安全救生系统以及测控系统等构成，结构比较复杂，但都是成熟的技术。我国和俄罗斯都建有多个大小不一的中性浮力水槽，用于对航天飞机、载人飞船和空间站等航天器的地面模拟。ESA 和日本等国家近几年也都建起了中性浮力水槽。中性浮力水槽已成为航天员舱外活动（包括交会对接）训练以及各种上天设备实验所必需的模拟设备之一。虽然中性浮力水槽系统也从整体的角度消除了对人体重力的影响，但是它不能消除重力对人体内部复杂结构的影响，不能从本质上探求失重对肌肉内部组织的影响，更为重要的是，当人在中性水槽中运动时，水产生的阻力对运动学特性产生了很大的干扰，导致的结果与太空失重环境差距极大。目前，该设备主要用于航天员进行舱外维修等工作的训练，极少用于运动学研究。

3.4.3　人体-6°头低位卧床实验

现阶段，长期卧床实验已经广泛应用于模拟失重环境对各种生理系统的影响，尤其是对骨骼、肌肉和心血管系统的研究。这种失重模拟也被广泛用于开发和测试重力变化之后人体对地球重力的再适应对策。最初，人们对失重引起骨丢失的初步研究采用水平卧床，认为该模型最接近静止状态和最小化的流体静力学效应。但后来的研究发现，所有基于地球重力环境下开展的研究必须通过调整重力的方向来对抗恒定的地球重力。通过大量研究发现，采用-6°人体头低位卧床（见图 3-7），能够最佳地模拟太空中体液头向转移所引起的生理学效应。此后，该模型逐渐在国际上推广，成为最广泛使用的人体失重效应的研究方式，用于测试骨质流失、肌肉和心脏萎缩、直立不耐受和肌肉力量/运动能力降低的机理，以及防护措施效果的评估。

图 3-6　航天员在中性浮力水槽中进行模拟失重训练

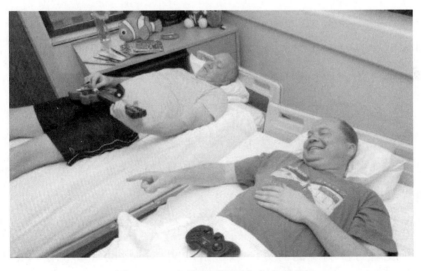

图 3-7　人体头低位卧床实验图

3.4.4　计算机仿真模型

随着计算机技术的发展，人体仿真模型的应用也逐渐成熟。常用的人体动力学模型包括人体机械阻抗模型、人体多刚体模型和有限元模型三种[36]。

（1）人体机械阻抗模型

人体机械阻抗模型（见图 3-8）是将人体的主体部分模化成一个复杂的质量-弹簧-阻尼系统，运用基本力学原理分析来进行人体结构的动力学问题分析。质点模型是把人体简化为一个或多个质点。对于不同的用途，其简化的方式也有所不同。例如，在分析跳水运动中运动员的空中运行轨迹时，可以将人体简化为一个质点进行分析。质量-弹簧-阻尼系统模型较质点模型更加复杂，可以解决更复杂的力学问题。用于分析座椅振动特性对乘员影响的质量-弹簧-阻尼系统模型，则是将人体简化为由头部、躯干和下身三部分组成的模型。在车辆舒适性问题的分析中，经常建立的针对振动或冲击传递至人体头部的分析模型就是人体局部的机械阻抗模型。比如，在分析驾驶人位置由座椅传递至人体头部的振动时，通常建立的是由人体躯干、头部简化后的机械阻抗模型。人体机械阻抗模型在人体整体或是某个部位固有频率的计算，特定条件下局部的传递分析或是人体整体某个方向上的传递分析方面，使用较多。

（2）人体多刚体模型

多刚体系统是对某类客观事物的高度抽象和概括，是通过特定的关节（铰链）将诸多零（部）件，即所谓的"体"连接起来的，因此，把多体系统定义为以一定的连接方式互相关联起来的多个物体构成的系统。在建立人体模型的过程中，研究人员参照人体的骨架结构，将人体分解为有限部分，将手、脚、胳膊、腿、头、颈和躯干等看作刚体，将关节看作铰链，于是形成了人体的多刚体模型（见图 3-9）。

在运动分析过程中，尤其是涉及人体各部分的位姿变化分析时，多利用多刚体模型开展动力学响应的研究。多自由度刚体的运动计算机仿真的技术日渐成熟，利用计算机软件将人体简化为多刚体模型，建立人体动力学仿真模型成为模拟太空失重环境下人体运动的一种有效途径。相比较计算机动力学仿真可以求出各个关节点的受力值，这些数值非常接近于实际值，具有很高的参考价值。例如，借助人体动力学建模软件 Anybody（见图 3-10），通过前述研究在人体行走和跑步中采集的运动学参数和边界条件（足底压力和约束条件设定），

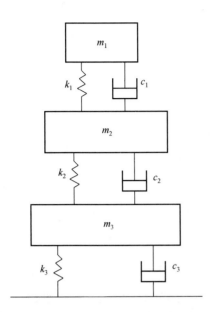

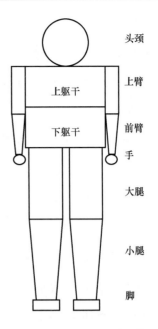

图 3 - 8　人体机械阻抗模型　　　　　　图 3 - 9　人体多刚体模型

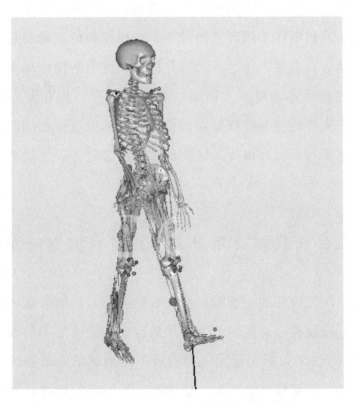

图 3 - 10　利用 Anybody 软件模拟人体运动

对人体进行运动学和动力学仿真就可以轻松得到人体在行走和跑步时下肢各关节和相应肌群的受力情况。从实验结果和数据的变化趋势可以看出，所建的模型基本能够真实地反映各关节和相应肌群的受力情况。

（3）有限元模型

人体是一个复杂的生物体，在研究人体局部受力，特别是在人体组织的碰撞力学方面，有限元方法是一种非常常用的方法。由于人体各组织器官的材料力学特性差异较大，只有每一部分都进行大量的试验、测量获得有关的数据后，才能建立有限元模型。人体有限元模型往往采用多种材料和多种单元的结构才能获得较为理想的计算机仿真模型，因此，目前人体有限元模型多是针对某一具体的人体组织或器官的，如大脑模型、脊椎模型、血管模型等。虽然出现了部分人体肢体的有限元模型，但在整体上依然是多体铰接的模型。有限元模型多用于人体局部瞬时问题的分析中。不过，也有研究者将其与骨自生长原理结合，探索失重环境下骨丢失的发生、发展，也取得了很好的结果。

因计算机仿真模型在不同环境条件下进行模拟和仿真的便利性，以及在人力和成本上的益处，它在人体运动和操作能力研究中的使用越来越广泛，而且对于特殊环境甚至恶劣环境下人体响应变化的研究，具有更加重要的应用价值。不过，由于人体的复杂性以及在建模过程中约束条件上的限制，人体仿真模型的结果一定要与真实环境下人体实验数据结合起来，才能最大限度地确保其可靠性。

3.5　头低位卧床模拟失重对人体运动和操作能力的影响

国外长期空间飞行和地面实验的研究数据表明，长期失重环境所导致的骨丢失、肌萎缩，以及神经系统的改变会导致运动和操作能力的明显改变。通过长期卧床实验（＞3个月）与空间飞行前后不同测试结果的对比发现，长期地面卧床实验的结果能够较好地区别太空失重飞行引起前庭神经系统调节长期卧床的轴向躯体脊髓感觉运动系统变化所导致的不同生理学效应[37]。对行走、步态、从座椅起立、跌倒/站立中恢复、物体平移、爬梯、跳下等一系列进行测试，结果表明，无论是空间飞行，还是长期头低位卧床，姿态控制能力都受到不同程度的影响，进而导致那些需要高姿势平衡要求的操作任务的准确性的下降。有意思的是，之前认为影响较小的精细运动功能也同样出现下降[37]。这些结论在开展的一些其他研究中同样得到证实，人体步态周期明显延长，平衡性变差，手指目标指向测试的偏差度明显增加[38]。不过，目前这方面的研究较少，还需要大量的观察数据来确定其变化规律，并进一步探索其机制，开展有针对性的防护方案。

　　我国探索航天员运动操作能力变化规律及其机制的研究工作从载人航天事业初始就一直进行着。在系统调研了国际空间站长期飞行中航天员作业的影像资料和相关文献报道，并结合我国空间飞行数据回顾及航天员访谈等资料进行分析和整理的基础上，我国的研究人员设计了操作维修类、日常活动类及体育锻炼类等专项的分类系统研究体系，并对在轨运动、操作任务发生频次、时长和负荷强度等进行了统计分析，重点考察了以开关舱门、上肢操作和下肢运动锻炼等面向长期空间飞行的在轨运动、操作典型任务，获得了宝贵的资料。

3.5.1　模拟长期失重效应的人体操作能力变化规律

　　研究结果表明，45 天 −6°头低位卧床模拟长期失重效应引起手握力、推力、拉力和双臂旋转力矩等操作力发生了显著的变化，尤其是拉力、双臂旋转力矩分别较卧床前平均下降了约 17.9% 和 27.7%。而肘关节肌力下降了约 13.6%，见表 3−1 和表 3−2。

表 3−1　45 天 −6°头低位卧床后上肢操作力的变化

测试项目	卧床前/N·m	卧床后/N·m	变化值（%）
手握力	378.5±50.9	349.1±51.4*	−7.2±11.3
推力	98.9±16.7	85±14.6*	−12.5±17.7
拉力	175±33.4	142.6±24.9**	−17.9±8.7
双臂旋转力矩	66.9±15.6	44.7±13.2**	−27.7±16.8

注：与卧床前水平比较有显著差异，* $P<0.05$；** $P<0.01$。

表 3-2　45 天-6°头低位卧床后肘关节等长肌力的变化

测试项目	操作动作	卧床前/N·m	卧床后/N·m
肘关节	伸展	40.3±7.1	39.3±10.1
	弯曲	44.8±11.3	37.8±11*

注：与卧床前水平比较有显著差异，* P<0.05。

对开关舱门、上肢操作典型作业进行观察，结果发现，45 天-6°头低位卧床实验模拟长期失重效应可显著降低握力、推力、拉力和双臂旋转力矩等操作力，肘关节弯曲动作的最大肌力，肘关节的最大峰力矩和总做功量随着卧床时间的延长有加速下降趋势，屈肌群较伸肌群的变化更明显。这些规律的发现，为面向长期空间飞行的航天员开关舱门、上肢操作典型作业任务的地面训练、在轨操作任务规划和人-机工效设计等提供重要的科学依据。

3.5.2　模拟长期失重效应的人体运动能力变化规律

本次实验还针对与运动能力密切相关的运动心肺功能、膝关节最大峰力矩和总做功量，以及步态等指标进行了观察。

运动心肺功能检查的结果表明，在卧床模拟失重第 30 天和第 45 天，最大耗氧量、最大公斤耗氧量均显著下降，恢复 10 天后仍未恢复到卧床前水平。动态肌力的测试结果表明，膝关节屈肌、伸肌群肌力和总做功量随着卧床时间的延长逐渐下降，但有意思的是，与上肢肌群不同，伸肌群的下降幅度明显大于屈肌群，见表 3-3 和表 3-4。

表 3-3　运动心肺功能的变化规律　　　　（单位：次/min）

检测指标	不同卧床时间			
	卧床前	卧床第 30 天	卧床第 45 天	卧床后第+10 天
最大心率	170.13±14.53	176.63±10.84	170.50±10.90	154.63±16.22*
最大耗氧量	2.30±0.22	1.85±0.16**	1.88±0.20**	1.86±0.20**
最大公斤耗氧量	37.38±4.21	29.57±2.60**	30.13±2.23**	30.25±4.83**

注：与卧床前水平比较有显著差异，* P<0.05，** P<0.01。

表 3 - 4　膝关节最大峰力矩、总做功量的变化规律

检测指标	肌群	不同卧床时间				
		卧床前	卧床第 15 天	卧床第 30 天	卧床第 45 天	卧床后第 10 天
最大峰力矩	屈肌	102.90±11.89	98.65±14.97	91.05±14.37*	90.35±13.18**	94.26±16.34*
	伸肌	113.93±9.80	103.53±11.50*	92.23±13.43**	91.86±17.79**	100.43±17.67*
总做功量	屈肌	426.74±90.32	370.59±82.50	375.85±70.57	32.84±77.45**	363.50±60.43*
	伸肌	345.44±27.78	315.10±64.42	285.06±64.33**	247.3±66.41*	310.43±68.78

注：与卧床前水平比较有显著差异，* $P<0.05$，** $P<0.01$。

对步态的研究发现，与卧床前比较，45 天的头低位卧床可导致受试者的步长和步速出现明显的下降，分别较卧床前减少了 18.9％和 26.7％，而步态周期则较卧床前增加了 27.0％。经过 10 天的恢复后，所有指标均有明显的改善，但与卧床前比较，仍然有显著的差异，见表 3 - 5。

表 3 - 5　45 天头低位卧床后受试者步态时相参数变化

指标	卧床前	卧床后第 1 天	卧床后第 10 天
步长/m	0.74±0.06	0.60±0.07**	0.64±0.07**&
行走速度/(m/s)	1.35±0.12	0.99±0.17**	1.10±0.13**&
步态周期/s	1.10±0.06	1.27±0.17**	1.18±0.07**&

注：** 与卧床前有显著差异，$P<0.01$；& 与卧床后第 1 天有显著差异，$P<0.05$。

上述研究发现，随着失重飞行时间的延长，人体的肌力、步态、运动心肺功能都会受到极大的影响。这种影响，一方面会表现在航天员返回地球后对地面重力环境的不适应。另一方面，也是航天专家更加重视的，这种改变是否会导致那些基于地面正常重力环境设计的重要操作无法按照既定飞行计划完成。我们已经知道，Ⅰ类纤维在姿态平衡的控制中扮演着重要的角色，而飞行所引起的肌纤维类型的改变主要是Ⅰ型纤维向Ⅱ型纤维转换。这是人体对失重环境的适应过程，是基于"用进废退"的表现。但在返回地球/或进入其他重力环境时，则可能诱发步态稳定性下降、易摔倒等改变，结合骨量下降、骨密度减少等其他因素，对人体的健康安全产生极大隐患。因此，在进行防护措施的研制和运动处方的设计时，只有考虑失重环境因素和时间因素在其中可能带来的不利因素，才能更好地针对面向长期飞行的运动锻炼特点，合理制定地面训练和在轨锻炼方案，以确保航天员的安全、健康和高效工作。

3.6　失重环境下运动操作能力下降的防护措施

从早期的空间飞行器开始，有关学者就注意到失重环境可能导致骨骼肌的萎缩，并采取诸多防护设备和锻炼措施，以期能有效地保护航天员的运动和工作能力，稳定和提高了航天员的健康和生命安全。下文将对有关防护设备和锻炼措施进行简要综述，其中一些设备和锻炼措施已经在空间飞行中得以应用，另外一些设备还停留于地面研究阶段，但已经在地面模拟失重实验中得以证实，具备了成为有效的防护措施的能力。

3.6.1　锻炼防护

自 20 世纪 70 年代的天空实验室飞行任务以来，运动锻炼作为一种较为有效的防护措施，一直在空间飞行中得以应用。其防护的目标涵盖了心血管、骨骼和肌肉等多个生理系统。根据最新的报道[26,39]，在太空中进行的锻炼措施包括有氧锻炼和阻力锻炼（Interim Resistive Exercise Device，IRED）。

3.6.2　有氧锻炼措施

有氧锻炼主要包括两种自行车功量计［隔振自行车功量计系统（Cycle Ergometer with Vibration Isolation System，CEVIS），美国使用；Velosiped，VELO，俄罗斯使用］和隔振跑台系统（Treadmill with Vibration Isolation System，TVIS）。在飞行中使用自行车功量计锻炼主要用于维持心肺功能和机体的运动能力。然而，这种锻炼在失重环境中对骨骼肌萎缩的防护效果欠佳。一种解释是自行车功量计提供的机械载荷太小，不足以防止肌肉萎缩。根据 30 天卧床实验结果，每周 5 次，每次 30min 的自行车功量计锻炼无法防止肌肉的萎缩和肌力下降[40]。而苏祖基（Suzuki）在 20 天的卧床实验中，每天平卧位进行 60min 的自行车功量计锻炼也没能防止肌肉体积和肌力的丢失，而跑台对肌肉的保护作用相对较好（见图 3 - 11）[41]。马恰斯（Macias）报道了主要作用于心血管系统防护的下体负压设备（Lower Body Negative Pressure，LBNP）和跑台的联合使用效果[42]。结果表明，LBNP 和跑台的联合作用可防止 28 天卧床所导致的脊柱功能和肌力的显著下降。不过，最近开展的地面模拟失重环境和失重飞机中的跑台实验结果表明[43]，在进入失重环境即刻，受到人体原有的地面姿态平衡调节系统的影响，人体在失重环境中进行跑步的运动学和动力学特性会发生与地面情况不一致的变化。这一改变说明，即使在不考虑失重时间因素的条件下，人体原有的跑步运动模式会被打破，这种改变可能对长期在轨航天员的作业能力产生重要的影响。因此，原本在地面实验中有效的平台防护措施，在太空中是否会起到同样的结果，还不是十分清楚。总体而言，自行车功量计和跑台对心血管的防护效果要好于对肌萎缩的保护作用。

 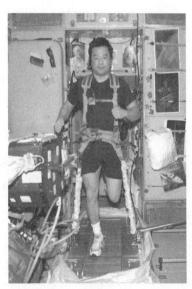

（a）自行车功量计　　　　　　　　（b）跑台

图 3-11　在太空中使用的有氧锻炼装置

（图片来源：Clément G，International SportMed Journal. 2005[44]）

3.6.3　阻力锻炼

早期的体育锻炼以有氧锻炼为主，飞行多是短期，故心血管系统的防护是主要的目标。但随着航天事业的发展，人类在太空中停留的时间逐渐延长。此时的防护目标则转向骨骼和肌肉系统的长期飞行防护。有氧锻炼的单一锻炼模式，已经不适合在长期失重飞行中继续使用。因此，近年来多采用阻力训练和有氧训练结合的模式，以维持多生理系统的正常功能。阿克纳[45]报道了对 17 名男性的卧床实验观察，结果表明，卧床组受试者的膝关节伸肌和踝关节屈肌体积分别下降了 18％ 和 29％，峰力矩下降了 31％～60％（膝关节伸肌）和 37％～56％（踝关节屈肌），表面肌电图（EMG）活动下降了 31％～38％ 和 28％～35％。而在锻炼组，肌肉体积在膝关节伸肌没有变化，踝关节屈肌则下降了 15％，峰力矩、做功和 EMG 活动在锻炼组无明显下降。但是，巴曼（Bamman）[46]的研究表明，下蹲训练（6 个/组直至疲劳，6～10 组/次，间隔 1 日进行）无法防止 14 天卧床所导致的肌萎缩现象，说明阻力训练的模式、方法还需要进一步确定。特拉佩[47]在最近的研究中证实了阻力锻炼＋有氧锻炼的综合模式能有效防止 60 天卧床所导致的肌肉体积下降和肌力下降。

阻力锻炼对蛋白合成的保护效应也见于大鼠的实验研究，进行了 4 周飞轮训练的大鼠，其比目鱼肌质量和蛋白合成的下降程度明显低于未进行训练的大鼠[48]。杜邦·费斯特登（Dupont‑Versteegden）[49]进一步报道了飞轮阻力锻炼的效果。通过研究，作者发现尾吊 2 周的大鼠细胞萎缩增加 5 倍，细胞增殖则下降 53％，泛素蛋白酶体通道的蛋白（包括泛素、泛素连接酶 MAFbx、Murf‑1 等）激活，但蛋白酶活性无变化；阻力锻炼可导致 MAFbx、Murf‑1 以及泛素 mRNA 含量选择性下调，C2 和 C9 不变，泛素连接酶 Nedd4 和凋亡抑制蛋白 XIAP 继续上调，导致总泛素蛋白含量升高。作者认为这种选择性的差异可能是导致阻力锻炼起到防护效果的原因。

然而，一些来自人体卧床实验的结果发现，比目鱼肌对于运动诱导的肌肉肥大不是十分敏感，特别是与股四头肌比较时尤其如此。在 90 天卧床实验中，虽然每周两次的高强度飞轮锻炼完全防止了四头肌的萎缩，但仅部分减轻了比目鱼肌的萎缩。急性阻力锻炼后比目鱼肌的蛋白合成增加较少，这点也证实了人类的比目鱼肌对肥大的敏感性有限。

目前，阻力锻炼已经被用于空间飞行中，成为长期空间飞行中防止骨丢失和肌肉萎缩的重要措施之一。但是，不同肌肉对阻力锻炼反应的差异，阻力锻炼的使用方案，以及和其他锻炼措施的协同作用等内容，都是值得进一步深入

(a) 下肢锻炼　　　　　　　　　　　(b) 上肢锻炼

图 3 - 12　在太空中使用的阻力锻炼装置

(图片来源：Clément G，International SportMed Journal. 2005[44])

研究的课题。

3.6.4　企鹅服

企鹅服是一种由俄罗斯航天科学家发明的防护措施。在衣服中缝入了相应的弹性带，通过这些弹性带，可以在人体的肩部和足底产生相当的力量。航天员只有克服弹性带的作用，才能够保持伸展的体位，完成各种活动和工作，这也就起到了锻炼的作用。大平（Ohira）[50]曾报道对企鹅服进行卧床 2 个月的效果观察，结果表明，在使用企鹅服每天给予 10h 约 100N 的中等负荷后，其比目鱼肌纤维的大小能够得以维持，但也有学者对其有效性表示质疑。目前，仅俄罗斯的航天员在太空中使用了这一防护措施，但有报道称这一设备目前已经投入民用，在防治脑瘫患者引起的肌萎缩中取得了良好的效果，称为Adeli 服。

3.6.5　下体负压结合运动锻炼

下体负压（Lower Body Negative Pressure，LBNP）在航天医学中是一种

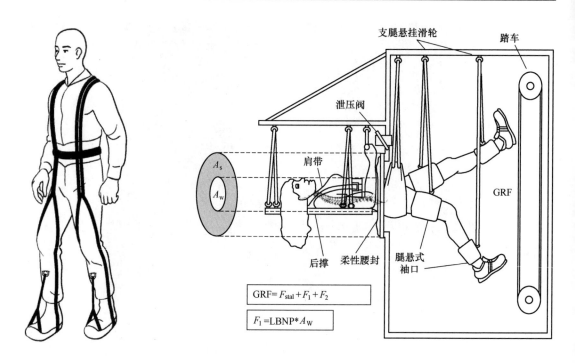

图 3 - 13　肌萎缩的物理防护装置

(图片来源：左：Clément G，International SportMed Journal. 2005[44])

常用的工具。由于它可以模拟自然站立时的体液转移至下肢水平，俄罗斯航天员用它作为太空中防止心血管失代偿的设备，且将其作为一种评价心血管调节功能的检测手段。安静状态下给予下体负压也被用于防护航天员重返地球后出现的立位耐力下降。因此，有学者提出，可以使用下体负压结合运动锻炼的方式，形成一种在地面重力环境下（从血流动力学的角度）进行锻炼的环境，从而达到防护的效果[51]。

施奈德（Schneider）[52]、马恰斯[53,54]、瓦滕波（Watenpaugh）[55]、李（Lee）[56,57]等人先后报道了将下体负压加载在一种水平卧位的跑台上，通过腿部的重量补偿来对抗微重力效应。在 5 天、15 天、30 天的卧床模拟失重后，与未采取任何防护措施的对照组相比，下体负压下的跑台锻炼能够防止腿部肌肉功能和有氧耐力的下降、骨丢失以及立位耐力不良等诸多生理系统失代偿效应，而且在跑台上进行下体负压锻炼的时间通常为每天 40min。这与当前航天员在飞行中每天花费数小时的锻炼时间相比是个极大的进步。

目前，这一防护措施仅停留在地面研究阶段，进行运动锻炼时的压力梯度如何设置，运动锻炼的负荷强度是多少，以及在太空失重环境中使用该设备所需要的硬件支持等，都需要开展大量的研究才能弄清楚。

3.6.6　电刺激

彭（Peng）[58]、马楚斯（Matsuse）[59]和吉光（Yoshimitsu）[60]等人先后利用人体和动物模型报道了肌肉电刺激对模拟失重所引起的骨丢失和肌萎缩的防护作用。结果表明，在人体自主收缩的基础上叠加电刺激所合成的"混合型"锻炼模式，能够有效地提高上肢和下肢的最大肌力，而且肌肉电刺激可明显降低尾吊大鼠所致的骨丢失现象。这些实验均表明，肌肉电刺激在稳定肌肉活性、收缩功能和防止骨丢失等方面很有益处，但与自主收缩的效率相比，它需要较高的刺激强度，而这点会让人很不舒服。因此，其作为一种有效的防护措施的可靠性还有待于进一步研究证实。

3.6.7　人工重力

失重环境引起的肌萎缩与废用性肌萎缩在发生机制上有许多相同之处。因此，防护的方法之一就是在失重环境中施加类似于地球的重力环境因素。因此，近年来，开展人工重力的可行性研究，成为吸引诸多航天生理学家的热点。

在地面，一些学者采用小型离心机来观察人工重力防护心血管和肌肉失调的效果。张（Zhang）研究团队[63]对人工重力下尾吊大鼠的心血管和骨肌系统的变化进行了报道，每天给予1～4h的重力刺激（站立或背-胸向的加速度刺激）足以防止比目鱼肌的萎缩和心血管的结构和功能改变。岩濑（Iwase）[64]、片山（Katayama）[65]和阿基马[66]报道的人体卧床实验结果同样证实了人工重力对心血管、骨骼和肌肉系统的变化作用。这些结果非常让人振奋。但摆在眼前的困难也是巨大的：短臂离心机虽然可以提供足够的作用力，但又会产生科里奥利加速度，从而作用于人体的前庭系统，诱发空间运动病的发生。而长臂离心机造价和组装的工程是巨大的。而且，确定在航天中能够防止肌肉萎缩和扭矩丢失的最小重力强度和持续时间尚需要进一步探索。

3.7　总结与展望

综上所述，我国面向载人航天这一国家重大需求，聚焦长期空间飞行的航天员典型作业任务中运动、操作能力的变化规律及机制研究，通过系统调研国际空间站长期飞行过程中航天员作业的影像资料和相关文献，根据我国载人飞行任务特点确定了面向长期空间飞行的航天员运动、操作典型作业任务，提取和建立了运动、操作典型动作集；采用人体 $-6°$ 头低位卧床模拟长期失重效应，揭示了长期去负荷条件下的人体运动、操作能力变化规律，不仅在骨丢失和肌萎缩基础理论研究方面有所突破和创新，而且在面向长期空间飞行的航天员运动和操作能力变化规律、机制及对抗防护措施等方面取得了阶段性研究成果，部分成果已应用到神舟九号、神舟十号交会对接任务、空间实验室和空间站任务规划，并可为后续空间站、深空探测等载人航天任务中航天员选拔、训练、作业任务规划、航天员骨肌系统仿真建模和空间骨丢失、肌萎缩防护对抗措施制定等提供科学依据和有力支撑。

尽管我国在面向长期空间飞行的骨肌系统研究方面取得了一定的研究成果，然而，不容忽视的是，面向长期空间飞行载人航天任务的骨肌系统在轨研究平台以及重力效应变化的监测与防护技术等至今尚未健全，这势必影响我国长期空间飞行中对骨肌系统变化的发生机制、干预途径及防护对抗措施研发等工作的系统、深入开展。因此，未来研究中将深入思考骨肌系统在失重状态下的改变与遗传生长发育的相关性、神经系统的运动控制和神经体液调节作用等关键科学问题，以及引入组学分析方法深入揭示骨肌系统失重响应变化与其他器官系统的交互作用等的思考，这将成为载人航天尤其是面向空间站、深空探测等长期空间飞行的航天员运动、操作能力研究的新方向。尤其要更加注重围绕长期空间飞行中航天员骨肌系统改变，开展在线实时监测、评估与靶向防护技术的研发，以确保航天员在轨高效工作。

参 考 文 献

[1] 周建平. 载人航天交会对接技术 [J]. 载人航天, 2011, 17 (2): 1-8.

[2] 陈善广. 航天医学工程学发展 60 年 [M]. 北京: 科学出版社, 2009.

[3] PALOSKI W, OMAN C, BLOOMBERGl J, et al. Risk of Sensory - motor Perform-ance Failures Affecting Vehicle Control During Space Missions: a Review of the Evi-dence [J]. Journal of Gravitational Physiology, 2008, 15 (2): 1-29.

[4] SYLOS - LABINI F, FRANCESCA L, FRANCESCC I, et al. Human Locomotion Under Reduced Gravity Conditions: Biomechanical and Neurophysiological Considera-tions [J]. BioMed Research International, 2014: 547242.

[5] FITTS R H, RILEY D R, WIDRICK J J. Physiology of a Microgravity Environment Invited Review: Microgravity and Skeletal Muscle [J]. J Appl Physiol, 2000, 89 (2): 823-39.

[6] DEMONTIS G C, GERMANI M M, CAIANI E G, et al. Human Pathophysiological Adaptations to the Space Environment [J]. Front Physiol, 2017 (8): 547-564.

[7] FLEDS U, PAPESAK M, SZILAGY T, et al. Effects of Space Filght on Bone For-mation and Resorption [J]. Acta Physiologica Hungarica, 1990 (4): 271-285.

[8] STUPAKOV G P, VOLOZHIN A I. The Bone System and Weightlessness [J]. Prob-lemy Kosmicheskoi Biologii, 1989 (63): 1-184.

[9] OGANOV V S, GRIGORIVE A I, VORONIN L I, et al. Mineral Density of Bone Tissure in Cosmonauts after 4. 5-6 month missions on Mir [J]. Kosmicheskaya Bi-ologiya I Aviakosmichwskaya Meditsina, 1992 (5): 20-24.

[10] EMILY R, MOREY H, RUTH K G. Hindlimb Unloading Rodent Model: Technical Aspects [J]. J Appl Physiol, 2002, 92 (10): 1367-1377.

[11] MOREY H, EMILY R, HALLORAN, B P, et al. Animal Housing Influences the Response of Bone to Spaceflight in Juvenile Rats [J]. J Appl Physiol, 2000, 88 (4): 1303-1309.

[12] MULAVARA A P, PETERS B T, MILLER C A, et al. Physiological and Func-tional Alterations after Spaceflight and Bed Rest [J]. Med Sci Sports Exerc, 2018, 50 (9): 1961-1980.

[13] AKIMA H, KAWAKAMI Y, KUBO K, et al. Effect of Short – duration Spaceflight on Thigh and Leg Muscle Volume [J]. Med Sci Sports Exerc, 2000, 32 (10): 1743 – 7.

[14] TRAPPE S, COSTILL D, GALLAGHER P, et al. Exercise in Space: Human Skeletal Muscle After 6 Months Aboard the International Space Station [J]. J Appl Physiol, 2009, 106 (4): 1159 – 68.

[15] LEBLANC A, LIN C, SHACKELFORD L, et al. Muscle Volume, MRI Relaxation Times (T2), and Body Composition After Spaceflight [J]. J Appl Physiol, 2000, 89 (6): 2158 – 64.

[16] CROMWELL RL1, SCOTT JM2, DOWNS M, et al. Overview of the NASA 70 – day Bed Rest Study [J]. Med Sci Sports Exerc, 2018, 50 (9): 1909 – 1919.

[17] AKIMA H, KUNO S, SUZUKI Y, et al. Effects of 20 Days of bed Rest on Physiological Cross – sectional Area of Human Thigh and Leg Muscles Evaluated by Magnetic Resonance Imaging [J]. J Gravit Physiol, 1997, 4 (1): S15 – 21.

[18] KAWAKAMI Y, MURAOKA Y, KUBO K, et al. Changes in Muscle Size and Architecture Following 20 Days of Bed Rest [J]. J Gravit Physiol, 2000, 7 (3): 53 – 9.

[19] FUNATO K, MATSUO A, YATA H, et al. Changes in Force – velocity and Power Output of Upper and Lower Extremity Musculature in Young Subjects Following 20 Days bed rest [J]. J Gravit Physiol, 1997, 4 (1): S22 – 30.

[20] ALKNER B A, TESCH P A. Efficacy of a Gravity – independent Resistance Exercise Device as a Countermeasure to Muscle Atrophy During 29 – day Bed Rest [J]. Acta Physiol Scand, 2004, 181 (3): 345 – 57.

[21] BERRY P, BERRY I, MANELFE C. Magnetic Resonance Imaging Evaluation of Lower Limb Muscles During Bed Rest – a Microgravity Simulation Model [J]. Aviat Space Environ Med, 1993, 64 (3 Pt 1): 212 – 8.

[22] ALKNER B A, TESCH P A. Knee Extensor and Plantar Flexor Muscle Size and Function Following 90 Days of Bed Rest With or Without Resistance Exercise [J]. Eur J Appl Physiol, 2004, 93 (3): 294 – 305.

[23] RITTWEGER J, FELSENBERG D. Recovery of Muscle Atrophy and Bone Loss From 90 Days Bed Rest: Results From a One – year Follow – up [J]. Bone, 2009, 44

(2):214 - 24.

[24] LEBLANC A D, SCHNEIDER V S, EVANS H J, et al. Regional Changes in Muscle Mass Following 17 Weeks of Bed Rest [J]. J Appl Physiol, 1992, 73 (5): 2172 -8.

[25] TRAPPE S W, TRAPPE T A, LEE G A, et al. Comparison of a Space Shuttle Flight (STS - 78) and Bed Rest on Human Muscle Function [J]. J Appl Physiol, 2001, 91 (1): 57 - 64.

[26] GOPALAKRISHNAN R, GENC K O, RICE A J, et al. Muscle Volume Strength Endurance, and Exercise Loads During 6 - Month Missions in Space [J]. Aviat Space Environ Med, 2010, 81 (2): 91 - 102.

[27] DI PRAMPERO P E, NARICI M V. Muscles in Microgravity: From Fibres to Human Motion [J]. J Biomech, 2003, 36 (3): 403 - 12.

[28] TRAPPE S, TRAPPE T, GALLAGHER P, et al. Human Single Muscle Fibre Function With 84 day Bed - Rest and Resistance Exercise [J]. J Physiol, 2004, 557 (Pt 2): 501 - 13.

[29] EDGERTON V R, ZHOU M Y, OHIRA Y, et al. Human Fiber Size and Enzymatic Properties After 5 and 11 Days of Spaceflight [J]. J Appl Physiol, 1995, 78 (5): 1733 - 9.

[30] FITTS R H, RILEY D R, WIDRICK J J. Functional and Structural Adaptations of Skeletal Muscle to Microgravity [J]. J Exp Biol, 2001, 204 (18): 3201 - 8.

[31] Wang P, Wang I, Wang D, et al. Altered gravity simulated by parabolic flight and water immersion leads to decreased trunk motion [J]. Plos one, 2015, 10 (7): e0133398.

[32] MARK S. Parabolic Flight as a Spaceflight Analog [J]. J Appl Physiol, 2016, 120 (12): 1442 - 8.

[33] VAN OMBERGEN A, DEMERTZI A, TOMILOVSKAYA E, et al. The Effect of Spaceflight and Microgravity on the Human Brain [J]. J Neurol, 2017, 264 (Suppl 1): 18 - 22.

[34] RESCHKE M, SOMERS J T, LEIGH R J, et al. Sensorimoror Recovery Following Spaceflight May Bedue to Frequent Square - wave Saccadic Intersions [J].

Aniat Space Environ Mes, 2004, 75: 700 -704.

[35] DE WITT J K, PERUSEK G P, LEWANDOWSKI B E, et al. Locomotion in Simulated and Real Microgravity: Horizontal Suspension vs. Parabolic Flight [J]. Aviat Space Environ Med, 2010, 81 (12): 1092 - 9.

[36] 刘书朋, 司文, 严壮志, 等. 基于 AnyBodyTM 技术的人体运动建模方法 [J]. 生物医学工程学进展, 2010, 31 (3): 131 - 134.

[37] MULAVARA A P , PETERS B T , MILLER C A, et al. Physiological and Functional Alterations After Spaceflight and Bed Rest [J]. Med Sci Sports Exerc, 2018, 50 (9): 1961 - 1980.

[38] BOCK O, FOWLER B, COMFORT D. Human Sensorimotor Coordination During Spaceflight: an Analysis of Pointing and Tracking Responses During the "Neurolab" Space Shuttle Mission [J]. Aviat Space Environ Med, 2001, 72 (10): 877 - 83.

[39] AKIMA H, KATAYAMA K, SATO K, et al. Intensive Cycle Training With Artificial Gravity Maintains Muscle Size During Bed Rest [J]. Aviat Space Environ Med, 2005, 76 (10): 923 - 9.

[40] GREENLEAF J E, WADE C E, LEFTHERIOTIS G. Orthostatic Responses Following 30 - day BedRest Deconditioning with Isotonic and Isokinetic Exercise Training [J]. Aviat Space Environ Med, 1989, 60 (6): 537 - 42.

[41] SUZUKI Y, MURAKAMI T, KAWAKUBO K, et al. Regional Changes in Muscle Mass and Strength Following 20 Days of Bed Rest, and The Effects on Orthostatic Tolerance Capacity in Young Subjects [J]. J Gravit Physiol, 1994, 1 (1): 57 - 8.

[42] MACIAS B R, CAO P, WATENPAUGH D E, et al. LBNP Treadmill Exercise Maintains Spine Function and Muscle Strength in Identical Twins During 28 - day Simulated Microgravity [J]. J Appl Physiol, 2007, 102 (6): 2274 - 8.

[43] GENC K O, MANDES V E, CAVANAGH P R. Gravity Replacement During Running in Simulated Microgravity [J]. Aviat Space Environ Med, 2006, 77 (11): 1117 - 24.

[44] CLEMENT G. The Maintenance of Physiological Function in Humans During Spaceflight [J]. International SportMed Journal, 2005, 6 (4): 185 - 98.

[45] ALKNER B A, BERG H E, KOZLOVSKAYA I, et al. Effects of Strength Train-

ing, Using a Gravity- Independent Exercise System, Performed During 110 Days of Simulated Space Station Confinement [J]. Eur J Appl Physiol, 2003, 90 (1 - 2): 44 - 9.

[46] BAMMAN M M, CARUSO J F. Resistance Exercise Countermeasures for Space Flight: Implications of Training Specificity [J]. J Strength Cond Res, 2000, 14 (1): 45 - 9.

[47] TRAPPE T A, BURD N A, LOUIS E S, et al. Influence of Concurrent Exercise or Nutrition Countermeasures on Thigh and Calf Muscle Size and Function During 60 Days of Bed Rest in Women [J]. Acta Physiol, 2007, 191 (2): 147 - 59.

[48] FLUCKEY J D, DUPONT - VERSTEEGDEN E E, MONTAGUE D C, et al. A Rat Resistance Exercise Regimen Attenuates Losses of Musculoskeletal Mass During Hindlimb Suspension [J]. Acta Physiol Scand, 2002, 176 (4): 293 - 300.

[49] DUPONT - VERSTEEGDEN E E, FLUCKEY J D, KNOX M, et al. Effect of Fly-wheel - based Resistance Exercise on Processes Contributing to Muscle Atrophy During Unloading in Adult Rats [J]. J Appl Physiol, 2006, 101 (1): 202 - 12.

[50] OHIRA Y, KAWANO F, GOTO K, et al. Role of Gravity in Mammalian Development: Effects of Hypergravity and/or Microgravity on the Development of Skeletal Muscles [J]. Biol Sci Space, 2004, 18 (3): 124 - 5.

[51] CLEMENT G. The Maintenance of Physiological Function in Humans During Space-flight [J]. International SportMed Journal, 2005, 6 (4): 185 - 98.

[52] SCHNEIDER S M, WATENPAUGH D E, LEE S M, et al. Lower - body Negative - pressure Exercise and Bed - rest - mediated Orthostatic Intolerance [J]. Med Sci Sports Exerc, 2002, 34 (9): 1446 - 53.

[53] MACIAS B R, CAO P, WATENPAUGH D E, et al. LBNP Treadmill Exercise Maintains Spine Function and Muscle Strength in Identical Twins During 28 - day Simulated Microgravity [J]. J Appl Physiol, 2007, 102 (6): 2274 - 8.

[54] MACIAS B R, GROPPO E R, EASTLACK R K, et al. Space Exercise and Earth Benefits [J]. Curr Pharm Biotechnol, 2005, 6 (4): 305 - 17.

[55] WATENPAUGH D E, O' LEARY D D, SCHNEIDER S M, et al. Lower Body Negative Pressure Exercise Plus Brief Postexercise Lower Body Negative Pressure

Improve Post – bed Rest Orthostatic Tolerance [J]. J Appl Physiol, 2007, 103 (6): 1964 – 72.

[56] LEE S M, SCHNEIDER S M, BODA W L, et al. Supine LBNP Exercise Maintains Exercise Capacity in Male Twins During 30 – d Bed Rest. Med Sci Sports Exerc [J]. 2007, 39 (8): 1315 – 26.

[57] LEE S M, SCHNEIDER S M, BODA W L, et al. LBNP Exercise Protects Aerobic Capacity and Sprint Speed of Female Twins During 30 Days of Bed Rest [J]. Med Sci Sports Exerc, 2009, 106 (3): 919 – 28.

[58] PENG L, BAI J, SUN B, et al. Effects of Muscle Electrical Stimulation on Bone Mineral Density in the Hindlimb Bones of the Tail – suspended Rats [J]. Conf Proc IEEE Eng Med Biol Soc, 2005, 1: 567 – 8.

[59] MATSUSE H, SHIBA N, UMEZU Y, et al. Muscle Training by Means of Combined Electrical Stimulation and Volitional Contraction [J]. Aviat Space Environ Med, 2006, 77 (6): 581 – 5.

[60] YOSHIMITSU K, SHIBA N, MATSUSE H, et al. Development of a Training Method for Weightless Environment Using Both Electrical Stimulation and Voluntary Muscle Contraction [J]. Tohoku J Exp Med, 2010, 220 (1): 83 – 93.

[61] SSUN B, ZHANG LF, GAO F, et al. Daily Short – period Gravitation Can Prevent Functional and Structural Changes in Arteries of Simulated Microgravity Rats [J]. J Appl Physiol, 2004, 97 (3): 1022 – 31.

[62] SUN B, YU Z B, ZHANG L F. Daily 1 h Standing Can Prevent Depression of Myocardial Contractility in Simulated Weightless Rats [J]. Space Med Med Eng, 2001, 14 (6): 405 – 9.

[63] ZHANG L F, CHENG J H, LIU X, et al. Cardiovascular Changes of Conscious Rats After Simulated Microgravity With and Without Daily – Gx Gravitation [J]. J Appl Physiol, 2008, 105 (4): 1134 – 45.

[64] IWASE S, TAKADA H, WATANABE Y, et al. Effect of Centrifuge – induced Artificial Gravity and Ergometric Exercise on Cardiovascular Deconditioning, Myatrophy, and Osteoporosis Induced by a – 6 Degrees Head – down Bedrest [J]. Gravit Physiol, 2004, 11 (2): 243 – 4.

[65] KATAYAMA K，SATO K，AKIMA H，et al. Acceleration With Exercise During Head – down Bed Rest Preserves Upright Exercise Responses [J]. Aviat Space Environ Med，2004，75 (12)：1029 –35.

[66] AKIMA H，KATAYAMA K，SATO K，et al. Intensive Cycle Training with Artificial Gravity Maintains Muscle Size During Bed Rest [J]. Aviat Space Environ Med，2005，76 (10)：923 – 9.

第 4 章　空间环境下生物节律的变化及其对作业能力的影响

航天医学关注和研究的范畴包括一切与航天员健康、工效的生物医学和医学工程相关的问题。在空间环境里，由于微重力、辐射、作息不规律等物理和社会因素，航天员的生理、认知和行为都会受到影响[1,2]。

从 20 世纪 60 年代开始截至 2022 年 10 月，已有超过 600 人次的航天员进入太空。在空间环境里，微重力、辐射、弱磁场、狭小空间、光暗周期、轮班与工作负荷、噪声等因素都可能对生物节律产生影响。人们已经将真菌、藻类、昆虫、两栖动物、哺乳动物以及植物送入太空，发现这些生物的节律都会受到影响，其中的分子机制尚不清楚。人的体温、心率、激素分泌、睡眠、认知等指标的节律在空间环境里也会发生改变，但由于研究对象有限，所观察到的现象有时相互矛盾，因此有待更为系统、深入的研究[3]。

4.1　空间环境特殊性对生物节律的影响

由于地球的自转，地球表面光照、温度和湿度等环境因子都呈现出 24h 周期的昼夜变化。地球上绝大多数生物都进化出了内在的生物钟系统，以调节生理和行为水平的节律，预测和适应环境的周期性变化。

生物钟对人的生理、代谢、心理、认知、行为和情绪起着广泛而重要的调节作用[4]。在分子水平上，生物钟由正调节元件和负调节元件组成的负反馈通路组成，并由此调节下游众多基因的表达，最终影响人的生理、认知和行为。据统计，在哺乳动物中，不同组织中具有节律性表达的基因总数约占基因组蛋白编码基因总数的 43%，而其中相当一部分基因与健康和疾病具有重要的关联[5]。正是由于生物钟具有非常重要的生理功能，2017 年 10 月，诺贝尔生理学或医学奖颁发给了三位从事果蝇生物钟研究的美国科学家。

生物钟广泛调节人的生理、认知和情绪，其中很多因素都与人的作业能力具有密切的关联。生物节律如果出现紊乱，不但健康会出现问题，人的心理、认知、情绪和工效也会受到影响（图 4-1）[6]。

图 4-1 节律紊乱和睡眠障碍对生理、认知和情绪的损害[6]

能够造成生物节律紊乱的因素包括遗传因素、生理因素及环境因素等，其中遗传因素是指生物钟基因或基因表达的调控，例如一些生物钟相关基因的突变会引起睡眠相位提前或延迟综合征等[7]。生理因素是指不同的生理状态对节律具有影响，例如在人的不同发育时期时间型会出现变化，人在衰老后节律的振幅出现明显降低等。下丘脑等处的手术如果影响中枢生物钟（也称为起搏器）——视交叉上核（Suprachiasmatic Nucleus，SCN），也会对患者的节律和睡眠产生影响，这也属于生理因素的范畴[8]。环境因素是指在非稳定的 24h 环境周期里，人的生物节律会遭受干扰或破坏。例如，在持续黑暗或持续光照环境里人的节律周期会延长为接近 25h，并且身体不同组织器官的节律会出现失同步化。时差或轮班也会对节律和睡眠造成干扰，长期的时差或轮班工作会导致罹患代谢性疾病、心血管疾病，肿瘤的风险增加，也会导致死亡率的升高[4]。随着社会发展的需要，人们需要面对各种工作和生存环境，在各种环境中，进行空间探索所面临的空间环境也会对节律和睡眠产生不容忽视的影响[9]。

空间环境与地表环境差异巨大，其中自然环境包括光照周期、温度、重力、磁场、辐射，等环境因素都与地表不同（见图 4 - 2）。在绕地飞行过程中，航天器和航天员会经历约 90min 周期的光暗交替变化，其中暴露于太阳照射下的时长约为 65min，处于地球阴影的黑暗时长约为 25min。当然，在航天内部可以采用人工光照避免这一问题，维持类似地球的 24h 光暗周期。但是在靠近舷窗的地方仍然会受到外面阳光的影响。此外，航天器内部的照明强度通常不足，维持人正常节律的光照强度一般要大于 2500lx，而空间站里的光照强度通常不足 500lx[10]。

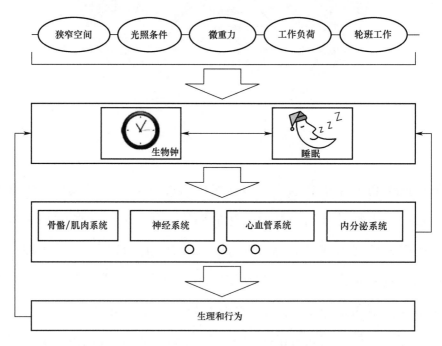

图 4 - 2　空间环境条件下生物钟、睡眠、生理和行为的相互调控示意图[3]

在空间环境下，微重力、光照条件、狭窄空间等自然因素以及工作负荷、轮班工作等社会因素都会对生物钟产生干扰，此外，噪声等因素也会对睡眠产生干扰。生物钟与睡眠之间存在密切关联，一方面，生物钟可以调节睡眠稳态，包括睡眠觉醒周期以及参与睡眠调节的神经系统、内分泌系统以及代谢过程等；另一方面，睡眠反过来也会影响生物钟，例如睡眠剥夺等睡眠障碍会影响生物钟基因的表达及节律的参数特征[1]。在空间环境下，如果出现节律紊乱和睡眠障碍，则会影响人骨肌系统、神经系统、心血管系统和内分泌系统等的正常功能，进而导致人的认知和工效水平下降（见图 4 - 2）。

睡眠不足和睡眠障碍是航天员在执行空间任务时需要面对的一个重要问题。睡眠不足会严重影响人的警觉度和工效，因睡眠不足而造成的事故在各类事故中所占比例为60%～80%[11]。根据对美国的 79 次航天任务中 219 例的用药数据进行统计后发现，在航天员服用的各种药物当中，安眠药占了接近一半（45%）[12]。

在国际空间站里航天员所面临的 10 个主要风险当中，节律紊乱和睡眠障碍位列其中[13]。NASA 关于人的研究计划局（Human Research Program，HRP）及行为健康与工效局（Behavioral Health and Performance，BHP）提出，节律紊乱、睡眠障碍、疲劳、超负荷工作引起的工效下降是航天员在执行空间任务中需要考虑的五个重要问题之一[14]。

2013 年 11 月，国家自然科学基金委员在苏州组织国内从事生物钟研究及睡眠研究的学者召开了主题为"生物钟及其前沿科学问题的探讨"的双清论坛，制定了未来一段时间内时间生物学的支持方向，其中，在特殊环境部分提及了对载人航天任务中节律和睡眠等问题[15]。在由国家自然科学基金委员会和中国科学院学部组织编写、即将出版的《我国空间科学发展战略研究》当中，也将生物节律及相关健康保障的研究提到了重要地位。未来 20 年，我国空间生命科学的战略需求包括支撑保障、探索创新、转化应用和教育科普等四个方面。在各项战略需求当中，支撑航天员长期在轨的生命保障、健康维护和工作效率的基础及应用基础科学研究是一个重要方向，其中包括空间复合环境下的心血管功能失调、神经系统功能障碍、空间运动病、生物节律改变、心理和认知变化规律等[16]。

4.2　空间节律紊乱及其对健康的影响

空间多种环境都对人的健康不利，也影响工作效能。在各种环境因素当中，微重力、快速昼夜变更等因素对于人及其他生物的节律存在重要影响[1,17-19]。

在空间生命科学研究当中，一些模式生物发挥了重要作用。1969年，在生物卫星Ⅲ任务中，人们研究了一只恒河猴的节律在空间中的变化情况[20]，后来人们也观察了空间环境下猕猴、大鼠的节律变化。在这些研究当中，节律的周期、相位和波形等参数在不同研究工作当中分别有所改变。

粗糙链孢霉是一种分枝状真菌，其橘黄色无性孢子的释放具有节律性，受到生物钟的调控。1984年，苏尔斯曼（Sulzman）等人通过 Race tube 实验发现在空间站生长的粗糙链孢霉释放无性孢子的节律变得模糊，周期有所延长，振幅减弱至约为对照的 1/4[21]，提示生物节律可能受到微重力条件的影响。1987年，默根哈根（Mergenhagen）等人[22]报道了微重力环境对莱哈衣藻（Chlamydomonas Reinhardtii）光富集节律的影响。光富集是指莱哈衣藻具有趋光运动的特性，在每天不同的时间衣藻趋光运动的活跃度不同，因此，记录不同时间衣藻聚集到光下的数量变化可以反映出其活动的变化情况。研究结果揭示，野生型莱哈衣藻的光富集作用自运行周期大约为 29.6h，而突变株的周期较短，为 21.4h。与地面实验相比，在空间站实验中野生型衣藻和短周期衣藻光富集周期的振幅都显著升高，周期无明显变化。野生型衣藻的相位显著滞后，但短周期衣藻的相位无明显变化。

苏联科学家对沙漠甲虫（Trigonoscelis gigas）在不同光照条件以及不同的重力状态下，其活动节律的周期和模式都会受到影响[23]。1983年，在苏联的宇宙号生物卫星（COSMOS1514）任务中，对两只雌性恒河猴的生物节律进行了监测，结果发现在太空里，恒河猴的代谢产热节律的振幅减弱，平均心率节律的振幅有所降低。此外，恒河猴的活动节律周期也发生了改变，偏离了 24h。

1967 年在双子星计划中，首次对人的生物节律开展了研究[24]。最早在空间环境里对航天员节律进行较为系统的研究始于 1988—1989 年的和平号任务，这一研究及后来的研究揭示，与地面相比，在空间环境里，航天员体温节律的振幅有所降低，体温波形呈现出较多的锯齿状波动[25]。

对航天员节律的研究受人数少、任务要求差别大等多种因素的影响，因此结果有时并不一致。例如，尽管在不少研究当中都发现人的节律振幅会发生改变，但 Gundel 等人发现航天员体温节律和警觉度节律的相位比地面环境延迟 2～3h，然而振幅却没有明显变化[26]。在一些研究当中未观察到节律的相位变化，但在其他一些研究中却报道了相位的改变，例如在和平号空间站里，两名航天员的体温节律相位发生了延迟，振幅也明显降低[27]。一项研究对一名在和平号空间站驻留了 122 天的航天员的体温和警觉度节律进行了长时间的监测和分析，结果显示该航天员在轨期间，随着时间的延长，体温和警觉度节律的振幅不断降低直至消失。而在另一项研究当中，对一名在和平号驻留了 438 天的航天员进行了长期的监测，数据表明，他的体温节律直到任务后期仍然存在，但是相位发生了改变。在前 30 天里相位延迟了 2 小时 52 分；在第 183～215 天里相位延迟了 3 小时 25 分，在第 395～425 天里相位延迟了 1 小时 34 分[28,29]。需要指出的是，该航天员的相位变化与任务的调整有关，并非出于自发变化。

由于空间任务资源宝贵，直接选用航天员作为研究对象受到很多限制，加之航天员人数有限，因此地面模拟空间环境也用于研究空间环境对生理、认知和行为的影响。在各种模拟手段当中，头低位卧床实验是一种常用的模拟失重效应的方法，尤其是用于模拟失重效应对于人体液分布及心血管机能的影响。此外，头低位卧床也可以用来研究在模拟失重环境下的节律变化。

梁（Liang）和万宇峰等人在一次为期 45 天 −6°头低位卧床实验中对受试者尿液中几种离子和激素的节律进行了检测和分析，结果显示皮质醇的水平在卧床后期和结束后显著升高，褪黑素的水平在卧床接近 45 天的夜间也显著升高[30,31]。这些发现与之前国际上的类似研究报道较为一致。皮质醇的升高可能与应激有关，但是在本次卧床实验中，其他研究小组的数据显示受试者并未出现明显的应激反应，因此皮质醇的升高更可能反映了机体代谢的变化。

在本次 45 天卧床实验里，梁等人还分析了受试者排尿、排便节律的变化情况。受试者在卧床前的对照期里排便时间主要集中在早晨和傍晚，夜晚时段很少排便，呈现出双峰的变化趋势，因此表面看周期大约为 12h。在卧床阶段，受试者在白天其他时间段排便频次增加，早晚的峰值不再明显，因此显示出约为 12h 和 24h 的两个周期。在卧床后的恢复期里，受试者的排便节律消失了，并且在夜晚时段也出现了较多的排便，提示他们的代谢出现了紊乱（见图 4-3）。

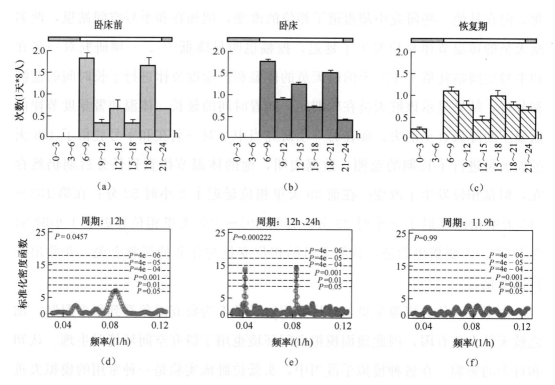

图 4-3　卧床实验对受试者排便节律的影响[30]

（a）8 名受试者在卧床前排便频率平均值的节律特征；（b）8 名受试者在卧床期间排便频率平均值的节律特征；（c）8 名受试者在卧床后恢复期排便频率平均值的节律特征；（d）~（f）分别为（a）~（c）的周期显著性统计分析结果，由 Lomb-Scargle 进行计算，$P < 0.05$ 认为显著

卧床实验过程中受试者尿液中 K、Ca、P 等元素节律的分析结果显示，在卧床过程中 K 的节律性会显著减弱，Ca 和 P 元素由于波形较为复杂，难以定量计算其周期变化。从趋势上判断，其节律特征在卧床期间和卧床后都变得不

如卧床前明显[31]。Ca/P 参数比值可以反映骨质代谢的变化，在卧床阶段的早期这一比值明显降低，而在卧床结束后明显升高，反映出卧床实验对骨质疏松的发生与恢复有影响。

国际上已经多次在空间任务及卧床实验中对航天员的心率节律进行了研究。2015 年，NASA 将同卵双胞胎航天员中的一名送上太空，另一名在地面作为对照。在轨飞行一年后，在空间执行任务的航天员的心肺血量增加，心脏做功减少，心肌萎缩。同时，与地面相比，心率也显著下降，心律不齐，心脏的结构和功能发生改变。这些可能是由于重力缺失、活动减少，对代谢的需求降低，心脏也适应性地处于低动力水平，从而导致心脏出现问题[32]。有不少卧床研究工作也发现，在卧床实验开始后，心率会迅速降低，而在卧床结束后心率迅速升高[17,33]。在梁等人的研究当中，由于连续采用动态心电图进行记录，获得了受试者心率节律精细变化的数据，发现心率在卧床开始后最大值显著降低，导致节律的振幅下降。在卧床阶段中，随着时间的延长，最大值和最小值均有所上升，而振幅变化并不明显。在卧床结束后，心率节律的振幅升高，而最大值和最小值也明显升高 [见图 4 - 4（a）]。有趣的是，这种心率数值及振幅的变化似乎与运动的变化无关，因为在同一实验里，腕表记录的受试者手腕活动情况显示，在整个卧床阶段中，受试者的手腕活动并没有像心率那样有逐渐升高的趋势。因此，卧床实验中受试者心率的改变是不依赖活动的，可能是心血管系统对体液分布变化适应的体现[34]。

此外，梁等人的研究还揭示，与卧床前相比，卧床开始后心率曲线每天晚上开始下降的时间显著提前，随卧床时间的延长而逐渐延迟。卧床结束后，每天晚上心率开始下降的时间又显著延迟（见图 4 - 4）[34]。这种提前和延迟的变化使心率节律的相位也随之改变，但是目前对这种相位改变的生理学意义尚不清楚。

在轨微重力环境或卧床模拟的失重效应都会引起自主神经（也称为植物神经）系统的功能变化[35]。白石（Shiraishi）等人的研究认为，头低位卧床可能会抑制交感神经的活动[36]。梁等人也对心率变异参数（HRV）的高频和低频组分参数进行了分析，发现卧床实验可导致高频和低频组分的显著改变[34]，

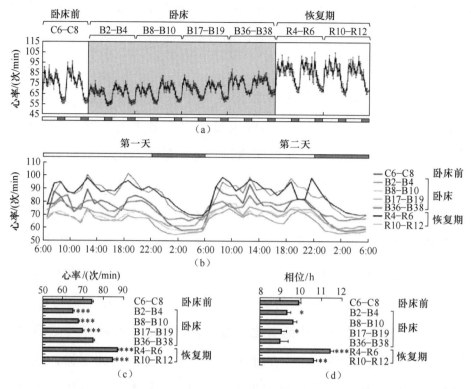

图 4-4　卧床实验对心率节律的影响[34]　（见彩插）

（a）8 名受试者在卧床前、卧床期间、卧床后恢复期的心率（次/min）节律变化情况

（C6-C8 指卧床前对照期的第 6～8 天，以此类推）；（b）不同时期平均心率节律

曲线的双点活动图；（c）不同时期心率节律的振幅比较；（d）不同时期心率节律

的相位比较（数值为均值±SE，$n = 8$，$*P \leqslant 0.05$，$**P \leqslant 0.01$，$***P \leqslant 0.001$）

这与国际上的报道一致。这些研究结果共同表明，卧床模拟的失重效应可以影响人的自主神经系统。需要指出的是，自主神经系统本身就受到生物钟的控制，因此在微重力环境下，自主神经系统功能的改变可以进一步影响下游生理和行为过程。此外，除了微重力环境，密闭环境也会影响心率变异参数。在火星 500 计划当中，志愿者的 HRV 高频和低频组分也出现了变化，提示密闭环境可能影响人的自主神经系统[37]。

4.3　空间睡眠紊乱及其对健康的影响

从 20 世纪 60 年代对空间任务开展研究以来，人们已经发现在空间环境下保持充足的睡眠是航天员执行空间任务过程中所面临的一个严峻挑战。1969 年，美国航天员尼尔·阿姆斯特朗（Neil Armstrong）和巴兹·奥尔德林（Buzz Aldrin）成功登月，并在月球上度过了 21.6h。在此期间，阿姆斯特朗整夜无法入眠，奥尔德林也只睡了几个小时。据称，让他们难以入睡的主要原因是月球表面的持续光照以及登月舱内的噪声[11]。当然，除了光照和噪声以外，登陆月球所带来的巨大兴奋与紧张可能是干扰他们睡眠的重要原因。

很多报道已经揭示，航天员在执行空间任务期间，计划每天 8h 睡眠，但实际只睡眠 6h 左右，有时甚至不到 4h[38]，执行空间任务的航天员普遍存在睡眠不足的问题。俄罗斯和平号空间站 4 名航天员每天的睡眠比在地面时要少约 2h，并且睡眠质量不好[28]。戴克（Dijk）等人分析了 5 名航天员的睡眠情况，发现他们每天的平均睡眠时间只有约 6.5h[26]。一项针对 44 次航天飞机任务中 239 名航天员在空间长达 3～17 天当中的睡眠情况的调查数据表明，这些航天员平均睡眠时长为 6.19h。在这些空间任务中，有 28 次是执行非轮班的单任务，另外 16 次是执行轮班任务。在这两种不同类型任务中，航天员的平均睡眠时长分别为 6.23h 和 6.13h[39]。尽管 NASA 在作息制度上要求航天员保证每天 8.5h 的睡眠[11]，但在实际情况中很难达到。在轨期间长期的睡眠不足可以导致睡眠债的积累，也会加剧对航天员作业能力的影响。

此外，体温对航天员的睡眠也有影响。当体温节律与睡眠周期同步时，睡眠质量才能得以保证。弗林-埃万斯（Flynn-Evans）等人对 21 名在国际空间站长期驻留的航天员的睡眠-觉醒周期和体温节律的变化数据进行了分析，发现这些航天员在飞行前的睡眠中有约 13% 的航天员处于睡眠和体温最低值非同步的状态，而在轨期间约有 19% 的航天员处于非同步状态。在处于同步状态下，航天员平均睡眠时间为（6.4±1.2）h，而在非同步状态时，平均睡眠时间约为（5.4±1.4）h。根据对航天员睡眠情况的主观问卷调查结果显示，睡眠与体温同步情况下的睡眠质量明显比非同步情况下要好。图 4-5 显示了 3 名航天员在轨期间的睡眠和体温变化情况，这 3 名航天员由于任务安排都出现过多次的睡眠时间调整，在一些时段里，他们的睡眠周期与体温变化节律出现了失同步化的状态[40]。

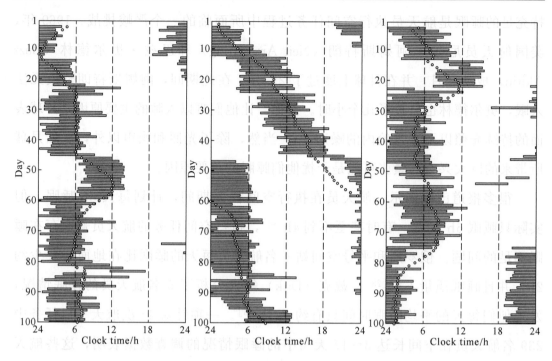

图 4-5　3 名航天员在轨期间的睡眠和体温变化情况

灰色条块表示睡眠时段，空心圆圈表示体温最低值[40]

　　巴杰（Barger）等人对 2001—2011 年的空间穿梭运输设备上的航天员以及 2006—2011 年国际空间站上的共 78 名航天员的睡眠情况进行了长期研究，总共涵盖了约 4000 个在轨和地面昼夜的数据。根据腕表记录的数据显示，总体来说，航天员在为期约 2 周的在轨任务里平均睡眠时间约为每天 6.0h；在长至大约半年的在轨任务里，睡眠时间约为 6.1h[11]。在空间站长期驻留的航天员与在航天器里执行短期任务的航天员的睡眠不足程度没有显著差别[11,41]。

　　需要指出的是，航天员睡眠不足这一问题并非只是在航天员进入太空后才出现，而是在飞行前准备阶段的 3 个月里就已经出现了。巴杰（Barger）等人通过对长期的腕表数据进行分析发现，在飞行前 3 个月，腕表记录的航天员平均睡眠时长为（6.29±0.62）h，在发射前 11 天为（6.04±0.22）h，在轨期间为（5.96±0.56）h，而在返回地面后为（6.74±0.91）h（见表 4-1）[42]。另一项研究显示，在飞行前 3 个月里，航天员睡眠不足 6h 的夜晚所占比例为接近 40%，飞行前 11 天增加至接近 50%，在轨期间也为 50% 左右，而在返回地面后降低至约 30%[11]。

表 4-1　航天员在执行空间任务中的睡眠情况统计[42]

指标　　　　阶段	距发射 3 个月的 2 周	发射前的 11 天	在轨期间	返回地面后 7 天	P 值	舱外活动前夜
空间穿梭运输设备（飞船/航天飞机）						
上床时间	7.40	7.35	7.35	8.01	<0.0001	7.47
（根据日记，单位：h）	(0.59)	(0.51)	(0.47)	(0.78)		(0.60)
睡眠时间	7.27	7.00	6.73	7.90	<0.0001	6.61
（根据腕表，单位：h）	(0.61)	(0.62)	(0.46)	(0.81)		(0.90)
总睡眠时间	6.86	6.73	6.32	7.23	<0.0001	6.33
（根据日记，单位：h）	(0.57)	(0.47)	(0.53)	(0.71)		(0.84)
总睡眠时间	6.29	6.04	5.96	6.74	<0.0001	5.94
（根据腕表，单位：h）	(0.62)	(0.22)	(0.56)	(0.91)		(0.96)
入睡潜伏期	15.54	16.44	23.63	13.67	<0.0001	28.47
（根据日记，单位：min）	(8.82)	(9.29)	(14.75)	(8.98)		(27.62)
睡眠质量（根据日记）*	67.91	65.88	63.70	69.23	<0.0001	61.77
	(13.37)	(13.35)	(13.35)	(13.13)		(18.01)
警觉度（根据日记）*	65.17	64.30	64.92	67.46	<0.0001	64.81
	(15.51)	(14.56)	(13.51)	(12.83)		(16.29)
航天员中服用安眠药的比例	21/79	56/79	61/78	19/76	<-0.0001	23/33
（%）	(27%)	(71%)	(78%)	(25%)		(70%)
服用安眠药夜晚所占的比例	58/1155	272/832	500/963	19/76	<0.0001	50/83
（%）	(5%)	(33%)	(52%)	(8%)		(60%)
国际空间站						
上床时间	7.37	7.14	7.46	8.34	<0.0001	…
（根据日记，单位：h）	(0.83)	(1.16)	(1.22)	(1.14)		
睡眠时间	727	6.77	6.84	8.17	<0.0001	…
（根据腕表，单位：h）	(0.60)	(0.99)	(0.75)	(0.88)		
总睡眠时间	6.77	6.33	6.54	7.17	<0.0001	…
（根据日记，单位：h）	(0.71)	(0.76)	(0.67)	(0.85)		
总睡眠时间	6.41	5.86	6.09	6.95	<0.0001	…
（根据日记，单位：h）	(0.65)	(0.94)	(0.67)	(1.04)		

续表

指标 ＼ 阶段	距发射3个月的2周	发射前的11天	在轨期间	返回地面后7天	P值	舱外活动前夜
国际空间站						
入睡潜伏期（根据腕表，单位：min）	12.99 (5.87)	14.41 (9.46)	13.74 (10.64)	15.29 (15.15)	0.8903	…
睡眠质量（根据日记）*	67.51 (14.02)	62.32 (15.64)	66.51 (13.43)	66.87 (11.13)	0.0064	…
警觉度（根据日记）*	61.88 (17.76)	55.98 (19.46)	57.69 (18.73)	61.40 (17.55)	0.0026	…

注：数据为均值（SD），入睡时间超过4h的数据被剔除了，＊：满分为100的主观问卷。

空间环境除了影响睡眠时长，对于睡眠结构和睡眠质量也有影响。在轨期间航天员睡眠结构也会发生变化。不同的研究工作揭示，航天员睡眠结构与地面睡眠结构相比也常发生异常，表现为进入第1个REM的潜伏期缩短，慢波睡眠的分布也发生了改变，以及第3期和第4期的睡眠时间显著缩短等（见图4-6）[27]。

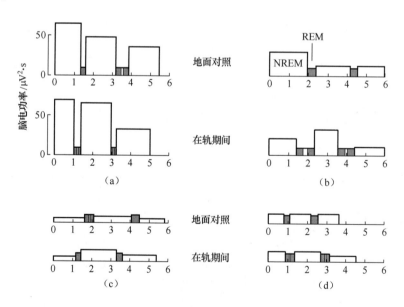

图4-6　4名航天员在地面和在轨期间的睡眠结构变化[27]

（a）～（d）分别表示4名航天员的变化情况。纵坐标表示脑电功率，
白色方框表示NREM睡眠，高度表示相应的脑电功率。黑色或有白条纹的
黑方框表示REM睡眠，高度为人为所画，不反映脑电功率

4.4　空间环境对人的认知与工效的影响

4.4.1　微重力环境影响人的认知与绩效节律特征

在空间复合环境下，人的生理、认知和行为会发生多方面的改变[24]。在诸多因素中，微重力环境是空间与地面相差最明显的因素。微重力环境能够引起运动能力和反应能力的下降。有研究显示，微重力会引起航天员对声音、图像等的反应时间不同程度地延长[43,44]。凯利等人对控制飞行器的航天员在经历轮班工作时的警觉度进行了监测，但是可能由于个体差异太大等原因，难以得出结论[45]。戴克等人对 5 名航天员的生理和认知节律的变化进行了分析，除了发现体温节律的振幅降低外，通过主观问卷和精神运动警觉性任务检测（Psychomotor Vigilance Vask，PVT）等多种测试还发现，航天员的认知力也明显下降（见图 4 - 7）。5 名航天员的警觉度在在轨期间有所下降，在返回后有所回升；计算能力在在轨期间和返回后都有所降低；数字和时间记忆力在在轨期间都有所下降[25]。

马欢等人也发现在执行空间任务前后，3 名航天员的警觉度节律发生了改变（见图 4 - 8）。由于本次任务人数少，所以无法进行严格的统计，但是从中仍然可以观察到一些变化趋势。在执行任务前，通过 PVT 测试揭示 3 名航天员具有不同的警觉度节律，航天员 2 号和航天员 3 号的相位存在差异，航天员 3 号的相位晚于航天员 2 号。与此不同的是，航天员 1 号则可能存在较长的周期[46]。在轨任务结束后，他们警觉度节律的振幅和相位都发生了改变。同时，这些数据也反映了节律特征具有显著的个体差异性。

什龙（Cheron）等人[47]通过对在轨飞行半年的 5 名航天员进行了脑电波（Electroencephalogram，EEG）测试，对航天员在轨执行空间任务时的睡眠压力进行分析。发现在空间微重力条件下，航天员的睡眠压力与地面有显著差异，睡眠结构发生改变。与地面相比，航天员的反应时间也明显延长。这些研究表明，微重力可能影响睡眠，进而影响航天员的认知和工效。

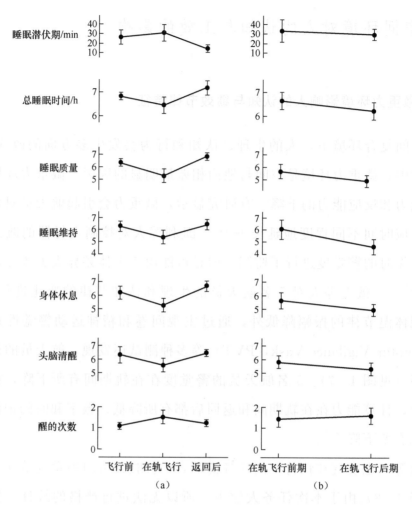

图 4-7　航天员生理和认知节律的变化情况[25]，数值为均值±SE

当然，由于每次空间任务航天员人数都很有限，而不同任务之间由于条件不同又难以比较，加之个体差异等因素，因此所获得的数据也很有限。尽管可以看出每个人的变化趋势，但难以得出具有统计意义的结论。目前，国际上也尚未见对航天员 PVT 或其他认知实验大规模数据的分析报道。

4.4.2　作息制度和非 24h 环境周期对节律及工效的影响

经过长期演化，各种生物都已适应了地球表面的 24h 环境周期。尽管不同生物在稍微偏离 24h 的环境周期里可以表现出与环境同步的周期（偏离范围也称为导引范围，因物种而异），但是经常会造成节律的分裂和失同步化。经常

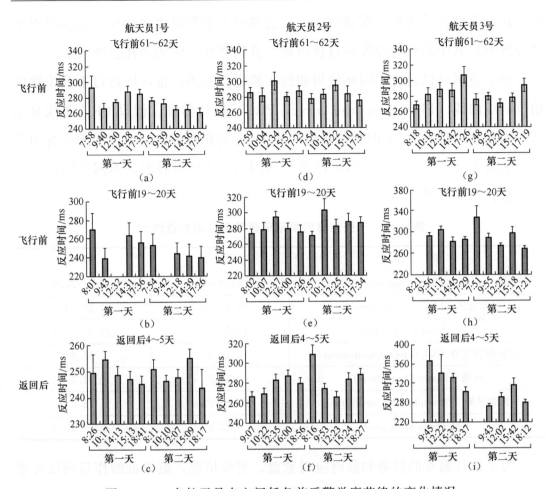

图 4-8　3 名航天员在空间任务前后警觉度节律的变化情况

第 1 排 3 个图显示的是飞行前 61～62 天的第 1 次测试结果，第 2 排 3 个图显示的是飞行前

19～20 天的第 2 次测试结果，第 3 排 3 个图显示的是飞行结束后 4～5 天的测试结果。

（a）～（c）航天员 1 号的 PVT 数据；（d）～（f）航天员 2 号的 PVT 数据；（g）～（i）

航天员 3 号的 PVT 数据。每次 PVT 测试包括 30 个反应，数据为均值±SE[46]

轮班或经历时差，即使周期保持不变，但如果相位发生改变，也会对人的健康

和行为造成显著影响。

　　地球上绝大多数生物钟长期以来都适应了 24h 的周期。导引范围（En-

trainment Range）是指某种生物能够接受非 24h 光暗周期导引，表现出与环境

同样周期的范围。例如，某种生物如果在 22～28h 区段内都能够与环境周期保

持一致，而在小于 22h 或大于 28h 周期环境里不能保持同步，则该生物的导引

范围为 22～28h。当然，需要说明的是，由于生物节律的授时因子除了光照以

外，还有温度以及食物、作息时间等，这些因子也都对生物的导引范围具有不同的影响，其中光照与温度是自然因素，食物和作息时间是社会性因素。

导引范围可以通过不同环境周期的实验进行检测，也可以通过不同生物的相位响应曲线（Phase response curve，PRC）进行估算。假设 PRC 曲线显示某一物种可出现最大 1h 的相位延迟和最大 2h 的相位提前，则该物种的导引范围为 22h（24－2）～25h（24＋1）[48]。从表 4-2 可以看出，不同生物的导引范围存在很大差异。

表 4-2　一些生物的预期节律导引范围估算值[48]

物　　种	下限/h	上限/h
人（Homo Sapiens）	22.2～23	27.3～29.6
金黄地鼠（Mesocricetus Auratus）	21.4～23.3	24.9～26.3
鹌鹑（Coturnix Jacchus）	14.5～16.5	32.3～33.8
中红侧沟茧蜂（Sarcophaa Argyrostoma）	11.8	35.8
麻雀（Passer Domesticus）	16.7	32.7
黑腹果蝇（Drosophila Melanogaster）	22.1～22.3	28.3
小鼠（Mus Musculus）	22.8	25.7～26.5

为了执行繁重的任务和临时应对紧急、突发情况，航天员的作息制度经常要进行调整，而这些调整都会影响航天员的节律，从而影响他们的认知和工效。图 4-9 所显示的 3 名航天员就是经常受到任务调整的影响，他们的睡眠-觉醒节律变得非常混乱[40]。

上面提到了不同生物的导引范围，有些生物在比较大的环境周期条件下，它们的节律都可以被导引，与环境的变化周期同步。虽然人的导引范围比较狭窄，但是也在 22.2～29.6h 的范围内可以被导引。生物钟是长期演化的产物，生物为了适应地球的自转周期，而演化出周期接近 24h 的内在生物钟调节机制。下面将要介绍的是，在非 24h 的环境周期条件下，即使生物的节律可以被导引，与环境同步，但这并不意味着生物的生理和行为都可以适应这种非 24h 环境，也就是说，非 24h 环境并不适合它们生存。

皮特恩德里格（Pittendrigh）和米尼斯（Minis）将模式生物果蝇饲养在每天 21h 或每天 27h 的条件下，其寿命与正常的 24h 周期相比，显著缩短[49]。

老鼠饲养在每天 20h 或每天 28h 条件下，它们的摄食量减少，体重也明显减轻，提示在非 24h 条件下，代谢功能受到了影响[50]。

研究中也有用其他生物进行的生物节律与适应性实验，包括蓝藻、植物等[51,52]。有人将长周期和短周期的蓝藻混合在一起进行培养，不同蓝藻的长周期和短周期是由于生物钟基因突变造成的。把它们按照接近 1∶1 的比例进行混合，如果在每天 28h 的长周期条件下培养，则混合液里长周期的菌会更具生长优势，一个月下来，混合液里几乎全是长周期的菌存活下来，短周期的菌几乎全被淘汰。反过来，如果把混合液放在每天 22h 的短周期环境里培养，一个月下来周期短的菌在混合液里占据优势，周期长的菌则大部分被淘汰[51]。这一实验很好地说明了生物节律的周期与其所生活的环境是相适应的，只有节律的周期与环境周期相近，才能更好地实现同步化，才会具有生存优势。

对于高等动物（如哺乳动物）来说，生物钟对于它们的生存和繁衍同样具有重要意义。有人将地松鼠下丘脑前端的 SCN 去掉，SCN 是负责产生节律的重要器官，被去除后地松鼠的节律会丧失。将去除了 SCN 的地松鼠以及对照组地松鼠同时放归半自然的环境，一段时间下来，研究人员发现，SCN 被去除而导致节律紊乱的地松鼠被天敌捕食的概率显著高于对照组地松鼠[53]，原因可能是地松鼠原本是昼行性动物，丧失了节律导致它在夜间也会出来活动，从而很容易被夜间的捕食动物所猎食。近年来，有研究将生物钟相关基因突变的小鼠放在野外饲养。持续一年多的研究结果揭示，与正常小鼠相比，这些突变小鼠的后代数量显著减少[54]。

在今后的空间计划当中，人类重返月球及登陆火星无疑是两个重要任务。由于月球自转的周期约为 28 天，而火星的自转周期为 24.65h，都不同于地球的 24h 自转周期，因此登陆火星和月球对于人类节律的适应性来说都是重要挑战。迄今为止，人们已经开展了一些模拟火星周期对人类节律影响的研究，而对人类能否适应月球节律方面的研究还开展得非常有限。

赖特（Wright）等人在弱光条件下对受试者的生理节律能否适应偏离 24h 的环境周期进行了研究，所测试的环境周期包括 23.5h 和 24.6h。其中，24.6h 的周期非常接近火星的自转周期。研究结果提示，有部分人的褪黑素分泌节律在弱光条件下可以表现出接近24.6h的周期。但是由于该研究的环境较为特殊，难以获得人的节律能否适应火星周期的结论[55]。

2008年5月25日，美国发射的凤凰号火星车（Phoenix Mars Lander，PML）在火星的北极区域着陆，主要使命是对该地区土壤的含水量及宜居性进行勘探。为了探讨人的生理和行为是否可以适应火星的昼夜周期，在美国亚利桑那州的图森（Tucson），巴杰等人对执行凤凰号火星车数据分析的地面人员进行了分析。由于火星车只在火星的白天时间发送数据回地球，因此这些地面工作人员的作息安排是遵照火星而非地球的昼夜周期，时间长达78天。大约有87%的人尿液6-羟基硫酸褪黑素（aMT6s）的节律经过调整可以与火星周期相适应（见图4-9）[56]，但是睡眠会受到影响。主观问卷调查结果也显示，困倦与疲惫感明显增加。50%的人每天睡眠少于6h，只有23%的人每天睡眠超过7h，所有受试者每天的平均睡眠时间约为6.2h[11]。

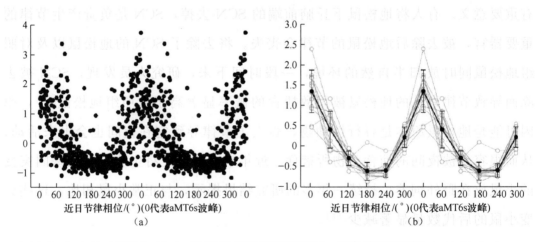

近日节律相位/(°)(0代表aMT6s波峰)
(a)

近日节律相位/(°)(0代表aMT6s波峰)
(b)

图4-9　3名工作人员尿液aMT6s节律的双点图

［横坐标采用的是生物钟时间，每360°对应火星的昼夜周期（即24.65h）[56]］

关于作息制度对于节律的影响，与航天相比，在潜艇等海军军种中问题更为严重。潜艇艇员采用的是12h周期或者18h周期的作息方式，并且经常调换。这种非24h周期的作息方式对于人的昼夜节律干扰非常大，并会导致睡眠不足以及影响人的代谢与认知[57]，是影响艇员健康和工效的主要因素之一。潜艇等特殊条件下揭示的生物节律变化规律与机制，也许对于航天员未来月面或火星驻留任务中如何维持生物节律稳定性具有重要的借鉴意义。

4.4.3　狭小、密闭空间对节律及工效的影响

在进行空间探索时，航天器或空间站都非常狭小、密闭，航天员的活动会受到很大限制。这种环境主要被认为对人的心理和认知会产生影响，但是实际上这种环境对于人的节律与睡眠也会产生影响。

梁等人在 45 天头低位卧床实验中发现，8 名受试者在卧床期间白天的睡眠次数和时间显著增加，但是也存在个体差异，如图 4 - 10 (a) 和 (b) 所示，

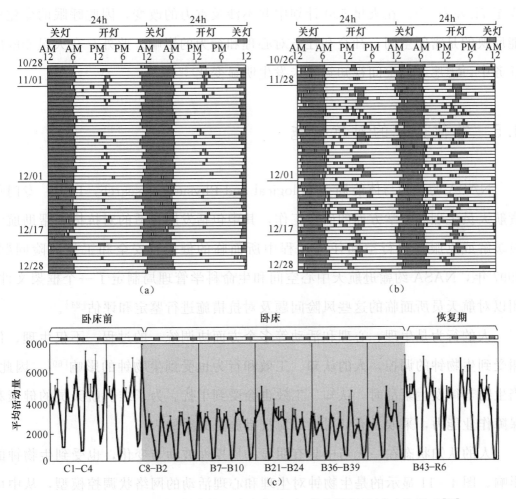

图 4 - 10　45 天头低位卧床对受试者睡眠-觉醒周期及活动的影响[34]

(a)、(b) 两名受试者的睡眠-觉醒节律活动图。黑色条纹表示处于睡眠状态。每天的关灯时间在图片上方进行了标示；(c) 8 名受试者腕表记录的平均数据。图中显示了卧床前的对照期（control）第 1~4 天、卧床前第 8 天至卧床（HDBR）第 2（C8 - B2）天、卧床第 7~10 天、卧床第 21~24 天、卧床第 36~39 天以及卧床第 43 天至卧床后恢复期（Recovery）的第 6 天（B43 - R6）。数据为每 3h 的均值±SE

图（a）反映的个体白天睡眠增加不如图（b）反映的个体明显。在卧床实验结束后，白天的睡眠次数和时长减少至少与卧床前相当，睡眠次数和时长的增加可能是运动受限所致[34]。通过对腕表数据进行分析，梁等人发现，受试者在卧床阶段手臂运动节律的振幅显著降低，主要反映在最大值的下降。在卧床实验结束后，手臂运动节律的振幅恢复到卧床前的水平。

在火星 500 计划当中，受试者的睡眠-觉醒周期在不同时间段发生了显著改变，刚入舱时每天睡眠不到 7h，在入舱后每天的睡眠时间显著增加，在 400 天左右增加至每天睡眠接近 8h，在任务将要结束时每天的睡眠时间又显著减少至 7h 左右[58]。在火星 500 计划中并不涉及重力的改变，因此睡眠的变化可能反映的是密闭空间、社交和任务对心理和行为的影响。此外，在火星 500 的任务中，志愿者的空间视知觉并未发生明显变化[59]。

4.5　节律紊乱的对抗措施

NASA 的生物与体能局（Biological and Physical Research，BPR）专门负责航天员生理和医学方面的研究工作，其中包括发展合适的对抗措施帮助航天员缓解或克服在执行空间任务过程中所面临的健康、安全和工效风险问题。1997 年，NASA 约翰逊航天中心空间和生命科学管理局制定了一个框架文件，用以对航天员所面临的这些风险问题及对抗措施进行鉴定和评估[24]。

人的行为是生理、心理和活动等多个方面协调统一的过程。不仅生理、代谢受到生物钟的调控，人的认知、工效和行为也受到生物钟的影响[60]。因此，当生物节律发生紊乱时，认知、工效也会受到干扰。为了维护航天员的健康和保障作业能力，采取具有针对性的对抗措施是必要的[14]。

人的认知状态在一天当中具有明显的周期性波动与变化，也受到生物钟的影响。图 4-11 显示的是生物钟对生理和心理活动的网络状调控模型，从中可以看到生物钟可以通过神经系统影响心理活动的多个方面。生物钟与人的心境、情绪也有重要关联，节律的紊乱在一定程度上是导致抑郁等一些情感性疾病的诱因。脑部不同区域或核团对心理、认知、情绪和行为的调节功能各异，如海马与学习、记忆以及心境有关，杏仁核与焦虑、恐惧等情绪有关，大脑皮层与注意力、决策及执行功能有关，而下丘脑在调控进食、代谢和压力等方面具有重要作用[61]。

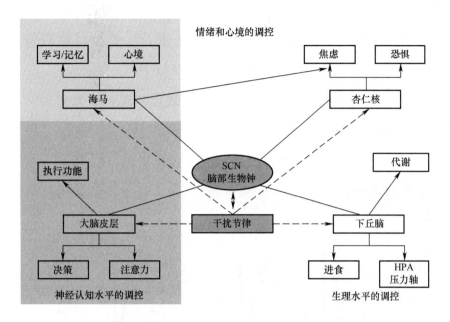

图 4 - 11　生物钟对神经行为的调控

[主生物钟 SCN 通过神经和内分泌调节外周组织和器官的生物钟，进而调节生理、神经、认知、
情绪和心境等当节律受到干扰时（虚线），会对生理、心理和行为造成诸多影响[61]]

人的视网膜内含有视网膜内层光感神经节（Intrinsically Photosensitive Retinal Ganglion cells，IPRGC）细胞，可产生视黑素 Opsin，感受波长峰值为 460nm 的蓝光。外界光信号就是通过 IPRGC 细胞以及视网膜-下丘脑神经束传递至位于下丘脑前部的视交叉上核，对人各组织的节律进行调节。因此，通过光照来调整或治疗节律紊乱，一方面需要达到一定阈值的光照强度，另一方面，光的波长要覆盖这一范围，在实际应用中通常选择白光或蓝光。

合理的人工光照可以调整轮班人员的节律相位，增强工效，以改善睡眠以及健康状况[62]。当然，进行人光照调整或治疗需要根据人的相位响应曲线进行，在合适的时间进行光疗才会收到良好效果[3,63]。此外，在调整或治疗时，一方面需要在合适的时段补充光照，另一方面在一些时段需要避免光照，在这些时段可以通过避免在外界有光照时外出，拉上窗帘，或佩戴墨镜、眼罩等措施，来避免受到光照的影响。已有研究报道显示，采用人工光照进行调整或治疗后，夜间新闻播报人员、夜班护士的警觉度和睡眠质量都有所提高[64,65]。

美国 NASA 在硬件方面采取了一系列措施，以改善航天员的睡眠状况，包括改善照明和降低噪声等措施。在改善照明方面，原先空间站里的照明强度严重不足，且灯泡坏掉后长期未能更换。后来进行了更换，照明条件有所改善。在睡眠时，舱内的噪声也可以保持在 50dB 以下。

为了让航天员在发射时段生理和认知处于最佳状态，在发射前一段时间内对航天员的节律相位进行调整是必需的[66]。斯图尔特（Stewart）等人在发射前用 10000lx 的光照对航天员的节律进行调整。蔡斯勒（Czeislor）等人最早采用人工光照调整航天员的节律，如图 4 - 12 所示，让航天员在飞行前每天体温

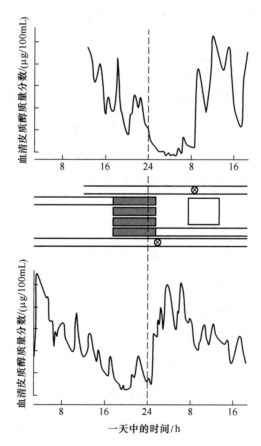

图 4 - 12　光照对航天员血清褪黑素和体温节律相位的调整作用[66]

[在光照治疗前，一天当中体温最低时段（⊗）位于夜晚睡眠期的后半段，与血清皮质醇含量开始上升大约在同一时间（上图）。光照治疗按照中图的方案进行，每天在体温刚降至最低时开始给予强光，连续 3 天。黑色条块表示每天的夜晚睡眠阶段，白色方框表示每天给予光照的时段，共持续 3 天。下图表示调整 3 天后的节律特征。虚线所示为调整后血清皮质醇即将升高前的波谷时间]

最低值时段暴露于 10000lx 光照，连续调整 3 天，航天员的血清皮质醇及体温节律的相位提前了约 7h。与这些生理节律一致，航天员的警觉度和认知节律相位也相应提前（见图 4 - 12）[67]。在此之后，NASA 在每次任务前都要采用人工光照对航天员的节律加以调整。

　　为了能不间断工作而又不损害航天员健康，NASA 曾经让两组航天员轮流工作。首先，对这两组航天员采取不同的方案对他们的节律进行导引，包括分别在不同时间采用强光导引或者让航天员处于弱光环境里并佩戴黑色护目镜。经过 1 周后，两组航天员的睡眠-觉醒相位相差了近 12h，因此可以在 24h 内轮流进行作业（见图 4 - 13）。实际上，从 STS - 40 到 STS - 99 共 44 次空间任务里，大约有 28% 的任务采用了这种两组轮流工作的作息制度[62]。

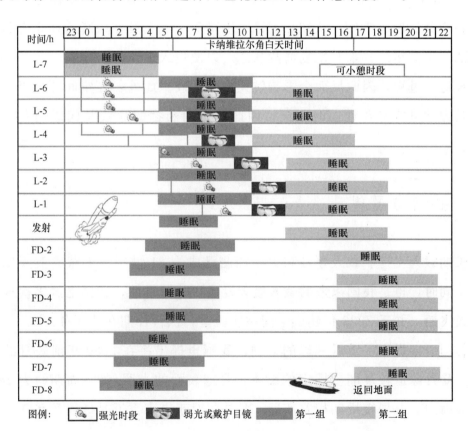

图 4 - 13　光导引对轮流工作的两组航天员相位的调整作用

（卡纳维拉尔角位于美国肯尼迪航天中心附近[62]）

　　从发射前开始，为了避免社会因素对节律调整的干扰，NASA 通常会对航天员的作息和睡眠进行必要的干预。在睡眠时段里，航天员不与亲人联系，周围环境里也避免产生噪声。如果航天员有紧急任务需要外出，则要戴上黑色眼镜，以避免节律受到外界光线的影响[68]。由于人在凌晨 4 时左右警觉度处于最低时段，NASA 认为不宜在夜间安排航天员进行航天器对接等高难度工作，以保障航天员的工作效率和达到避免风险的目的[69]。

　　NASA 的资料表明，在一项针对参加了 11 次空间任务的 32 名航天员当中，有 26 名航天员在飞行中服用过安眠药，占总人数的 81%[14]。一方面，根据粗略统计，航天员每 6 天中会有 1 天服用安眠药，通过对服药与不服药情况下的入睡潜伏期进行对比，结果显示，服用安眠药仅使入睡潜伏期缩短 1.3%，效果并不明显[11]。另一方面，常用的安眠药都有一定的副作用，如令人感到疲惫、形成依赖、认知和记忆力下降等。航天员在入睡后如果有紧急情况，他们需要尽快醒来并恢复清醒状态，以便投入工作，但是安眠药的副作用会延长这一过程，因此反而会影响航天员的工效。此外，在空间环境里，药物代谢动力学可能与在地面时不同，因此对空间药物的疗效及代谢仍有待更多研究。

4.6　总结与展望

　　长期载人飞行、载人登月和火星探测已成为 21 世纪世界载人航天发展的热点，同时，也是我国未来的载人航天发展目标。目前，我国已经多次成功发射载人飞船，并于 2022 年建成空间站实验室，执行长期在轨任务。

　　美国近期提出了重返月球的计划，我国也提出将在 2030 年前登月的宏伟蓝图。受月球运转及潮汐锁定的影响，月球表面的光照/黑暗周期约为 28 天，这与地面的 24h 昼夜周期相差甚远。此外，对于未来重返月球以及登陆火星来说，月球及火星表面的引力、磁场等环境因素也与地表相去甚远。因此，如何调整节律或建立适合人类节律特征的生态、生保系统以适应月球环境，是人类实现月面或火星驻留所面临的一个重要挑战。

　　生物钟调节人的生理和代谢，对人的心理、认知、情绪和工效也具有广泛的影响，节律紊乱是导致出现包括交通事故在内各种重大事故的主要原因之一。国际上从载人航天事业发展伊始就一直重视航天员的生物节律，而我国近十余年来才不断加强对载人航天任务中生物钟研究的重视。为了在长期空间任务中保障航天员的健康与工效，包括航天员的节律在内的很多航天医学问题研究都亟待加强。

参 考 文 献

[1] Guo J，Qu W，Chen S，et al. Keeping the right time in space：importance of circadian clock and sleep for physiology and performance of astronauts [J]. Mil Med Res，2014，1：23.

[2] 陈善广. 载人航天技术（上下册）[M]. 北京：中国宇航出版社，2018.

[3] 郭金虎，曲卫敏，田雨. 生物节律与行为 [M]. 北京：国防工业出版社，2018.

[4] Bechtold D A，Gibbs J E，Loudon A S. Circadian dysfunction in disease [J]. Trends Pharmacol Sci，2010，31（5）：191 – 198.

[5] Zhang R，Lahens N F，Ballance H I，et al. A circadian gene expression atlas in mammals：implications for biology and medicine [J]. Proc Natl Acad Sci USA，2014，111（45）：16219 – 16224.

[6] Wulff K，Gatti S，Wettstein J G，et al. Sleep and circadian rhythm disruption in psychiatric and neurodegenerative disease [J]. Nat Rev Neurosci，2010，11（8）：589 – 599.

[7] Xu Y，Toh K L，Jones C R，et al. Modeling of a human circadian mutation yields insights into clock regulation by PER2 [J]. Cell，2007，128（1）：59 – 70.

[8] 陈善广，王正荣. 空间时间生物学 [M]. 北京：科学出版社，2009.

[9] Wang D，Zhang L，Liang X，et al. Space meets time：impact of gravity on circadian/diurnal rhythms [J]. A Sponsored Supplement to Science：Human Performance in Space – Advancing Astronautics Research in China，2014，15：17.

[10] Lewy A J，Wehr T A，Goodwin F K，et al. Light suppresses melatonin secretion in humans [J]. Science，1980，210（4475）：1267126 – 9.

[11] Barger L K，Flynn – Evans E E，Kubey A，et al. Prevalence of sleep deficiency and

use of hypnotic drugs in astronauts before, during, and after spaceflight: an observational study [J]. Lancet Neurol, 2014, 13 (9): 904 - 912.

[12] Putcha L, Berens K L, Marshburn T H, et al. Pharmaceutical use by U. S. astronauts on space shuttle missions [J]. Aviat Space Environ Med, 1999, 70 (7): 705 - 708.

[13] Stuster J. Behavioral Issues Associated with Long - duration Space Expeditions: Review and Analysis of Astronaut Journals [M]. National Aeronautics and Space Administration, Johnson Space Center, 2010.

[14] McPhee J C, Charles J B. Human health and performance risks of space exploration missions: evidence reviewed by the NASA human research program [M]. Government Printing Office, 2009.

[15] 郭金虎, 徐璎, 张二荃, 等. 生物钟研究进展及重要前沿科学问题 [J]. 中国科学基金, 2014, 28 (3): 179 - 186.

[16] 商澎, 呼延霆, 杨周岐, 等. 中国空间生命科学的关键科学问题和发展方向 [J]. 中国科学: 技术科学, 2015, 45 (8): 796 - 808.

[17] Stampi C. Sleep and circadian rhythms in space [J]. J Clin Pharmacol, 1994, 34: 518 - 534.

[18] Fuller C A, Hoban - Higgins T M, Griffin D W, et al. Influence of gravity on the circadian timing system [J]. Adv Space Res, 1994, 14 (8): 399 - 408.

[19] Robinson E L, Fuller C A. Gravity and thermoregulation: metabolic changes and circadian rhythms [J]. Pflugers Arch, 2000, 441 (2 - 3 Suppl): R32 - 38.

[20] Hahn P M, Hoshizaki T, Adey W R. Circadian rhythms of the Macaca nemestrina monkey in Biosatellite Ⅲ [J]. Aerospace Med, 1971, 42: 295 - 304

[21] Sulzman F M, Ellman D, Fuller C A, et al. Neurospora circadian rhythms in space: a re-examination of the endogenous - exogenous question [J]. Science, 1984, 225: 232 - 234.

[22] Mergenhagen D, Mergenhagen E. The biological clock of Chlamydomonas reinhardii in space [J]. Eur J Cell Biol, 1987, 43 (2): 203 - 7.

[23] Hoban - Higgins T M, Alpatov A M, Wassmer G T, et al. Gravity and light effects on the circadian clock of a desert beetle, Trigonoscelis gigas [J]. J Insect

Physiol, 2003, 49 (7): 671-675.

[24] Mallis M M, DeRoshia C W. Circadian rhythms, sleep, and performance in space [J]. Aviat Space Environ Med, 2005, 76 (6 Suppl): B94-107.

[25] Dijk D J, Neri D F, Wyatt J K, et al. Sleep, performance, circadian rhythms, and light-dark cycles during two space shuttle flights [J]. Am J Physiol 2001, 281: R1647-R64.

[26] Gundel A, Nalishiti V, Reucher E, et al. Sleep and circadian rhythm during a short space mission [J]. Clin Invest, 1993, 1: 718-724.

[27] Gundel A, Polyakov V V, Zulley J. The alteration of human sleep and circadian rhythms during spaceflight [J]. J Sleep Res, 1997, 6: 1-8.

[28] Gundel A, Drescher J, Polyakov V V. Quantity and quality of sleep during the record manned space flight of 438 days [J]. Hum Factors Aerosp Safety, 2001, 1: 87-98.

[29] Monk T H, Kennedy K A, Rose L R, et al. Decreased human circadian pacemaker influence after 100 days in space: a case study [J]. Psychosom Med, 2001, 3: 881-885.

[30] Liang X, Zhang L, Wan Y, et al. Changes in the Diurnal Rhythms during a 45-Day Head-Down Bed Rest [J]. PLoS One, 2012, 7 (10): e47984.

[31] 万宇峰, 张琳, 喻昕阳, 等. 45d 头低位卧床对尿样 Ca、P 元素含量及昼夜节律的影响 [J]. 航天医学与医学工程, 2015, 28 (1): 11-15.

[32] Garrett-Bakelman F E, Darshi M, Green S J, et al. The NASA Twins Study: A multidimensional analysis of a year-long human spaceflight [J]. Science, 2019, 364 (6436): eaau8650.

[33] Millet C, Custaud M A, Maillet A, et al. Endocrine responses to 7 days of head-down bed rest and orthostatic tests in men and women [J]. Clin Physiol, 2001, 21: 172-183.

[34] Liang X, Zhang L, Shen H, et al. Effects of a 45-day head-down bed rest on the diurnal rhythms of activity, sleep and heart rate [J]. Biol Rhythm Res, 2014, 45 (4): 596-601.

[35] Baevsky R M, Baranov V M, Funtova I I, et al. Autonomic cardiovascular and re-

spiratory control during prolonged spaceflights aboard the international space station [J]. J Appl Physiol, 2007, 103: 156 - 161.

[36] Shiraishi M, Kamo T, Nemoto S, et al. Blood pressure variability during 120 - day head - down bed rest in humans [J]. Biomed Pharmacother, Suppl, 2003, 1: 35s -38s.

[37] Vigo D E, Tuerlinckx F, Ogrinz B, et al. Circadian rhythm of autonomic cardio-vascular control during Mars 500 simulated mission to Mars [J]. Aviat Space Environ Med, 2013, 84 (10): 1023 - 1028.

[38] Kanas N, Manzey D. Space psychology and psychiatry [M]. Springer Science & Business Me-dia, 2008.

[39] Barratt M R, Pool S L. Principles of Clinical Medicine for Space Flight [M]. Springer, 2008.

[40] Flynn - Evans E E, Barger L K, Kubey A A, et al. Circadian misalignment affects sleep and medication use before and during spaceflight [J]. NPJ Microgravity, 2016, 2: 15019.

[41] Achenbach J. The international space station is one ofhumanitys great engineering triumphs. But now NASA has to face a difficult question: What is it for [N]. Washington Post. 2013 - 8 - 1 (10).

[42] Brainard G C, Barger L K, Soler R R, et al. The development of lighting counter-measures for sleep disruption and circadian misalignment during spaceflight [J]. Curr Opin Pulm Med, 2016, 22 (6): 535 - 544.

[43] Liu P, Zhou D, Xue L, et al. Human Ergonomics Study in Microgravity Environ-ment [C]. MATEC Web of Conferences. EDP Sciences, 2018, 221: 04010.

[44] Bradley A. Reference frames and internal models for visuo - manual coordination: what can we learn from microgravity experiments? [J]. Brain Res Brain Res Rev, 1998, 28 (1 - 2): 143.

[45] Kelly S M, Rosekind M R, Dinges D F, et al. Flight controller alertness and per-formance during spaceflight shiftwork operations [J]. Hum Perf Extrem Environ, 1998, 3 (1): 100 - 106.

[46] 马欢, 刘至臻, 田雨, 等. 在轨飞行对航天员警觉度及其昼夜节律的影响 [J]. 航天

医学与医学工程，2017，6：391 - 395.

[47] Cheron G. Local sleep episodes during wakefulness and space travel [R]. EASA，2018.

[48] Refinetti R，Wassmer T，Basu P，et al. Variability of behavioral chronotypes of 16 mammalian species under controlled conditions [J]. Physiol Behav，2016，161：53 -59.

[49] Pittendrigh C S，Minis D H. Circadian systems：longevity as a function of circadian resonance in Drosophila melanogaster [J]. Proc Natl Acad Sci USA，1972，69 (6)：1537 - 1539.

[50] Moore - Ede M C，Sulzman F M，Fuller C A. The clocks that time us：physiology of the circadian timing system [M]. Harvard Univ Pr，1982.

[51] Ouyang Y，Andersson C R，Kondo T，et al. Resonating circadian clocks enhance fitness in cyanobacteria [J]. ProcNatl Acad Sci USA，1998，95 (15)：8660 - 8664.

[52] Dodd A N，Salathia N，Hall A，et al. Plant circadian clocks increase photosynthesis，growth，survival，and competitive advantage [J] .Science，2005，309 (5734)：630 - 633.

[53] DeCoursey P J，Krulas J R，Mele G，et al. Circadian performance of suprachiasmatic nuclei (SCN) - lesioned antelope ground squirrels in a desert enclosure [J]. Physiol Behav，1997，62 (5)：1099 - 1108.

[54] Spoelstra K，Wikelski M，Daan S，et al. Natural selection against a circadian clock gene mutation in mice [J]. Proc Natl Acad Sci USA，2016，113 (3)：686 - 691.

[55] Wright K P Jr，Hughes R J，Kronauer R E，et al. Intrinsic near - 24 - h pacemaker period determines limits of circadian entrainment to a weak synchronizer in humans [J]. Proc Natl Acad Sci USA，2001，98 (24)：14027 - 14032.

[56] Barger L K，Sullivan J P，Vincent A S，et al. Learning to live on a Mars day：fatigue countermeasures during the Phoenix Mars Lander mission [J]. Sleep，2012，35 (10)：1423 -1435.

[57] Ma H，Li Y，Liang H，et al. Sleep deprivation and a non - 24 - h working schedule lead to extensive alterations in physiology and behavior [J]. The FASEB J，2019，33 (6)：6969 - 6979.

[58] Basner M，Dinges D F，Mollicone D，et al. Mars 520 - d mission simulation reveals

protracted crew hypokinesis and alterations of sleep duration and timing [J]. Proc Natl Acad Sci USA, 2013, 110 (7): 2635 – 2640.

[59] Sikl R and Simeček M. Confinement has no effect on visual space perception: The results of the Mars – 500 experiment [J]. Atten Percept Psychophys, 2014, 76(2):438 – 451.

[60] Goel N, Basner M, Rao H, et al. Chapter Seven – Circadian Rhythms, Sleep Deprivation, and Human Performance[J]. Prog Mol Biol Transl Sci, 2013, 119: 155 – 190.

[61] Karatsoreos I N. Effects of Circadian Disruption on Mental and Physical Health [J]. Curr Neurol Neurosci Rep, 2012, 12 (2): 218 – 225.

[62] Stewart K T, Hayes B C, Eastman C I. Light treatment for NASA shiftworkers [J]. Chronobiol Int, 1995, 12 (2): 141 – 151.

[63] Refinetti R. Circadian rhythm of locomotor activity in the pill bug, armadillidium vulgare (isopoda) [J]. Crustaceana, 2000, 73 (5): 575 – 583.

[64] Powers L, Terman M. Link M. Bright light treatment of night – shift workers. Society for Light Treatment and Biological Rhythms [C]. Meeting Abstract, Bethesda, 1989.

[65] Ehrenstein W. Field studies into the effects of bright light on prolonged night shift-work. In: Oginski A. Pokorski J. Rutenfranz J. eds. Cuntemporary advances in shiftwork research. Theoretical and practical arspects in the late eighties [C]. Pruceedings of the 8th lnterriational Symposium on Night and Shiftwork, Krakow, 1987: 154.

[66] Czeisler C A, Chiasera A J, Duffy J F. Research on sleep, circadian rhythms and aging: applications to manned spaceflight [J]. Exp Gerontol, 1991 , 26 (2 – 3): 217 – 232.

[67] Whitson P A, Putcha L, Chen Y M, et al. Melatonin and cortisol assessment of circadian shifts in astronauts before flight [J]. J Pineal Res, 1995, 18 (3): 141 – 147.

[68] Eastman C I, Stewart K T, Mahoney M P, et al. Dark goggles and bright light improve circadian rhythm adaptation to night – shift work [J]. Sleep, 1994, 17 (6): 535 – 543.

[69] Fehse W. 航天器自主交会对接技术 [M]. 李东旭, 李智, 译. 长沙: 国防科技大学出版社, 2009.

第5章 航天员作业能力的建模与仿真

载人航天任务中航天员乘组、航天器与空间环境构成一个复杂的人-机-环系统，其中，航天员是载人航天任务的主体，航天员的能力和作用能否充分发挥是任务成败的关键。空间飞行任务中影响航天员作用发挥的因素有很多，航天环境、航天任务以及航天器人机界面设计都直接对其产生影响[1]。为保障航天任务安全、高效，国内外载人航天工程实践中都强调将以航天员为中心的理念和方法贯彻到航天器和航天任务设计与研制的全周期。为此，各航天大国也都建立了针对航天器研制全周期人系统整合设计与评价的管理与技术体系，建立了相应的方法和平台。例如，美国 NASA 提出的航天器-人-系统整合（Human Systems Integration，HSI）设计与评价[2-5]，我国载人航天工程中建立的工效学要求与评价体系，均是以确保航天器的适人性设计和航天任务的成功为目的[6,7]。传统的航天器-人系统整合设计与评价通常需要基于地面模拟空间环境、航天器和航天任务，通过人在回路的方式开展航天器适人性测试与评估[8-10]。采用人在回路试验方式存在两个方面的问题：一是时间滞后，一般需要航天器完成初步研制，此时发现的问题如果需要对航天器进行大的设计改变，会引起时间和经费成本的消耗；二是空间环境的地面模拟实验技术难度大，实验成本和操作风险都高，同时实验也很难实现对任务和空间环境的高逼真度模拟。例如太空中持续的微重力环境难以在地面进行逼真模拟，长期空间飞行中航天员一次在轨飞行可达半年以上，地面开展长时模拟实验成本过高。近年来，随着计算机建模仿真技术的发展，通过建模仿真的手段对人体以及人的运动操作与认知加工进行建模和动态仿真的研究越来越多。此类建模仿真应用到航天领域，可在航天器设计、任务规划的早期就开展人机交互的仿真模拟，通过行为和绩效等指标，对设计规划中不合理之处进行早期定位和迭代改进，可有效地缩短设计研发周期，降低设计研发成本，并提高工效设计水平。

5.1　数字人建模仿真技术

基于数字人的建模仿真技术提供了"人在回路外"的分析手段，被广泛应用于人机界面设计和作业流程设计的优化分析，能够有效地提高人的作业效率。同时，数字人建模仿真为那些难以在地面开展实物验证的概念设计提供了有效的探究与分析途径。从人因学角度，根据建立模型种类的不同，目前应用于航空航天领域的数字人模型主要包括人体测量模型、生物力学模型和认知模型等。

5.1.1　人体测量模型

在 20 世纪 60 年代，计算机辅助设计（Computer Aided Design，CAD）软件的出现大幅提高了设计工作的效率。随着 CAD 的推广，人们发现建立数字人可以帮助解决人机接口优化问题。在 20 世纪 60 年代，美国波音公司研制了第一个数字人 Boeman，用于飞机座舱布局评价。Boeman 是一个人体测量模型，由 23 个关节组成，尺寸采用男性 50 百分位的人体测量数据，体段长度可调。Boeman 取得成功后，被进一步改造为军用直升机的设计分析软件，并命名为 Combiman。Combiman 提供了陆、海、空男女人体测量数据库，对关节活动进行了限制，同时考虑了航天员服装对关节的限制，能够对腿和胳膊进行可达域分析，以及对视域进行分析。在 20 世纪 80 年代，计算机技术取得了长足发展，数字人建模技术水平也得到了大幅提高，代表性软件有 Jack、DELMIA、MannequinPro、SAMMIE、Safework 等[11-13]。其中，Jack 和 DELMIA 目前广泛应用于人机界面和作业流程的分析，图 5-1 所示为 Jack 和 DELMIA 进行作业空间与流程仿真分析的一个实例。NASA/AMES 利用人机工效分析软件 Jack 针对人在太空中的工作能力进行了分析[14-16]。但是，Jack 只对外开放正常重力环境下的人体模型，功能受到很大限制，特别是针对航天任务的应用。同时，这些研究不含肌肉模型，不能对太空任务中人体肌肉的状况进行分析。

（a）Jack　　　　　　　　　　　　　　　（b）DELMIA

图 5 - 1　装配流程仿真分析

5.1.2　骨肌生物力学建模研究

国外很早就开始利用运动生物力学仿真的方法进行人体操作能力研究[13]。近年来，随着解剖学、人体测量学、计算机仿真技术和优化算法的发展，SIMM、OpenSim、Anybody 等现代骨肌建模平台逐渐成熟，为研究人体操作能力提供了新的契机[17-20]。

人体骨肌系统运动生物力学建模由人体多刚体动力学建模方法发展而来。在人体多刚体动力学建模中，研究者普遍使用 Langrange、Newton - Euler 和 Kane 方法。由于人体本身是一个冗余系统，而约束方程通常为 2 阶形式，求解过程非常复杂，所以建模仿真需要对模型进行适当的简化，在模型准确性和计算速度之间寻求一个平衡。经典的建模方法将人体简化为一个树状多刚体模型，模型各段都存在惯量和质心等特性，各段通过关节相连，不同的关节拥有不同的自由度和活动范围。在微重力环境和月面环境中，建模仿真的关注点有所不同。在微重力环境中，由于航天员进行 EVA 通常是在脚约束的情况下，所以更多地关注上肢的动力学特性。而在月面环境下，由于 $1/6g$ 重力的影响，人体可以进行活动的范围大大增加，所以需要对航天员整体的运动生物力学特性进行研究。

　　现代骨肌系统运动生物力学建模主要经过了以下发展阶段。早期主要以刚体动力学仿真为主，后来斯坦福大学的扎亚克（Zajac）对骨骼和肌肉进行了全面的数学建模方法研究[21]，将解剖学和人体测量学的研究成果应用到了生物力学仿真中，奠定了现代骨肌平台的基础。近年来，随着肌电、近红外等生理信号测量技术的成熟，生理信号越来越多地被用来验证模型或提高模型的精确度[22-26]。尽管如此，不论是从骨肌系统的内部控制机制、骨肌之间的几何耦合效应出发考虑，还是从动力学优化求解过程来看，骨肌系统的仿真还存在着很大的不确定性。从建模思路上来说，现代骨肌系统运动生物力学建模主要包括反向动力学建模和正向动力学建模两种[27]。

　　（1）反向动力学建模

　　反向动力学是利用采集到的运动学数据，如末端运动轨迹，依据骨肌系统的活动范围约束及力学平衡条件，反向求解关节处所受的力矩及肌肉力的过程。利用得到的力矩和肌肉力，就可以对骨肌系统的工作负荷和风险进行分析。人体为了保持节段移动的稳定性，骨肌系统存在冗余性，所以求解时往往需要利用优化算法。反向动力学算法在数字人体生物力学建模中有许多优势，其中，最大的优势在于它只要求作为输入的运动学姿态参数是准确的。当然，这一点也会引入一些问题，运动学数据很小的偏差就会引起力矩及动量的很大差别[28]。另外，为了消除骨肌系统冗余性所对应的不确定性，往往会对骨肌系统做出一些假设，这些假设和真实的骨肌系统不同，相应地也会引入偏差。反向动力学在工业工程领域广泛应用到躯干肌肉力预测模型中，特别是重物搬运中腰椎劳损的风险分析。查芬（Chaffin）、安德松（Anderson）和休斯（Hughes）等人描述了这些模型的发展历程和用于预测腰椎压力和剪切力的方法，并分析了躯干肌肉受不同的肌肉优化方法的影响[29]。

　　（2）正向动力学建模

　　与反向动力学不同，正向动力学认为，人体为了实现某个预期动作或者姿势，会依据某种内部机制来收缩肌肉达到预期。所以，在正向动力学建模中，同时包括生物力学模型和运动控制模块[30]。

　　基于一些特定控制假设，部分学者开发了骨骼肌肉的最优控制模型[31]。

其中，戴萨特（Dysart）使用正向动力学对重物上提动作进行了研究，研究中基于人体 5 刚体模型和关节力矩总和最小、最佳平衡等指标，对预测结果进行了对比。研究发现，关节力矩总和最小假设产生的动作预测匹配度最高。佩雷斯（Perez）利用大量的上提操作运动数据对多种目标假设进行了研究，认为不同目标函数产生的运动轨迹和目标动作类型、负荷重量以及任务结束动作边界条件因素有关。而阿卜杜勒（Abdel）等人认为优化函数应该依据特定动作来选取。为了实现对特定肌肉力的更精确预测，相关研究往往将反向动力学和表面肌电（Surface Electromyography，SEMG）信号（可用于估算肌肉力）结合起来，运用线性回归方法进行综合分析[32]。

（3）生物力学建模软件及应用

1971 年，NASA 的休斯顿（Huston）和帕塞雷利（Passerello）建立了一个 10 体段的骨骼系统刚体模型及软件，用于计算航天员在太空中的力学问题[33]。20 世纪 90 年代，多刚体动力学和刚柔耦合动力学理论被应用于人体骨肌系统动力学建模研究。1990 年，斯坦福大学的德尔普（Delp）基于 Kane 法和 Hill 模型提出了人体骨肌系统动力学建模方法，该成果于 1995 年转化为商业软件 SIMM（交互式骨骼肌肉建模仿真）。1991 年，丹麦奥尔堡（Alborg）大学的拉斯穆森（Rasmussen）采用了刚柔耦合动力学研究人体骨肌系统建模方法，并基于 Largrangian 动力学方程和 Hill 模型建立了人体骨肌系统动力学模型，该研究成果后来发展成为商业软件 Anybody[34]。美国国立卫生研究院、斯坦福大学生物医学计算中心和国家康复研究仿真中心联合组成的研究团队开发了人体骨肌生物力学仿真分析软件 OpenSim[18]。该软件实现了正向动力学计算功能，被 NASA 应用于在轨锻炼设备和锻炼策略的设计分析等[35-37]（见图 5 - 2）。

NASA 针对将来的火星和小行星任务，于 2002 年启动了数字航天员项目（Digital Astronaut Project，DAP）[38]，建立了数字航天员模型，用于预测长期失重后航天员的生理指标变化，如肌肉萎缩、骨丢失以及视觉障碍和颅内压（Vision Impairment and Intracranial Pressure，VIIP）等。NASA 利用所建立的数字航天员模型，结合骨肌生物力学分析，用于在轨锻炼设备和策略的改进

图 5-2　微重力环境下下蹲锻炼的运动生物力学分析

优化[39]，如图 5-3 所示。

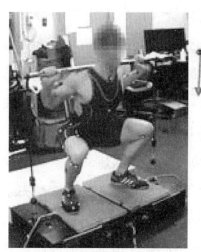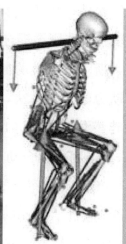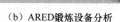

（a）HULK锻炼设备分析　　　　　　（b）ARED锻炼设备分析

图 5-3　在轨抗失重锻炼策略仿真分析

5.1.3　认知绩效建模研究

认知绩效建模是指通过建立认知过程的数学模型或计算模型，来理解与预测人在特定领域或任务中的认知行为。认知绩效建模的历史最早可追溯到 1954 年提出的费茨定律（Fitts' Law），该定律可以预测移动手进行目标单击所需的时间。围绕着感知注意、运动控制和认知加工，研究者提出了很多模型来解释和预测人的行为[40]。但是，人的认知加工过程往往非常复杂，包含感觉、知觉、记忆、决策和运动反应等环节，而且人的认知与行为往往是由很多认知过程交互作用的结果。在认知建模中，研究者提出了很多认知结构体系，以更加完整和全面地模拟人的认知加工过程。

认知结构是一种在抽象层次上对大脑结构的描述，往往集成（或部分集成）了感知、记忆、决策和运动等功能模块，能解释大脑的模块化运行机制。认知结构往往是一般性理论，而不是针对特定行为或特定认知功能（如工作记忆）的理论[41]。认知结构集成了感知、记忆、决策和运动等认知过程的模型，是一种统一的认知理论[42]，即一种模拟和理解人类认知的普遍性理论。同时，认知结构还提供实现基础理论框架的计算机程序。这些程序为快速开发认知模型提供了软件平台，同时可保持在平台上开发的认知模型在理论上具有良好的一致性，这对研究者进行认知建模研究有很好的帮助。

认知结构至少可分为描述性结构、符号和混合结构以及联结主义（Connectionism）结构[43,44]三类。描述性结构的特点是描述行为而不是产生行为，最典型的描述性结构是 MHP（Model Human Processor）与 GOMS（Goal Operation Method Selection Rules）[45]。符号和混合结构是领域内使用得最多的认知结构，它们都采用知识系统的概念，支持创建知识，并将知识应用到不同的情境中，两者的区别在于混合结构在符号结构的基础上增加了子符号计算。典型的符号结构是 SOAR（States Operators and Reasoning）[46]与 EPIC（Executive - Process/Interactive Control）[47]；典型的混合结构是 ACT - R（Adaptive Control of Thought - Rational）[48]。联结主义结构主要应用神经网络的方法来进行心理学中的行为建模，这种结构比较适合于感知功能的建模。

（1）MHP 与 GOMS 系列

MHP 是一种用于模拟人-计算机交互的模型。它把人脑看作一个由感觉、认知与运动 3 个处理器构成的信息加工系统。MHP 模型中对每个处理器的加工时间和加工容量给出了统计描述（如平均时间、最长和最短时间等）。与 MHP 紧密相关的是 GOMS 认知描述及其衍生方法。通过 GOMS 方法，研究者可以把一个人机交互任务分解为一系列任务元素，然后通过对每个任务元素时间的预测，得到对总任务时间的预测。该类方法的优点是可以简单便捷地模拟简单任务的反应时间，方法易于学习。其缺点主要包括假设人永远清楚地了解任务各步骤，难以模拟新手绩效以及学习过程，难以模拟需要进行较为复杂的选择与决策的任务。该类方法主要应用包括模拟计算机键盘打字绩效和电话接线员操作绩效等[45]。

（2）SOAR

SOAR 是莱尔德（Laird）、罗森布拉姆（Rosenbloom）和纽厄尔（Newell）等人于 20 世纪 80 年代在美国卡内基梅隆大学创立的一个认知体系结构模型[46]。SOAR 理论认为，人类智能是知识系统的近似，知识系统可以使用所有可用的知识。SOAR 是一个纯粹的符号性结构，该结构中建模的所有知识均需要明确说明。按照 SOAR 理论，对一个现象建模的唯一方法就是单个长时记忆、单个学习机制和符号性表达，这导致 SOAR 在实际应用中有很多局限。当前，对 SOAR 的研究主要关注于拓展结构来获得新的功能性目标，结构拓展的内容包括建立更多长时记忆系统与子符号机制以及增加情绪模块等[49]。

（3）EPIC

EPIC 是密歇根大学的基拉斯（Kieras）和迈尔（Meyer）在 20 世纪 90 年代提出的一套认知结构[50,51]。该认知结构强调，外围认知在决定任务绩效中有重要作用。除了记忆系统（长时记忆、工作记忆和程序性记忆），EPIC 还有一套详细的感知和运动模块。EPIC 假设认知子系统没有加工容量限制，即同时可处理任意多个任务。EPIC 的感知模块能处理从模拟感受器官接收到的刺激，并把输出发送到工作记忆。感知所需时间取决于刺激的形态、强度和辨别力。所有模块的时间代价都由类似于费茨定律这样的固定方程决定。EPIC 的主要优点在于对感知和运动子系统有详细的描述，比如视觉编码的时间以及眼睛和手移动的时间等。这些优点现已被其他一些认知体系结构（如 ACT - R）所整合。EPIC 的主要缺点在于模拟记忆和学习等认知功能的能力较弱。其主要应用领域是人-计算机交互绩效的建模研究。

（4）ACT - R

ACT - R 是卡内基梅隆大学的约翰·安德松（John Anderson）及其团队提出和发展的一套认知体系结构[48]。ACT - R 是认知结构中的集大成者，继承了 Soar 的符号表达系统和 EPIC 的感知运动模块，并增加了利用激活度和效用值进行计算的子符号计算系统。ACT - R 认知结构的基本构成如图 5 - 4 所示，它包括产生式系统、多个功能模块（描述性记忆模块、目标模块、视觉模块、手动模块）以及各模块的缓存区。产生式系统扮演着中央加工的角色，通过各缓存区实现与各模块的信息传递。产生式也称为程序性记忆，它的形式类似于"如果－那么"的规则。产生式的触发包括匹配、选择和执行 3 个步骤，描述性记忆模块存储描述性记忆，由知识块（Chunk）组成。产生式系统可以提取旧的知识块，也可以生成新的知识块。目标模块保存并追踪当前的目标。感知运动模块是 ACT - R 与外部世界进行交互的媒介。视觉模块可以看作是 ACT - R 认知结构的输入，处理对外部世界的视觉感知信息。视觉缓存区有两个：一个对应着人类视觉系统的背侧"在哪里"通路；另一个对应着人类视觉系统的腹侧"是什么"通路。手动模块可以看作是 ACT - R 认知结构的输出，控制手部的移动。产生式系统、大多数的模块和缓存区均有与之对应的主要人脑皮层区域。如产生式系统对应着基底核，其中的匹配步骤（识别模式的功能）对应着纹状体，选择步骤（解决冲突的功能）对应着苍白球，执行步骤对应着丘脑。描述性记忆模块对应着颞区和海马区，记忆缓存区对应着腹外侧前额叶皮层。目标缓存区对应着背外侧前额叶皮层。视觉模块对应着枕叶皮层，视觉缓存区对应着顶叶皮层。手动模块对应着运动区和小脑，手动缓存区对应着运动区。但该理论并不排除其他皮层区域也参与了上述功能的实现。

在知识表达方面，ACT - R 由描述性知识和程序性知识组成。描述性记忆的基本单元是知识块，程序性记忆的基本单元是产生式，缓存区可以暂时存储一个知识块供产生式提取其中信息。在子符号计算方面，ACT - R 利用知识块的激活度和产生式的效用值完成，只有激活度高于给定阈值的知识块才能被成功提取，只有效用值高于给定阈值的产生式才能被选择，而且产生式系统会选择效用值更高的产生式。

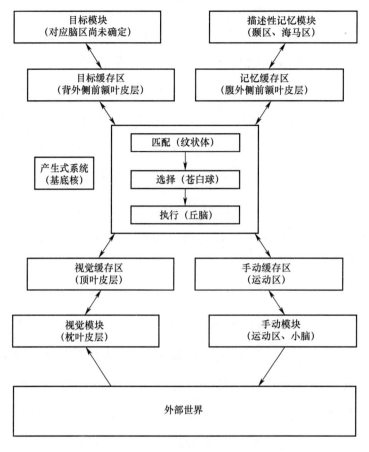

图 5 - 4　ACT - R 认知结构的基本结构[48]

ACT - R 认知结构不仅可以用于低层的感知和运动建模，而且可以用来建模记忆、学习和决策等高层认知，将基础心理学机制综合到一个集成系统中。ACT - R 的应用十分广泛，不仅被用于感知、注意、学习、记忆、决策等认知心理学研究领域，而且还被用于实际人机交互任务中操作者行为和绩效的建模分析中[52-59]。

（5）MIDAS

前述介绍的认知结构本质上是基础研究平台，并在实际任务中得到了部分应用和验证。而美国陆军联合 NASA 设计开发的人机整合设计与分析系统（Man - machine Integration Design and Analysis System，MIDAS）从设计之初即为一个面向工程应用的整合设计仿真分析平台[60]。该平台通过建模仿真方法预测人的任务绩效、工作负荷、情境意识等指标，并将人的物理行为和认知行为可视化，主要用于评估和指导人机界面设计、人机交互设计以及任务流程设计。

MIDAS 采用层次描述的方法对仿真任务进行分解。一项任务最终被分解为树状结构，在 MIDAS 中称为 Activity，每个 Activity 可以分解为多个 Sub - Activity。叶子节点上的 Activity 是原子活动，比如"按按钮"或是"看显示器"。每个活动包含多个属性，如前置条件、时间约束、满足条件、优先级和资源需求等。资源既包括像眼睛、手指或其他生理器官，也包括视觉、听觉、认知和运动等操作过程。这些 Activity 将被存储在虚拟人的记忆模型中。

MIDAS 中的三维对象包括人体模型、场景和设备等。设备可分为离散型设备和连续型设备。离散型设备具有多个状态值，连续型设备具有连续变化的值。这些设备可以编写响应函数，在认知处理过程中可调用这些函数改变设备状态。其中，人体模型的显示都是在虚拟人杰克（Jack）中实现的。

认知模型主要包含知觉模型、记忆模型和决策模型三部分。知觉模型用于处理三维环境输入的信息，计算信息的知觉分为"Undetected""Detected"和"Comprehended"三个等级。记忆模型用于存储知觉模型所获取的信息，记忆分为工作记忆和长期记忆，最新版本 MIDAS 的记忆分为短期工作记忆、长期工作记忆和长期记忆。记忆会根据时间按指数函数衰退，短期工作记忆一般为 5s，长期工作记忆一般为 300s。决策模型用于决定触发哪些活动，其中包含 6 种简单的决策函数。

通过杰克，我们可以观察到，虚拟人任务过程的动画，以及整个过程的可达和可视区域。通过任务负荷模型、SA 模型和 SEEV 模型能够得到任务过程中虚拟人的工作负荷、情景意识、注意随时间变化的曲线图。

MIDAS 能够有效地帮助设计师改进复杂人机系统的整合设计，被应用于航空、航天、核电等领域，如驾驶舱显控界面设计的工效分析、国际空间站实验流程设计和核发电站人误分析等[61]。图 5 - 5 所示为 MIDAS 用于航天飞机显示界面设计和国际空间站生物实验流程分析的示意图。

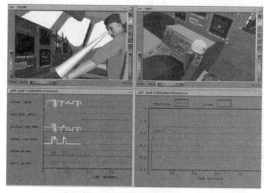
（a）航天飞机显示界面设计

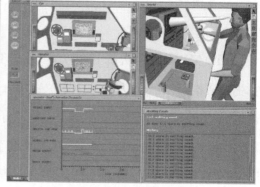
（b）国际空间站生物实验流程分析

图 5-5　用于航天飞机显示界面设计和国际空间站生物实验流程分析的示意图

5.2　航天员作业能力建模仿真需求和体系框架分析

5.2.1　航天员建模仿真需求和模型框架分析

载人航天任务中航天员乘组、航天器以及空间环境构成一个复杂的人-机-环系统。航天员作为载人航天任务的主体，其完成任务的能力将直接影响任务的成败。载人航天系统中所有人-机要素和人-环要素都需要考虑对人的操作效能的影响，保证航天员效能的有效发挥。航天大国在载人航天任务中都非常重视对航天器适人性的设计与评估，如美国 NASA 在对载人航天器适人性的设计给出 3 个关键性要求：

1）系统需求的设计应与人的能力匹配。要求航天员能够在正常、异常和应急条件下可靠完成任务，这确保了系统的可用性。

2）系统设计应使人的能力可以处理非例行的、意料外的问题，这确保了系统弹性。

3）系统设计应可以耐受人的操作失误，并能恢复过来，这提供了系统的设计冗余。

我国载人航天工程也对航天器系统适人性提出了相应的设计要求，并在航天器研制的全周期开展人-系统整合的分析与评估，这对于确保航天器以人为中心的设计非常重要。航天任务中人-系统整合分析主要包括以下几个方面：

一是分析空间飞行中航天员能力特性的变化，这是开展航天器和任务设计的基础。空间飞行中航天员的作业能力受很多因素的影响，失重会导致人骨质丢失、肌肉萎缩、前庭功能等生理系统变化，可以引起人的操作运动、视觉感知以及空间定向等能力改变。

二是航天器结构复杂、舱载设备多、信息流和控制流复杂，航天器人机界面和适居性设计直接影响航天员与航天器交互的效率。在载人航天工程中，航天器和航天任务设计必须充分考虑航天员的能力和局限性，实现人-系统效能最优。

为保证航天器人机界面适人性设计水平，我国载人航天工程经过多年的发展，已经形成了相应的技术体系。在对航天员能力绩效深入研究的基础上，面向航天器研制全周期的阶段特点，在任务分析、人机功能分配、乘员舱适居性、显示和控制界面、作业程序等方面开展以人为中心的设计与评估技术研究，形成了包括任务分析、模型和仿真、可用性测试、负荷评估等方法体系，指导航天器全周期的人-系统整合设计与评估，有力保证了神舟飞船和空间实验室乘员舱的适人性设计水平。

随着载人航天工程的发展，特别是面向空间站任务和未来的星球表面探测任务，由于航天器的复杂度越来越高、任务的难度和风险越来越大，为保证航天员安全、高效地完成任务，载人航天工程研制越来越强调在航天器和任务设计的早期阶段，特别是方案制定阶段即开展人-系统整合的分析与评估，这样可以极大限度地降低后续对于系统适人性设计问题进行更改所产生的进度和经费风险。基于仿真的人-系统整合分析技术和平台成为解决航天器方案制定阶段适人性设计与评估的重要手段。

在执行航天器-人-系统整合过程时，以人为中心的设计（Human Centered Design，HCD）是关键因素，也是确保工程设计与人的能力和局限性相匹配的有效方法。HCD 过程一般包括三步，这些步骤在图 5-6 所示的回路中迭代进行。HCD 过程的管理与迭代贯穿整个系统工程生命周期。

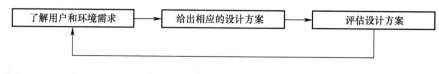

图 5-6　HCD 步骤示意图

对于载人航天任务，用户主要是航天员群体，这一群体经过了严格的选拔和系统的训练，有其特殊的性格和能力特征。载人航天任务的环境属于特因环境，包括微重力、隔离密闭、辐射等因素会对航天员的生理心理指标、能力特性造成一定的影响，并且这种影响随着航天任务时间的不同而存在程度差异。在开展 HCD 过程时，必须对航天员特征、航天环境，以及航天环境与航天员个体特征之间的交互作用进行充分考虑。

在给出设计方案后，传统上一般通过用户或专家调查、人在回路的测试等方法开展设计方案评估，评估的指标主要包括任务绩效、操作者作业负荷、操作者疲劳水平等；影响以上指标的因素包括人机界面设计、任务流程设计、操作者的能力特性与经验水平等。上述调查和测试方法以及评估指标是系统改进的根本依据，是人-系统效能的根本保证。但这些方法也存在局限性，例如，在实际任务中往往需要等到系统或产品制造完成后才能进行测试评估。一旦发现设计存在缺陷，需要重新改进设计并制造后再评估，这一过程往往周期较长，成本较高。

随着设计的不断成熟，系统和产品的设计越来越数字化，其逼真度和集成度也不断提升；随着计算机仿真技术的发展进步，对人的信息加工模型与生物力学模型进行数字化建模的有效性和便捷性不断提高。在这些背景下，开展面向人-系统整合的航天员建模仿真既有强烈的需求，又有良好的可行性。

根据当前载人航天工程的需求，为支撑航天器方案设计阶段的人-系统整合仿真分析与评估，航天员建模与仿真系统应具备以下能力：

（1）长期空间飞行航天员能力与特性变化的分析和预测

未来的空间站运营和深空探测任务，需要航天员长期在轨执行航天任务，空间失重环境、昼夜节律改变、狭小密闭空间及团队人际关系等将对航天员的能力特性产生影响，如长期失重会导致骨丢失、肌萎缩、前庭功能变化等，这些生理变化会影响航天员的操作力量、运动特性、空间定向以及控制能力等。长期飞行中昼夜节律变化与地面 24h 节律有很大不同，如月球表面一个昼夜 28 天，近地轨道 90min 一个昼夜变化，节律的改变容易导致人出现睡眠问题，进而可引起脑疲劳和情绪等问题，影响航天员认知判断和决策能力。

要构建航天员建模仿真系统，面向长期空间飞行任务开展人-系统整合评估，必须要对于长期空间飞行下人的能力特性进行分析和预测，这也是开展人-系统整合评估的前提和基础。

（2）三维虚拟航天员构建

为支撑航天器方案设计阶段开展人-系统整合评估，仿真系统必须构建三维虚拟航天员模型，借助该模型与航天器数字模型进行交互，为后续的行为和绩效分析提供技术手段和支撑。因此，本系统所构建的三维虚拟航天员应具备以下几个层次的功能：

1）三维几何模型，以可视化的形式呈现虚拟航天员外形、骨骼和肌肉、大脑结构等。

2）能反映不同航天员能力特性参数特征，包括人体测量参数（不同体段参数等）、生物力学特性（骨骼、肌肉特征参数）、感知觉和认知特性（如空间认知、速度知觉等）等。

3）虚拟航天员定制，能够将不同能力特性数据进行整合，以此构建具有某个航天员群体作业能力特征的虚拟人，或者某个特定航天员个体作业能力特征的虚拟人。

（3）航天员-航天器交互行为仿真

要实现在航天任务和航天器方案阶段的人-系统整合分析，航天员建模仿真系统必须能对典型航天任务下，虚拟航天员与数字航天器的动态交互行为进行仿真和分析。在载人航天任务中，航天员的作业任务主要包括以下 4 个类型：

一是长期空间飞行中航天器的高级监控和管理。虽然中、短期以及近地轨道飞行任务中，航天器的高级决策基本由地面团队进行，但长期空间飞行任务中乘员自主决策需求增加。

二是航天器实时动态操控。自动化水平的快速发展使航天器操控可以主要依靠自动系统完成，这可以大大降低航天员操作负荷，但面对复杂的空间环境和多变的任务需求，在航天器交会对接、机械臂的遥操作、星球表面着陆和起飞任务中，人工控制仍是航天任务可靠性和成功性的重要保障之一。

三是航天器（或星球基地等）组装、维护和维修。这对提高航天器系统可靠性非常重要，由于这类任务中会面临大量非结构化场景、非合作性目标以及各种计划外的情况，当前系统的自动化水平还无法做到全部自主完成，必须依靠人的参与。

四是空间科学实验研究。载人航天一个重要的优势是可以开展需要有人支持在轨科学实验，由于人可以对实验过程进行主动观察、过程控制以及结果的初步分析，这将极大提高在轨实验资源的利用，加大成果产出。

对于仿真系统而言，要能针对航天员的主要任务进行仿真，主要功能包括：

1）任务流程仿真。对于典型航天任务，要对任务流程、执行任务的虚拟航天员、需要操作的航天器人机界面特征等进行仿真。

2）任务执行过程中航天员作业行为仿真。其行为包括完成任务过程中航天员的运动学特性、动力学特性、信息加工过程等，同时对行为的仿真模型要体现任务对航天员关键能力特性的要求。

3）航天员与航天器的动态交互过程仿真。交互过程中，系统要能实时计算人与系统交互的情况，包括时间、操作力、感知和注意的信息等。

（4）航天器–人–系统整合分析与评估

航天员建模仿真系统的主要目的是进行人–系统整合分析与评估，根据载人航天工程的评估要求，系统要从任务的操作绩效、航天员作业负荷、疲劳水平等层面给出评估结果。这些结果将有助于航天器和航天任务的优化和改进。

从上述的系统功能需求可以看出，要实现对航天器–人–系统整合的仿真分析与评估，仿真系统的核心是航天员作业能力（包括能力特性、交互行为、作业负荷）的建模、仿真。

5.2.2　建模仿真系统模型体系及仿真系统框架设计

（1）航天员作业能力模型体系

在综合分析载人航天工程需求、航天任务特征、人的能力特性和行为等基础上，从骨肌运动、认知加工两个层面，提出了一个涵盖特性、行为和绩效三个层次的模型层次框架，如图 5 - 7 所示。

特性层包含一系列的能力特性参数，如反应时、最大肌肉力等，用于反映不同人群的能力特征。同时，在这些特性参数中，部分特性参数还受空间飞行环境的影响，特别是长期空间飞行后影响更为明显。针对这一影响因素，特性层包含一系列能力特性参数的变化规律模型，预测不同飞行天数后的能力特性值。因此，特性层能够反映不同人群以及不同空间飞行时间同一人群的能力特征。该层包含了认知和骨肌相关的能力特性参数及其变化规律模型。

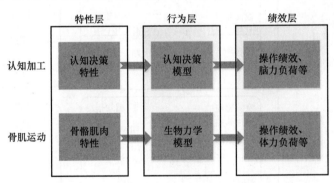

图 5 - 7　航天员作业能力模型层次框架图

行为层包含认知决策和生物力学两类模型。认知决策模型对航天员的认知信息加工过程进行仿真模拟，生物力学模型对航天员在操作任务中骨肌系统的动力学响应过程进行仿真模拟。这两类模型分别用于脑力需求任务以及体力需求任务的仿真分析。同时，特性层的能力特性参数是该层模型的输入参数，可以控制行为层模型仿真模拟出不同人群的行为特征。

绩效层提供了一系列分析模型，对行为层输出的数据进一步加工处理，得出更具参考意义的结果。例如，通过行为层模型仿真得到航天员在开舱门时肘关节受力约为 100N，该值对于设计人员不具有参考意义，而通过绩效层的关节负荷分析可知，肘关节具有高负荷，这样设计人员就知道需要改进设计。

基于该模型层次，根据平台的功能需求对各个层次的模型以及模型之间的关系进行了分析和设计。对于航天员作业能力仿真而言，由于模型的类型和层次非常复杂，因此，模型的设计应满足以下几个方面的约束：

1）模型能反映被仿真对象本身的特征。

2）模型有助于体现模型体系的层次关系。

3）模型应具有相对的独立性和可扩展性。

根据上述三个原则，基于所建立的模型层次，建立了航天员作业能力模型体系，如图5-8所示。

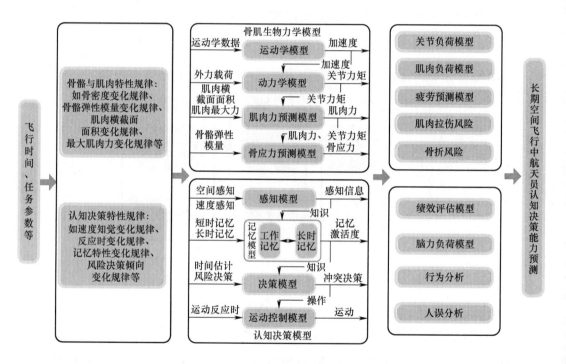

图5-8 航天员建模仿真模型体系规划

特性层：主要包括认知和骨肌两个方面的特性。在特性的选取上，主要基于两个方面：一是与典型任务相关；二是空间飞行环境会对其产生影响。由此，认知特性主要包括空间知觉和速度知觉等，骨肌特性主要包括骨骼密度和骨弹性模量等。这一层的模型主要反映了长期飞行航天员能力特性变化。

行为层：主要反映典型任务中航天员与航天器交互过程。通过对前面所给出的四类典型任务分析归纳，任务可归结为体力需求为主的任务、脑力需求为主的任务以及体力脑力联合需求任务，见表 5-1。由此，在行为层构建生物力学模型和认知决策模型两类模型。

生物力学模型主要包括人的运动学模型、动力学模型、骨应力模型以及肌肉力模型，在模型中考虑了微重力这一空间飞行的环境状态。认知绩效模型主要选取典型的航天器实时操控任务进行认知绩效建模。通过该层模型，能够对特定任务执行过程中航天员的行为进行仿真分析。

表 5-1　典型航天任务及类别

类　别	典型航天任务
体力需求为主的任务	航天员进行在轨锻炼、开舱门及舱外活动
脑力需求为主的任务	航天器状态监控、手控交会对接、机械臂舱内遥操作、大部分航天医学试验
体力脑力联合需求任务	舱内物资转运与管理、舱内维修

绩效层：主要基于特性层和行为层的分析数据，从任务绩效和作业负荷两个方面建立评估模型，实现对人-系统整合效能的评估。任务绩效主要与任务相关，对任务的执行时间、效率和完成情况进行综合分析。在作业负荷分析上，体力类任务主要分析关节负荷和肌肉负荷等，脑力类任务主要分析不同脑区的相对负荷情况。

（2）仿真系统框架设计

航天员作业能力模型体系中所提出的模型，其功能、作用和分析的目标各不相同，为实现对于方案阶段的航天器和航天任务的仿真分析，需要基于航天员建模仿真系统的功能、交互模式和运行流程进行分析，建立仿真系统框架，将各类模型、功能和分析流程进行有效的集成。

在仿真系统的框架设计上主要解决以下几个关键问题：

1）功能完善。根据仿真系统的需求和设计目标，系统在功能上要能支持空间飞行中能力特性分析、虚拟航天员定制、典型任务的航天员行为仿真、人-系统整合绩效和工作负荷评估等。因此，系统采用分层、模块化体系结构设计。

2）结构合理。仿真系统的结构设计在满足功能需求的基础上，要根据所建立的模型体系，充分考虑模型的独立性、重用性等，同时，要有利于后续系统拓展。

3）系统的交互性。由于系统所设计的分析层次、专业范围比较宽，在系统的交互性设计上要进行优化设计。利用层次、模块的设计思想对系统参数设置和输入、系统分析中的信息和功能进行组织，根据通用的仿真分析流程和阶段对仿真逻辑过程进行组织。

4）平台兼容性。航天员作业能力仿真系统，由于人体运动学、反向动力学仿真与认知绩效仿真所采用的仿真机制不完全相同，因此在进行系统框架设计时，需要考虑平台的兼容性。

针对上述三个层次模型体系，本文设计了图 5-9 所示的仿真系统逻辑架构。整个仿真系统分为以下四部分：

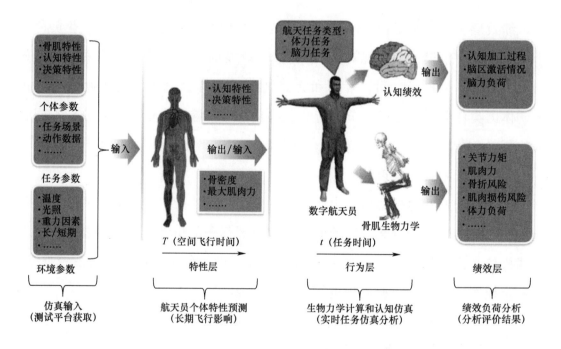

图 5-9　航天员建模仿真系统逻辑架构

① 仿真输入

仿真输入为设计人员提供人-系统整合设计方案的可视化界面。人-系统整合设计方案主要包含以下三类参数：

个体参数，设置人的能力特性参数。

任务参数，设置交互任务，包括交互界面和操作过程等。不同类型的交互任务设置方法不一样，比如以体力需求为主的任务需要设置航天员执行任务过程的运动学数据和外力载荷等，以脑力需求为主的任务则要进行任务分解以及认知建模。

环境参数，比如重力因素、飞行时间等。通过参数化形式可以定制虚拟航天员的人体参数、生物力学特性、认知特性、在轨飞行时间等，反映同一人在不同飞行时间后的不同状态。

②个体能力特性预测

针对航天任务，航天员的能力特性受飞行环境影响（主要是飞行时间），在设定了个体参数后，还需要根据特性变化规律模型以及设定的飞行时间参数，对个体参数进行修正，来表征航天员个体在飞行 N 天后的能力特性。在特性层包含了特性变化规律数据库，可以进行交互、查询和分析。仿真系统需要根据变化规律和飞行时间对仿真输入的特性参数进行换算后再输入行为层。

③生物力学计算和认知仿真

根据输入的参数初始化行为层模型，对航天员执行任务过程进行实时仿真模拟，主要包括认知信息加工过程和操作行为过程。设计人员通过可视化界面可以观察航天员与人机界面的交互过程。

④绩效负荷分析

为设计人员提供分析工具，对行为层的过程参数进行分析，用于指导设计方案的改进优化。

5.3　航天员骨肌系统作业能力的建模与仿真

失重、密闭狭小的空间飞行环境不仅对航天员的心理产生影响，而且还对其生物节律、骨骼重建、肌肉萎缩等生理因素产生重大影响，从而导致航天员作业能力的下降，甚至操作失败。其中，骨丢失和肌肉萎缩可使航天员产生动脉硬化、肾结石、尿路结石、运动力不足，甚至骨折。如何把长期失重环境对航天员运动能力和作业能力的影响可视化，提前预测航天员长期空间飞行中骨肌系统的作业能力，提出并完善对抗作业能力下降的措施，对于航天员长期在轨飞行顺利完成操作任务具有重要意义。目前，国内外专家、学者正在探索基于人体医学图像/冷冻切片和活体实验数据的建模和数值仿真技术，探索长期在轨飞行航天员骨肌系统作业能力预测的理论和方法，并取得了重要成果。

5.3.1　人体几何建模及系统集成技术

人体骨肌系统几何模型是所有人体骨肌系统生物力学相关研究的基础，是一个涵盖很广的科学问题，与其相关的研究近年来方兴未艾，引起世界各国的重视。自 1989 年以来，美国[62,63]、韩国[64,65]和中国相继启动了基于人体冷冻切片的可视人计划。目前，国内共有 11 套虚拟人数据集[66]，其中，南方医科大学有 4 套，第三军医大学有 5 套，上海中医药大学有 2 套。王成焘教授提出的"中国力学虚拟人"几何建模采用了第三军医大学提供的冷冻切片数据集。该数据集标本年龄为 35 岁、男性、身高 170mm、体重 65kg，尸体的冰冻温度为 35℃，切片厚度为 0.1mm，切片数据图像的像素为 3072×2048，为目前世界上精度最高的冷冻切片数据集[67]。

目前，数字化虚拟人的建模不只局限于人体骨肌系统，而是已经开始向虚拟生理人的方向发展。1996 年，美国橡树岭国家实验室开始酝酿虚拟人创新计划，并于 1999 年正式立项，美国生理人研究正式拉开序幕。其主要设想是将可视人计划与人类基因组计划的研究成果结合起来，保持美国在生物学、医学、军事等一系列领域未来 50 年领先。欧盟也启动了虚拟生理人计划（Step 计划），该计划利用美国可视人冷冻切片数据集，旨在建立从蛋白质到细胞、组织、器官、骨肌系统等全面的虚拟人体计算平台。该平台不仅能够模拟动力学问题，还能够模拟人体内的生理过程，因此称为"虚拟生理人"。目前，亨特（Hunter）等人[68,69]已经建立了能够调整参数的个性化虚拟器官模型，同时通过改变这些模型的参数还可以得到大量的病理分析结果。而欧盟启动的 IUPS/EMBS 生理人计划在人体的生理系统建模方面已经进行了许多颇有成效的研究，该计划是由国际生理学学会（IUPS）和美国电气与电子工程师学会医药与生物学分会（EMBS）合作进行的，主要侧重于生理系统、亚细胞信号传导、新陈代谢过程等方面的建模研究。近几十年来，分子生物学、细胞生物学的巨大发展，超级计算机计算速度的不断提高，网络应用的逐渐普及，有限元方法、边界元、离散元等新的工程方法的出现以及 NMR、MRI、CT、超声、MCG 等医学影像技术的发展都促进了虚拟人体的研究。

自 19 世纪末期，德国科学家伦琴发现 X 射线并将其用于医学检查以来，CT、MRI 等新的成像技术和设备不断涌现，能够采用无创的方式得到人体内部结构和器官的影像，从而能更真实客观地了解人体解剖与生理功能状况以及病理变化。CT 包含通用 CT、Micro - CT、牙 - CT 等类型，其中通用 CT 设备已发展到 256 排、0.23mm 空间分辨率、29ms 时间分辨率。然而，目前 CT、MRI 等医学影像设备存在一定的技术限制：CT 图像对硬组织的分辨较好，对软组织的分辨较差；而 MRI 图像对软组织的分辨较好，对硬组织的分辨较差。这些限制使得通过单一 CT 或 MRI 图像不能够完全获得人体骨肌系统生物力学仿真建模所需要的解剖学数据，必须对同一对象用两种不同的手段分别获取影像数据，分别进行处理，然后通过图像配准技术，融合为完整骨肌系统三维模型。

尽管国内已有人体的全身冷冻切片数据，但由于航天员是一个特定群体，在身高和体重上均有要求，因此虚拟航天员的几何模型必须基于符合航天员选拔标准的志愿者医学影像数据建立。

（1）医学图像数据的获取

2011 年，国家 973 计划项目"面向长期空间飞行的航天员作业能力变化规律及机制研究"获批立项，为了预测航天员长期在轨飞行的骨肌系统工作能力，需要建立人体骨肌系统生物力学仿真模型。依据中国航天员身高、体重等参数选拔标准要求选择一名志愿者进行全身 CT 扫描。志愿者年龄 26 岁、男性、171cm、69kg。扫描采用通用 GE _ MEDICAL _ SYSTEM/LightSpeed VCT，550mA，120kV；层厚为 0.625mm，层距为 0mm，图像为 512pixel×512pixel，分辨率为 0.976562mm/pixel，CT 扫描数据以 DICOM 格式的文件输出和存储。

（2）医学图像处理及组织轮廓线提取

医学图像处理是人体骨肌系统建模的基础，包括图像分割、轮廓提取和三维重建等。目前，用于基于 CT 图像组织轮廓提取和三维建模的软件很多，譬如比利时 Materialise 公司的 Mimics、英国 Simpleware Ltd 公司的 Simpleware、美国 Able Software 公司的 3D‑DOCTOR、法国 TGS 公司的 Amira 等均可实现从图像分割到组织器官的三维重建；面和体重建的常用软件包括美国 EDS 公司的 Imageware、美国 Raindrop 公司的 Geomagic Studio、德国 Siemens PLM Software 公司的 UG、美国 PTC 公司的 Pro/E、法国 Dassault Systems 公司的 Solidworks。

虚拟航天员基于 CT 的几何建模，利用"中国力学虚拟人"项目研究团队自行开发的 Medgraphics 软件（登记号：2003SR8134）进行医学图像的组织分割、边界轮廓提取、三维建模及平滑处理等[67,70]。软件操作界面如图 5‑10 所示。利用所采集的志愿者全身 CT 图像数据建立骨骼、皮肤外轮廓三维几何模型，并把模型根据图 5‑11 中的模块定义进行模块化处理，以便用于后续的运动学和动力学分析及应力分析。

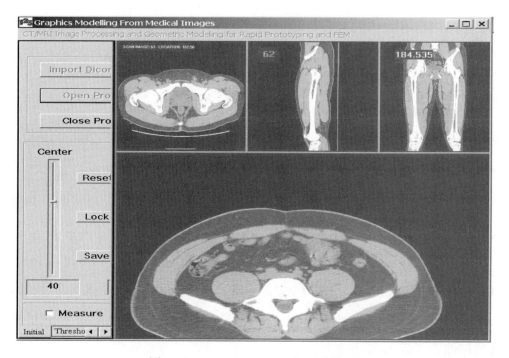

图 5‑10　Medgraphics 的图形界面

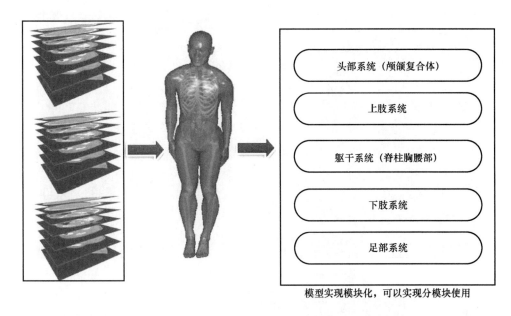

图 5-11 基于 CT 的人体几何模型建立及模块化处理

（3）骨肌系统三维几何仿真模型

建模的原始数据来源于健康志愿者，外表健康正常，因此，组织轮廓提取时同时获取皮肤轮廓曲线，建成人体骨骼-皮肤外轮廓模型，皮肤几何模型的获得及应用可以提高运动学和动力学分析显示模型的逼真度，如图 5-12 所示。

为了在运动学和动力学分析中预测肌肉力，还必须建立肌肉的几何线模型，给出每条肌肉在附着骨骼上的起止点及横截面面积。根据肌肉在骨骼上的附着位置提取肌肉的起止点坐标信息，建立肌肉的直线模型[67]。数字航天员的骨骼肌肉几何模型如图 5-13 所示。在肌肉力预测分析计算中，肌肉线模型的起止点信息、肌肉生理横截面面积、最大肌肉应力等非常重要[71-73]。

5.3.2 航天员运动学和动力学模型的建立及仿真分析

人体骨肌系统数值模型为研究人体生物力学行为特性提供了一个工具，增加了人体生物力学的研究范畴。目前，骨肌系统数值建模普遍的方法是基于骨骼几何模型，用各种具有不同自由度的机械铰链代替关节将其连接，并将肌肉直线几何模型转化为力线模型，通过用多刚体动力学理论进行计算分析，求解

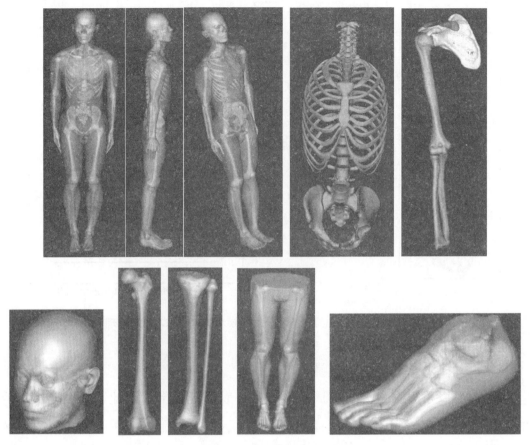

图 5-12　数字航天员几何模型

关节、肌肉与相关软组织中的力学信息。斯坦福大学德尔普（Delp）在 1990
年建立了较完整的下肢骨肌系统模型，包含 7 个自由度和 43 条肌肉单元[74]，
随后又建立了 15 个自由度、50 条肌肉单元的上肢骨肌系统模型[75]。加纳
（Garner）等人[76]建立的人体上肢骨肌系统模型，其骨骼面模型用美国虚拟人
（VHM）男性 CT 数据建成，26 块肌肉被简化成 42 根线单元，用于开展上肢
动力学研究。得克萨斯大学奥斯汀分校安德松和潘迪（Pandy）建立了一个 23
个自由度、54 个肌肉组的下肢模型，分别于 1999 年和 2001 年对垂直跳跃[77]
和正常步态[78]进行了动态分析。2010 年，阿诺德（Arnold）等人[71]在原有 7
个自由度下肢骨肌系统模型的基础上，结合 21 具尸体肌肉形态测量数据，建
立了一个新的下肢骨肌系统模型。1992 年，美国马里兰大学的开普勒
（Kepple）基于他的硕士论文工作开发了 MOVE 3D 软件[79]，这是目前相关研

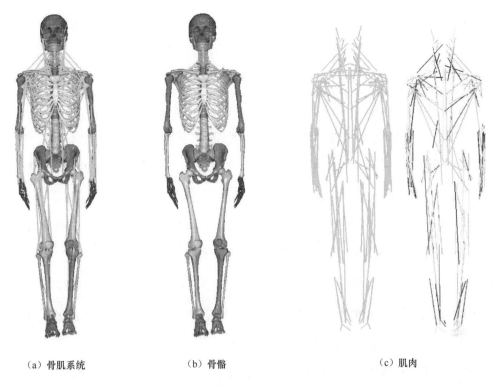

（a）骨肌系统　　　　　　（b）骨骼　　　　　　　　（c）肌肉

图 5 - 13　数字航天员的骨骼肌肉几何模型

究领域应用最为广泛的 C - motion 公司 Visual 3D 运动学和动力学分析软件的前身[80]。1995 年，美国西北大学的德尔普等人[81]报道了所开发的 SIMM 软件，是一款骨肌系统运动学和动力学建模和分析软件，在肌肉力建模和分析计算方面具有一定的优势。2007 年，德尔普等人在斯坦福大学开发了开源软件 OpenSim，用于建立、分析和可视化骨肌系统，目前已广泛应用于行走动力学分析、运动表现研究、手术过程仿真、医疗器械设计等。2015 年，绍尔（Saul）等人[84]基于人体上肢肌肉骨骼模型研究了 SIMM 和 OpenSim 两款软件在肌肉力建模上的技术细节差异对计算结果的影响，指出建模及执行技术细节上的差异对仿真预测结果有影响，应用软件平台进行建模和仿真分析时，须对模型参照标准方法进行验证。丹麦奥尔堡大学的拉斯穆森等人[85]报道了 AnyBody 项目，也就是目前广泛应用于人体骨肌系统建模仿真分析、计算机辅助人类工效学和生物力学分析的 AnyBody 软件，可以分析完整的骨肌系统，计算人体对于环境的生物力学响应，为人机工程学产品性能改进和生物医学工程研究提供一个新颖的平台，是商业化软件中唯一兼具人机工程和生物力学仿真分析的软件[86]。国内对人体骨肌系统建模和运动学及动力学仿真分析的研究起步较晚。2006 年，浙江大学计算机科学与技术学院徐孟[87]建立了面向人机工程仿真分析的人体骨肌系统生物力学模型，共包含 50 块肌肉，其中下肢部分共 24 块；上海交通大学尚鹏博士[88]建立了下肢的骨肌系统模型，考虑了髋部和大腿部共 19 块肌肉，基于实验数据求解出步态中下肢的主要肌肉力，并用于骨骼应力分析；清华大学杨义勇等人[89]建立了 4 刚体 10 个肌肉组的骨肌生物力学模型，用于分析负重深蹲过程中下肢的肌肉力。2010 年，唐刚等人[90]在国家自然科学基金重点项目"力学虚拟人"的资助下建立了人体骨肌系统模型，并开发了力学虚拟人生物力学分析软件，包含人体运动学和动力学分析、肌肉力预测等功能模块。到目前为止，国内还没有适用于航天员失重环境下骨肌系统生物力学分析的模型及仿真分析软件。本节将阐述国家 973 项目"长期空间飞行环境下航天员作业能力变化规律的建模与仿真"（No. 2011CB711005）的骨肌系统建模理论和方法及仿真分析软件开发相关内容。

（1）人体运动测量与建模仿真分析

①人体运动测量技术

对人体步态的测量分析最早可以追溯到亚里士多德时期。1885 年，法国摄影师马雷（Marey）采用连续照相技术，记录了动物和人体运动，成为第一个现代步态分析者[91]。随着计算机技术、电子技术、传感器技术等的飞速发展，出现了各种运动测量设备，如角度计（Goniometers）、速度计（Speedometers）、加速计（Accelerometers）以及运动捕捉（Motion Capture）系统等。

（a）基于摄影的运动捕捉技术

影像解析技术随着人们对运动研究的不断深入而迅猛发展，由初期的胶片、录像带人工解析发展到 20 世纪 80 年代以后的数字摄影和计算机软件解析，运动解析效率大大提高，又由于基于摄像的运动捕捉和分析技术属于非接触运动测量、采集受外界条件制约小、图像采集速度高、对受试者无影响，因此在影视制作、运动竞技、航空航天、风洞实验测试等研究领域的应用非常广泛。

　　二维运动影像分析通常是从一台高速摄影机所拍摄的图像上解析出研究对象人体关节点的二维坐标，由此计算出动作分析所需要的位移、速度、加速度、关节角度、角速度、角加速度等相关运动学参数；三维立体摄影图像分析是采用两台或多台摄影机从不同角度对同一研究对象进行同步拍摄，然后把两台或多台摄影机所拍摄的平面影像数字化，根据所标定的统一坐标系合成影像，进而解析出人体节段刚体的三维运动。目前，国外知名的运动影像解析系统品牌有 SIMI（德国）、APAS（美国）、Peak（美国）、Motion（美国）、NAC（日本），国产品牌有爱捷等。图 5-14 所示为基于 SIMI 系统实时捕捉运动和分析的软件界面。美国 Dynamics 公司 APAS（Ariel Performance Analysis System）和德国 SIMI 公司 SIMI Motion7 是目前国际上使用较多、功能比较全面、能直接面向竞技体育运动服务的两套运动分析系统。近年来，运动影像解析系统已经发展到三维高速影像、三维足底力、足底压力分布和多通道肌电信号同步测量和处理的水平，并实现人体的运动学和动力学等特征在三维空间上的可视化。

图 5-14　基于 SIMI 系统实时捕捉运动和分析的软件界面

目前，运动影像解析系统通常利用二维图像作为三维重构。图 5 - 15 所示三维标定框架是由二维坐标转化为三维坐标的重要辅助工具。框架可由呈发散状的多个球体反光物质组成，数量一般在 16～60 个范围内，中间用杆件连接，用于标定空间各个点的三维坐标。利用平面图像进行三维重构的直接线性变换（Direct Linear Transformation，DLT）[92,93]算法是目前广泛采用的基本算法，由阿卜杜勒–阿齐兹（Abdel - Aziz）于 1971 年提出。该方法具有以下的优点而得到了广泛应用：

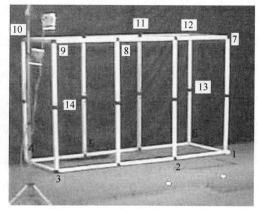

图 5 - 15　摄像机三维坐标系标定框架（图中数字为反光球位置）

1）各相机光轴不需相交。

2）相机位置可任意放置而不需测量。

3）只需两部相机即可获取三维坐标。

4）可使用更多的相机，从而使获取的三维坐标精度更高。

该算法的基本思想为：假设物方坐标 (x, y, z) 与像坐标 (u, v) 间映射关系为含若干待定系数的函数，根据一组已知的 (x, y, z, u, v)，即可求解出映射函数中各待定参数，从而得到 (x, y, z) 与 (u, v) 的映射关系，该步骤为标定。采用多部相机，分别标定得到各自的物像映射函数，根据物方点 (x, y, z) 在各相机的像坐标 (u, v) 及已标定出的物像映射函数即可联立解出物方坐标 (x, y, z)，从而实现重构。

APAS 运动图像解析系统是一套用于精细三维动作分析的系统，由三维 DLT 标定框架、两台高速摄像机（图像采集设备）、一套分析软件 APAS 构成。APAS 三维运动解析系统的操作步骤为：标定框架的连接与架设→摄像机的架设、连接→基于标定框架的坐标系标定→与肌电、测力板、压力分布系统同步设定→运动图像、足底力、肌电、足底压力分布信号采集→APAS 软件分析处理、运动参数计算、结果输出。

由于人的运动复杂而精细，三维重构误差对运动分析的影响引起了许多学者的关注。研究聚焦于 DLT 算法的三维重构误差分析和讨论，如查利斯（Challis）等人[93]讨论了 DLT 算法中标定对三维重构的影响；法比奥·加扎尼（Fabio Gazzani）[94]讨论了 DLT 算法本身引起的误差，并提出了改进的 MDLT 算法和 CESNO 算法。关于运动影像解析系统解析精度的研究，以前主要集中在图像数据采集、图像模数转化、数据平滑、重心测算、速度参数形式等方面[95]，现已由标准化软件完成；现在的研究主要集中在人体关节点的自动识别功能上。由于在运动影像解析系统数字化过程中采用人工打点，打点过程中对于不能看见的关节点采用透视原理，这就会因为不同的工作人员对人体解剖结构和动作结构不同的理解而产生偏差。目前，对影片和录像带上人体运动图像关节点的自动识别研究已取得了初步成功并应用于实践，但这种依靠灰度识别的技术还只能在人体关节点上粘贴明显的标志物来实现。在关节被遮挡的情况下依然依靠人工判读关节点，显然，肉眼判读关节点是制约影像分析的瓶颈和迫切需要解决的问题。此外，标准人体模型并非完全适合各类体育项目，尤其是一些对体形有特殊要求的项目。

（b）可穿戴运动捕捉技术

可穿戴的机械式运动捕捉设备是一种与运动物体相连的机械结构，物体运动带动机械装置运动，状态被传感器实时记录，从而跟踪和测量人体运动轨迹。X - Ist 公司的 Full Body Tracker 运动捕捉系统是一种具有代表性的机械式运动捕捉产品，图 5 - 16 所示为 X - Ist 的 Full Body Tracker 运动捕捉系统与 Face Tracker 脸部追踪动作捕捉系统（可即时传输使用者的面部移动信息），图 5 - 17 所示为 Animazoo 公司的 Gypsy7 Torso 运动捕捉系统。

角度计用来测定关节角位移，在使用时，角度计两端分别和肢体相连，如图 5 - 18 所示。图 5 - 18（a）所示为上海交通大学研发的电位器式角度计，图

5-18（b）所示为差动变电阻式角度计。

图 5-16　X-Ist 的 Full Body
Tracker 运动捕捉系统与 Face
Tracker 脸部追踪动作捕捉系统

图 5-17　Animazoo 公司的 Gypsy7
Torso 运动捕捉系统

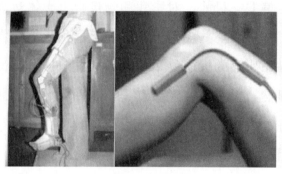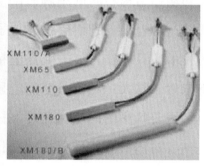

（a）电位器式角度计　　　　　　　　　　（b）差动变电阻式角度计

图 5-18　角度计

　　另外，一种可穿戴式运动捕捉系统是基于惯性运动传感器开发的，代表性产品为 Xsens 公司的 MVN 运动捕捉系统及 MVN Analyze 分析软件。受试者只需穿戴系统提供的紧身衣（见图 5-19），其上装有以微型惯性运动传输传感器和无线传输系统，能够实时捕捉人体 6DoF 的运动，数据通过无线通信直接传导至计算机或者笔记本计算机中，实时记录和查看运动捕捉效果。其优点：操作简单；无须外部照相机和发射器等装置，在测量范围内没有任何局限性

（无线传输范围为 50～150m）；不受视线或者视差限制，便携式装置可以穿在普通衣服下面；安装时间短；高敏感度 MEMS 惯性传感器可以对每个关节动作进行精准的数据捕捉和传输；不受光线、电磁场影响。Measurand 光纤运动捕捉系统（见图 5-20）是基于加拿大 Measurand 公司独立研发的光纤传感技术，结合一些国际上成熟的通用技术（如 WiFi 无线传输、微型传感器等）开发而成。整套系统由传感器带和传感器组成，传感器带固定到身体的四肢上，在身体各关节运动的同时弯曲光纤传感器带中的光纤，传感器通过测量光纤导光率的变化，计算出关节弯曲的角度，从而得到四肢各关节的角度和运动方向等信息。所有的传感器都通过排线连接到数据采集器上，通过排线对传感器供电及数据传输。数据传感器再通过 WiFi 无线局域网，把数据传到计算机上，然后由软件建立出人体的运动模型。其优点：无线，室内传输范围为 25～50m，室外传输范围为 200m，对环境要求低。

图 5-19　Xsens 公司的 MVN 惯性运动捕捉套装

（c）声学式运动捕捉技术

超声波运动捕捉设备由发送器、接收器和处理单元组成。发送器是一个固定的超声波发生器，接收器一般由呈三角形排列的 3 个超声探头组成。将多个发送器固定在人身体的各个部位，发送器持续发出超声波，每个接收器通过测量、计算声波从发送器到接收器的时间或者相位差，系统就可以计算并确定接收器的位置和方向。图 5-21 所示为 Logitech 公司生产的超声波运动捕捉设备。

图 5 - 20　Measurand 光纤运动捕捉系统

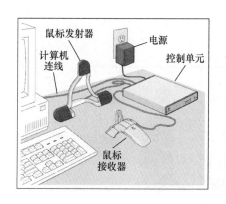

图 5 - 21　Logitech 公司生产的超声波运动捕捉设备

超声波运动捕捉设备的成本较低，但对运动的捕捉有较大延迟和滞后，实时性较差，精度差，声源和接收器间不能有大的遮挡物体，受噪声和多次反射等干扰较大。由于空气中声波的速度与气压、湿度和温度有关，所以还必须在算法中做出相应的补偿。

（d）电磁式运动捕捉技术

电磁式运动捕捉设备是目前比较常用的运动捕捉设备，其主要由磁感应器、磁场发射器、控制器和计算机主机组成。磁场发射器在空间产生按一定时空规律分布的电磁场；磁感应器（通常有 10～20 个）安置在受测对象人体的关键位置，被测对象处于磁场发射器发射的低频磁场中，测量磁场强度信号，通过电缆或无线的方式与数据处理单元相连,再经过控制器与主机的处理,得到被测点的空间三维坐标等参数。目前,这类系统的采样速率一般为15～120次/s(依赖于模型和传感器的数量)。为了消除抖动和干扰,采样速率一般在15Hz以下。对于一些高速运动,如拳击、篮球比赛等,该采样速度不能满足要求。Polhemus公司和Ascension公司均以生产电磁式运动捕捉设备而著称,图5-22所示为Ascension公司的Motion Star Wireless 2运动捕捉系统,图5-23所示为X-IST公司生产的电磁式数据手套。

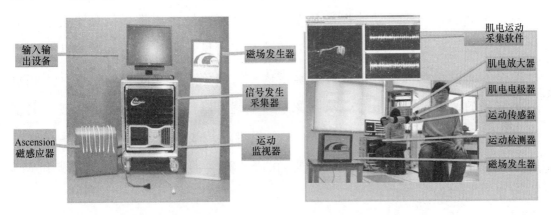

图5-22 Ascension公司的Motion Star Wireless 2运动捕捉系统

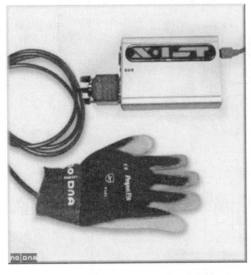

图5-23 X-IST公司生产的电磁式数据手套

电磁式运动捕捉的优点首先在于它记录的是六维信息,即不仅能得到空间位置信息,还能得到方向信息,这一点对某些特殊的应用场合很有价值。其次是速度快，实时性好，表演者表演时，动画系统中的角色模型可以同时反应，便于排演、调整和修改。装置的定标比较简单，技术较成熟，鲁棒性好，成本相对低廉。它的缺点在于对环境要求严格，在表演场地附近不能有金属物品，否则会造成电磁场畸变，影响精度。系统的允许表演范围比光学式要小，特别是电缆对表演者的活动限制比较大，对于比较剧烈的运动和表演则不适用。

（e）带标记点的光学式运动捕捉技术

通过对目标上特定 Marker 点的光学监视和跟踪来完成运动捕捉的任务。目前，常见的光学式运动捕捉设备大多基于计算机视觉原理。从理论上说，对于空间中的一个点，只要它能同时为两部相机所见，则根据同一时刻两部相机所拍摄的图像和相机参数，就可以确定这一时刻该点在空间中的位置。当相机以足够高的速率连续拍摄时，从图像序列中就可以得到该点的运动轨迹。典型的光学式运动捕捉系统通常使用 6～8 个相机环绕表演场地排列，这些相机的视野重叠区域就是表演者的动作范围。图 5-24 为具有 16 个红外摄像头和 MX Link 的 Vicon MX 系统构架。

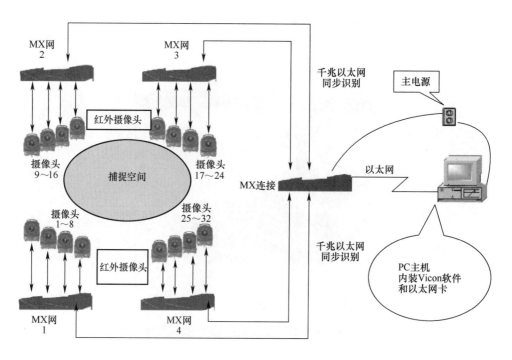

图 5-24　具有 16 个红外摄像头和 MX Link 的 Vicon MX 系统构架

　　光学式运动捕捉根据 Marker 点的捕捉原理主要分为被动式和主动式。图 5 - 25 分别为应用被动式 Marker 点与主动式 Marker 点，捕捉表演者上下楼梯动作。

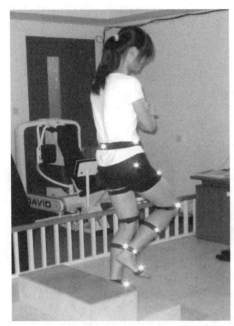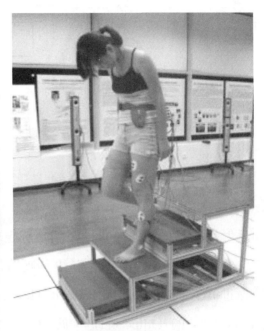

（a）应用被动式Marker点　　　　　　　　　（b）应用主动式Marker点

图 5 - 25　光学式运动捕捉系统采用的光标

　　被动式系统主要由标记反光球（Marker）、视频摄像机、控制器和计算机主机组成。光球表面涂有能够反射红外线的荧粉材料，直径从几毫米到几厘米大小不等。视频摄像机安装有红外线过滤镜头，镜头周围排列一定数量的脉冲红外二极管。红外二极管发射红外光线，视频摄像机通过捕捉被测对象表面标记光球反射的红外光线，记录小球空间位置的影像信息。计算机主机根据不同摄像机记录的同一帧视频信息，计算出小球中心的空间位置坐标。被动式系统的工作流程包括标定、捕捉、图像获取、匹配和跟踪以及后期处理五部分，如图 5 - 26 所示。

　　被动式光学运动捕捉设备的优点是表演者活动范围大，无电缆、机械装置的限制，表演者可以自由地表演，使用很方便。其采样速率较高，可以满足多数高速运动测量的需要。Marker 的价格便宜，便于扩充。被动式光学运动捕

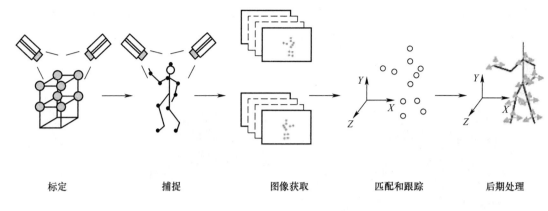

标定　　　　　　捕捉　　　　　图像获取　　　　　匹配和跟踪　　　　后期处理

图 5 - 26　被动式系统的工作流程

捉设备的缺点是系统价格昂贵，虽然它可以捕捉实时运动，但后处理（包括 Marker 的识别、跟踪、空间坐标的计算）的工作量较大，对于表演场地的光照和反射情况有一定的要求，装置定标也较为烦琐。特别是当运动复杂时，不同部位的 Marker 有可能发生混淆、遮挡，产生错误结果，这时需要人工干预后处理过程。代表系统有 Oxford Metrics Limited 公司的 Vicon 系统、瑞典 Qualisys 公司的 Oqus 系统（见图 5 - 27）、美国 Motion Analysis 公司的 Raptor 系统等，这些系统中只有 Qualisys 公司的运动捕捉系统可以用于水下运动测试，在游泳项目及航天员水槽训练评估中均有应用。

图 5 - 27　Qualisys 公司运动捕捉系统及室外和水下数据采集

主动式光学运动捕捉系统由位置传感器、系统控制器、选通脉冲器、主动式 Marker 点（发光二极管）和计算机主机等组成。主动式光学运动捕捉系统所采用的跟踪点是本身可以发光的二极管，它无须辅助发光设施，但是需要能

源供给。它所需要的摄像机本身不需要带有发光的功能，采集中不会产生虚的
Marker 点（噪点），数据处理非常方便，但此类系统有光标数量限制，且采集
频率与光标数量成反比关系，不适合用于高速光标多的场合，且对运动范围和
幅度有限制。代表系统为加拿大 NDI 公司的 Optotrak Certus 系统，如图 5 -
28 所示。该系统最大采样频率为 4600Hz，最大标记点数量为 512 个，最小标
记点直径为 4mm。它是一种适合科学研究的运动捕捉系统，具有精度高
（0.1mmRMS）、易于使用等特点。系统根据红外跟踪的原理实时采集人体三
维/六维运动数据。其工作流程与被动式系统基本相同，但系统无须标定。

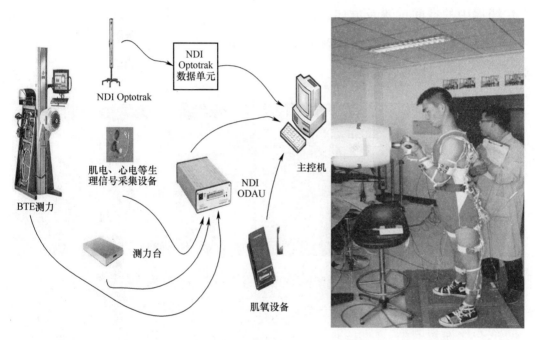

图 5 - 28　NDI 公司的运动捕捉系统及航天员典型动作运动学数据采集

（f）无标记点的光学式运动捕捉技术

无标记点的光学式运动捕捉技术是指不依靠 Marker，而应用图像识别与
分析技术，由视觉系统直接识别表演者身体关键部位并测量其运动轨迹的技
术，该技术主要应用于动画制作等对测量精度要求不高的领域，如美国
Organic Motion 公司提供的 Stage 运动捕捉系统就是一种能和人类一样观察人
体，是世界上第一个不需要穿紧身衣、不需要标记点、不需要校准和数据整理
的运动捕捉系统。在场地为 4m×4m×2.5m 且自带反射布的情况下结合其他

的被动式光学动作捕捉系统，不需要标记点即可完成运动捕捉。Stage由于具有高层次的识别和人工智能，所以能理解移动，而不像现有的运动捕捉系统简单地将"点"连接起来。Stage运动捕捉系统使用多重二维摄像机来跟踪对象，并实时产生精准的生物力学3D模型，每个相机的输出数据都被导入Stage视觉处理器中，绘制出相机的每个像素，并通过看到不同相机捕捉图片相交的地方来对对象的坐标进行测量。Stage的视觉处理器高速运转，并以高帧频输出高精度的实时跟踪数据。通过角色校准，系统即时创建3D角色网格模型，且模型具有21根骨骼，每个骨骼都有6个自由度，并且通过系统校准确定摄像机在场地中的空间位置及方向。最后输出的是捕捉对象完整的三维模型，包括表面网格几何图形、表面纹理和精确到毫米的三维骨架运动数据，如图5-29所示。

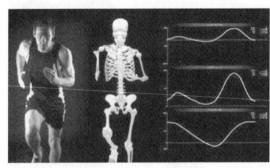

图5-29 美国Organic Motion公司的Stage运动捕捉系统

②人体运动测量

运动测量是采用运动测量设备准确测量运动物体在三维空间的运动状况，然后使用计算机对测量的数据进行处理，得到描述被测对象的运动参数。

（a）运动学实验模型的建立及运动测量

当前，主流的运动捕捉系统仍然是依靠Marker点作为识别标志的光学运动捕捉系统。通过使用该运动捕捉系统，可以捕捉到粘贴于被测者或表演者体表的Marker点的随时间变化的坐标，即Marker点的空间运动轨迹。其后需要对原始数据进行包括Marker点识别、去除杂点、插值处理、滤波和平滑、一阶/二阶平滑等数据处理过程得到可用数据[96]。采用不同的运动捕捉系统需要进行的数据处理步骤也不相同。

由于人体运动学参数分析模型是基于运动学测试实验的模型建立的，因此不同的运动捕捉系统，其实验模型基本都是参考人体骨骼解剖学结构和依据 ISB 关节坐标定义建立的[97-99]。表 5 - 2 所示为图 5 - 30 中解剖标志点及骨骼节段刚体对应的名称，后续运动学测量实验和仿真分析模型建立、运动学仿真分析软件开发均基于表 5 - 2 对刚体及解剖标志点的解释。图 5 - 30 所示为航天员典型动作运动学测量的实验模型设计，包含全身 14 个刚体（每个刚体 4 个 Marker 点）、30 个基于解剖标志点的虚拟 Marker 点。

表 5 - 2　标志点刚体与人体解剖特征点的对应关系

骨骼刚体编号	骨骼名称	骨骼刚体名称	解剖标志点	解剖标志点解剖学位置
1	右前臂	RFA	RLW	右桡骨茎突
			RMW	右尺骨茎突
2	左前臂	LFA	LLW	左桡骨茎突
			LMW	左尺骨茎突
3	右手	RHD	RLH	右手第一掌骨近端外侧点
			RMH	右手第五掌骨近端内侧点
4	左手	LHD	LLH	左手第一掌骨近端外侧点
			LMH	左手第五掌骨近端内侧点
5	右上臂	RUA	RLE	右肱骨外上髁
			RME	右肱骨内上髁
6	左上臂	LUA	LLE	左肱骨外上髁
			LME	左肱骨内上髁
7	右小腿	RSH	RLA	右腓骨外髁
			RMA	右胫骨内髁
8	左小腿	LSH	LLA	左腓骨外髁
			LMA	左胫骨内髁
9	右足	RFT	RLF	右足第五跖骨近端外侧
			RMF	右足第一跖骨近端内侧

骨骼刚体编号	骨骼名称	骨骼刚体名称	解剖标志点	解剖标志点解剖学位置
10	左足	LFT	LLF	左足第五跖骨近端外侧
			LMF	左足第一跖骨近端内侧
11	右大腿	RTH	RGT	右侧股骨大转子
			RLK	右股骨外上髁
			RMK	右股骨内上髁
12	左大腿	LTH	LGT	左侧股骨大转子
			LLK	左股骨外上髁
			LMK	左股骨内上髁
13	头骨	HED	RHE	头骨最右侧点
			LHE	头骨最左侧点
14	胸骨	THO	RAC	右肩峰最高点
			LAC	左肩峰最高点
15	骨盆	PLV	RAS	右髂前上棘
			LAS	左髂前上棘

（b）人体运动学实验测量和分析内容

人体的运动除空间的三维位移以外，各关节还伴随着伸/曲、内旋/外旋、内收/外展三种旋转运动。人体运动参数是人体生物力学仿真分析的重要数据，其基本参数可通过测量获得。

运动学参数包括时间参数、空间参数和时空参数。

Ⅰ.时间参数

时间参数是指描述运动何时发生，整个运动所消耗的时间或循环运动的周期。时间特征包括时刻和时间两个量。

1）时刻：人体运动过程中，人体或器械空间位置的时间量度，是时间上的一个点，它用于运动的开始、结束和运动过程中许多重要位相的瞬时。例如，对于正常步态周期，特征时刻分为：首次着地；负荷反应期（承重期）——双支撑期；站立中期；站立末期；迈步前期——双支撑期；迈步初

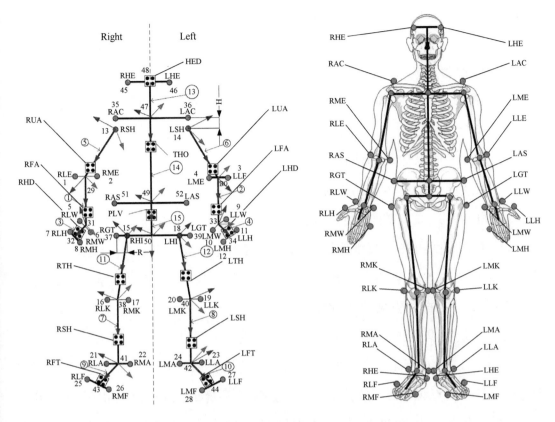

图 5-30　人体骨骼解剖标志点及运动学测量

期；迈步中期；迈步末期。

2）时间：是运动结束时刻与开始时刻的差值，运动持续时间是运动始末两个时刻之间的时间间隔，例如一个完整步态周期的时间。

Ⅱ. 空间参数

空间参数是指描述人体运动中的空间位置及运动范围。

1）质点坐标：质点的坐标值，较多采用直角坐标系坐标值 (x, y, z)。通常把粘着于人体上的标志点、人体或器械的重心点看作质点。

2）轨迹：即质点运动的路径，是坐标空间内质点位置的连线。

3）路程：指质点从一个位置移到另一个位置的实际运动轨迹长度。

4）位移：指质点运动的起始点到终止点的直线距离。它是一个矢量，既有大小，又有方向，严格地表明人体在某方向上位置的变化情况。

5）角位移：在人体运动过程中，关节或刚体起始位到终止位的角度变化。

例如髋关节在 3 个坐标平面中的内外展、内外旋、伸/曲角位移 θ_{xy}、θ_{yz}、θ_{xz}。

Ⅲ. 时空参数

时空参数是描述人体运动时空间位置变化与时间历程的关系，表现出人体运动中的时空特征。

1）速度：质点运动的线速度（$\dot{x}$，$\dot{y}$，$\dot{z}$）。

2）加速度：质点运动的线加速度（$\ddot{x}$，$\ddot{y}$，$\ddot{z}$）。

3）角速度：关节或刚体回转角速度（ω_{xy}、ω_{yz}、ω_{xz}）。

4）角加速度：关节或刚体回转角加速度（α_{xy}、α_{yz}、α_{xz}）。

要完整描述人体某部位的运动，一般需要上述 18 个参数变量，它们可以通过直接或间接的方法测量或计算得到。

（c）测量数据的预处理

1）Marker 点识别：采用主动式光学运动捕捉系统进行运动捕捉时，不需要进行 Marker 点识别。主动式光学运动捕捉系统 Marker 点是由发光二极管制成的，Marker 点通过有线或者无线的方式与运动捕捉系统连接，每个 Marker 点在系统中均存在其默认的或事先定义具有解剖学意义的名称，因此主动式光学运动捕捉系统进行运动捕捉时，不需要进行 Marker 点识别，只需在测量前或者测量后对相应的 Marker 点进行定义即可。

而被动式光学运动捕捉系统的 Marker 点，是不同直径的表面涂有能够反射红外线的荧粉材料的反光球。视频摄像机通过捕捉粘贴于被测者表面反光球反射的红外光线，记录反光球空间位置的影像信息，主机根据不同摄像机记录的同一帧视频信息，计算出小球中心的空间位置坐标，由主机识别反光球并进行默认数字排序命名。然而，由于被测对象运动导致粘贴于被测者不同肢体表面的反光球位置变化，两个空间位置接近的反光球可能会识别错误。因此，首先要对捕捉到的 Marker 点进行具有解剖学意义的命名，其次需要对 Marker 点识别错误的错误帧进行人工识别并重新命名。

2）去除杂点：主动式光学运动捕捉系统 Marker 点由有源的发光二极管制成，可发出固定波段的红外光，信号强，基本不会产生杂点。

而被动式光学运动捕捉系统的 Marker 点，是由能够反射红外线的反光球制成的。视频摄像机通过捕捉反光球反射的红外光线识别 Marker 点。然而有些情况下，测试环境或工作人员的一些物品也会反射脉冲红外二极管发射的红外光线，被视频摄像机捕捉识别形成杂点，因此在数据处理过程中，需要人工判断并删除由环境引起的杂点。

3）插值：采用主动式或被动式运动捕捉系统捕捉被测者行为运动时，由于人体的肢体运动经常会导致部分 Marker 点在某时刻被遮挡而无法被捕捉，导致个别 Marker 点在部分帧的坐标数据缺失，例如在进行步态运动捕捉时，当小臂摆动经过身侧时有可能会遮挡粘贴于股骨大转子处的 Marker 点。因此，当 Marker 点坐标数据缺失时，需要对 Marker 点数据进行插值处理以补充缺失的数据。

4）滤波：对原始数据进行低通、带通或高通滤波处理，滤除不需要的指定频率干扰信号。

5）平滑处理：因为人体运动频率相对较低，肢体的位移、速度、加速度或角位移、角速度、角加速度相对平滑，所以需要对测量数据进行平滑处理，包括一阶、二阶平滑处理。

③人体骨肌系统运动学计算分析理论

运动捕捉系统采集到的运动原始数据为粘贴于被测者或表演者体表的 Marker 点，或基于运动跟踪刚体的虚拟 Marker 点随时间变化的三维坐标变化曲线，即 Marker 点的空间运动轨迹，经过数据处理获得可用的 Marker 点随时间变化的坐标变化曲线。要想获得人体各运动骨段的质心运动轨迹、位移、速度、加速度和各关节的角位移、角速度、角加速度等运动学参数，需要基于被测者或表演者个性化人体测量学参数和人体关节特征点构建基于关节坐标系的人体棍棒模型（见图 5－30），进而根据运动学分析理论求解运动学参数。

（a）关节坐标系及相关术语的定义

关节坐标系是人体各关节的局部坐标系，是求解人体运动学和动力学参数的重要参考坐标系。根据国际生物力学学会（ISB）的推荐，以人体右上肢和右下肢为例，参照图 5－30 和图 5－31，对各关节坐标系进行以下定义：

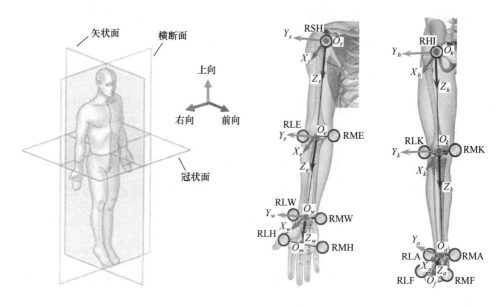

图 5-31　人体坐标平面定义及关节坐标系

Ⅰ. 肩关节坐标系——$X_s Y_s Z_s$

O_s→坐标原点，与肩关节中心 SH（根据 AC 确定[100]）重合；

Z_s→SH 与 O_e（LE 与 ME 连线的中点）的连线，方向指向 O_e；

X_s→由 LE、ME 和 RSH 三点构成的平面的法线，方向指向前向；

Y_s→Z_s 轴和 X_s 轴构成的平面的法线，方向指向右向；

上臂轴线→SH 与 O_e 的连线，即 Z_s 轴；

上臂长度→SH 与 O_e 的距离。

Ⅱ. 肘关节坐标系——$X_e Y_e Z_e$

O_e→坐标原点，与 LE 与 ME 连线的中点重合；

Z_e→O_e 与 O_w（LW 与 MW 连线的中点）的连线，方向指向 O_w；

X_e→由 LW、MW 和 O_e 三点构成的平面的法线，方向指向前向；

Y_e→Z_e 轴和 X_e 轴构成的平面的法线，方向指向右向；

前臂轴线→O_e 与 O_w 的连线，即 Z_e 轴；

前臂长度→O_e 与 O_w 的距离。

Ⅲ. 腕关节坐标系——$X_w Y_w Z_w$

O_w→坐标原点，与 LW 和 MW 连线的中点重合；

Z_w→O_w 与 O_m（LH 和 MH 连线的中点）的连线，方向指向 O_m；

X_w→由 LH、MH 和 O_w 三点构成的平面的法线，方向指向前向；

Y_w→由 Z_w 轴和 X_w 轴构成的平面的法线，方向指向右向；

手轴线→O_w 与 O_m 的连线，即 Z_w 轴；

手长度→O_w 与 O_m 的距离。

Ⅳ. 髋关节坐标系——$X_h Y_h Z_h$

O_h→坐标原点，与髋关节转动中心点 HI（根据股骨大转子 GT 确定[101]）重合；

Z_h→HI 与 O_k（LK 与 MK 连线的中点）的连线，方向指向 O_k；

X_h→由 LK、MK 和 HI 三点构成的平面的法线，方向指向前向；

Y_h→Z_h 轴和 X_h 轴构成的平面的法线，方向指向右向；

股轴线→HI 与 O_k 的连线，即 Z_h 轴；

股长度→HI 与 O_k 的距离。

Ⅴ. 膝关节坐标系——$X_k Y_k Z_k$

O_k→坐标原点，与 LK 与 MK 连线的中点重合；

Z_k→O_k 与 O_a（LA 与 MA 连线的中点）的连线，方向指向 O_a；

X_k→由 LA、MA 和 O_k 三点构成的平面的法线，方向指向前向；

Y_k→Z_k 轴和 X_k 轴构成的平面的法线，方向指向右向；

小腿轴线→O_k 与 O_a 的连线，即 Z_k 轴；

小腿长度→O_k 与 O_a 的距离。

Ⅵ. 踝关节坐标系——$X_a Y_a Z_a$

O_a→坐标原点，与 LA 和 MA 连线的中点重合；

Z_a→O_a 与 O_f（LF 和 MF 连线的中点）的连线，方向指向 O_f；

X_a→由 LF、MF 和 O_a 三点构成的平面的法线，方向指向前向；

Y_a→由 Z_a 轴和 X_a 轴构成的平面的法线，方向指向右向；

足轴线→O_a 与 O_f 的连线，即 Z_a 轴；

足长度→O_a 与 O_f 的距离。

（b）运动学参数计算

目前，常用的运动学、动力学计算方法都是基于已知体段上某些特征点处于空间一些静态位置下所构成的相关关节角度。在运动分析中，采用这种方法就需要获得运动过程中，所有刚体间的关节夹角，而且需要从始端刚体运动参数外推到末端刚体运动参数。随着运动捕捉技术的发展[96]，我们可以获得人体各体段运动过程中的瞬时空间状态。于是，应用这些数据建立新的计算身体各体段运动过程中的速度、角速度、加速度、角加速度等运动学参数的方法成为必然。

在计算运动学参数前，首先根据关节中心和解剖学标志点定义人体局部坐标系。关节角定义为形成关节的相连两部分局部坐标系间的相对转动。如图 5 - 32 所示，关节坐标系 $X^iY^iZ^i$、$X^{i+1}Y^{i+1}Z^{i+1}$ 和 $X^{i+2}Y^{i+2}Z^{i+2}$ 分别为空间运动刚体在连续时刻 t_i、t_{i+1} 和 t_{i+2} 时在世界坐标系 XYZ 下所处的空间位置。$O^i(x_0^i,$ $y_0^i,$ $z_0^i)$、$O^{i+1}(x_0^{i+1},$ $y_0^{i+1},$ $z_0^{i+1})$ 和 $O^{i+2}(x_0^{i+2},$ $y_0^{i+2},$ $z_0^{i+2})$ 分别为关节坐标系 $X^iY^iZ^i$、$X^{i+1}Y^{i+1}Z^{i+1}$ 和 $X^{i+2}Y^{i+2}Z^{i+2}$ 坐标原点在世界坐标系 XYZ 下的坐标。分别描述关节坐标系 $X^iY^iZ^i$、$X^{i+1}Y^{i+1}Z^{i+1}$ 和 $X^{i+2}Y^{i+2}Z^{i+2}$ 的单位向量 $[v_x^i,$ $v_y^i, v_z^i]$、$[v_x^{i+1}, v_y^{i+1}, v_z^{i+1}]$ 和 $[v_x^{i+2}, v_y^{i+2}, v_z^{i+2}]$ 为世界坐标系 XYZ 下的空间向量。

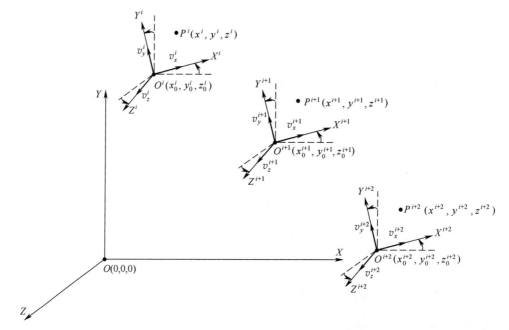

图 5 - 32　关节坐标系空间 3 个连续的瞬时状态

关节坐标系 $X^iY^iZ^i$ 原点 $O^i(x_0^i,\ y_0^i,\ z_0^i)$ 相对世界坐标系其单位坐标矢量为 $\boldsymbol{v}_x^i=(v_{x1}^i,\ v_{x2}^i,\ v_{x3}^i)$，$\boldsymbol{v}_y^i=(v_{y1}^i,\ v_{y2}^i,\ v_{y3}^i)$，$\boldsymbol{v}_z^i=(v_{z1}^i,\ v_{z2}^i,\ v_{z3}^i)$。

将世界坐标系 XYZ 下的坐标值转换成局部坐标系 $X^iY^iZ^i$ 的坐标值可由以下两步完成：

首先，平移世界坐标系 XYZ，使其原点 O^i 与局部坐标系 $X^iY^iZ^i$ 的原点 $O^i(x_0^i,\ y_0^i,\ z_0^i)$ 重合，平移矩阵为

$$\boldsymbol{T}^i=\begin{bmatrix} 1 & 0 & 0 & 0 \\ 0 & 1 & 0 & 0 \\ 0 & 0 & 1 & 0 \\ -x_0^i & -y_0^i & -z_0^i & 1 \end{bmatrix} \tag{5-1}$$

其次，利用单位坐标向量构建坐标旋转矩阵，进行一些旋转变换，使世界坐标系与局部坐标系的坐标轴重叠，旋转矩阵为

$$\boldsymbol{R}^i=\begin{bmatrix} v_{x1}^i & v_{y1}^i & v_{z1}^i & 0 \\ v_{x2}^i & v_{y2}^i & v_{z2}^i & 0 \\ v_{x3}^i & v_{y3}^i & v_{z3}^i & 0 \\ 0 & 0 & 0 & 1 \end{bmatrix} \tag{5-2}$$

综合以上两步，从 XYZ 到 $X^iY^iZ^i$ 的坐标变换矩阵为 $\boldsymbol{T}\cdot\boldsymbol{R}$，即坐标变换公式为

$$\begin{cases} (x^i,\ y^i,\ z^i,\ 1)=(x_i,\ y_i,\ z_i,\ 1)\boldsymbol{T}^i\boldsymbol{R}^i \\ (x^{i+1},\ y^{i+1},\ z^{i+1},\ 1)=(x_{i+1},\ y_{i+1},\ z_{i+1},\ 1)\boldsymbol{T}^{i+1}\boldsymbol{R}^{i+1} \\ (x^{i+2},\ y^{i+2},\ z^{i+2},\ 1)=(x_{i+2},\ y_{i+2},\ z_{i+2},\ 1)\boldsymbol{T}^{i+2}\boldsymbol{R}^{i+2} \end{cases} \tag{5-3}$$

$$\begin{cases} (x^i,\ y^i,\ z^i,\ 1)=(x^{i+1},\ y^{i+1},\ z^{i+1},\ 1)=(x^{i+2},\ y^{i+2},\ z^{i+2},\ 1) \\ (x_i,\ y_i,\ z_i,\ 1)\boldsymbol{T}^i\boldsymbol{R}^i=(x_{i+1},\ y_{i+1},\ z_{i+1},\ 1)\boldsymbol{T}^{i+1}\boldsymbol{R}^{i+1} \\ (x_{i+1},\ y_{i+1},\ z_{i+1},\ 1)=(x_i,\ y,\ z_i,\ 1)(\boldsymbol{T}^{i+2})^{-1}\boldsymbol{T}^i\boldsymbol{R}^i(\boldsymbol{R}^{i+1})^{-1} \end{cases}$$

$$\tag{5-4}$$

则从 $X^iY^iZ^i$ 到 $X^{i+1}Y^{i+1}Z^{i+1}$ 的平移矩阵为 $(\boldsymbol{T}^{i+2})^{-1}\boldsymbol{T}^i$，旋转矩阵为 $\boldsymbol{R}^i(\boldsymbol{R}^{i+1})^{-1}$。

理论上，两坐标系间的旋转变换可按照 12 种不同顺序进行，运动生物力学上常用的是 Cardan 顺序[96]，即 $x-y-z$。关节角运动的标准解剖学定义规定，屈曲/伸展是发生在矢状面内的运动，内收/外展是逼近/远离矢状面的运动，轴转动是人体某部分绕纵轴的转动[102]。Cardan 旋转变换代表屈曲/伸展-内收/外展-轴转动的顺序，所以我们将旋转矩阵用刚体的旋转角 α、β 和 γ 表示，可得旋转变换矩阵规律

对于单位矩阵，则

$$
\begin{array}{c}
\quad x \quad y \quad z \\
\begin{array}{c} x \\ y \\ z \\ \ \end{array}
\begin{bmatrix}
1 & 0 & 0 & 0 \\
0 & 1 & 0 & 0 \\
0 & 0 & 1 & 0 \\
0 & 0 & 0 & 1
\end{bmatrix}
\end{array}
\tag{5-5}
$$

绕哪个坐标轴旋转，则该轴坐标的一列元素不变。按照二维图形变换的情况，将其旋转矩阵 $\begin{pmatrix} \cos\theta & \sin\theta \\ -\sin\theta & \cos\theta \end{pmatrix}$ 中的元素填入相应的位置中，即

1）绕 x 轴正向旋转 α 角，旋转后点的 x 坐标值不变，y、z 坐标的变化相当于在 yoz 平面内进行正 α 角旋转，于是

$$
(x' \quad y' \quad z' \quad 1) = (x \quad y \quad z \quad 1)
\begin{bmatrix}
1 & 0 & 0 & 0 \\
0 & \cos\theta & \sin\theta & 0 \\
0 & -\sin\theta & \cos\theta & 0 \\
0 & 0 & 0 & 1
\end{bmatrix}
$$

$$
\boldsymbol{R}_x^i =
\begin{bmatrix}
1 & 0 & 0 & 0 \\
0 & \cos\theta & \sin\theta & 0 \\
0 & -\sin\theta & \cos\theta & 0 \\
0 & 0 & 0 & 1
\end{bmatrix}
\tag{5-6}
$$

2）绕 y 轴正向旋转 β 角，旋转后点的 y 坐标值不变，z、x 坐标的变化相当于在 zox 平面内进行正 β 角旋转，于是

$$(x'\quad y'\quad z'\quad 1)=(x\quad y\quad z\quad 1)\begin{bmatrix} \cos\beta & 0 & -\sin\beta & 0 \\ 0 & 1 & 0 & 0 \\ \sin\beta & 0 & \cos\beta & 0 \\ 0 & 0 & 0 & 1 \end{bmatrix}$$

$$\boldsymbol{R}_y^i=\begin{bmatrix} \cos\beta & 0 & -\sin\beta & 0 \\ 0 & 1 & 0 & 0 \\ \sin\beta & 0 & \cos\beta & 0 \\ 0 & 0 & 0 & 1 \end{bmatrix} \qquad (5-7)$$

3）绕 z 轴正向旋转 γ 角，旋转后点的 z 坐标值不变，x、y 坐标的变化相当于在 xoy 平面内进行正 γ 角旋转，于是

$$(x'\quad y'\quad z'\quad 1)=(x\quad y\quad z\quad 1)\begin{bmatrix} \cos\gamma & 0 & \sin\gamma & 0 \\ -\sin\gamma & 1 & \cos\gamma & 0 \\ 0 & 0 & 1 & 0 \\ 0 & 0 & 0 & 1 \end{bmatrix}$$

$$\boldsymbol{R}_z^i=\begin{bmatrix} \cos\gamma & \sin\gamma & 0 & 0 \\ -\sin\gamma & \cos\gamma & 0 & 0 \\ 0 & 0 & 1 & 0 \\ 0 & 0 & 0 & 1 \end{bmatrix} \qquad (5-8)$$

综上

$$\boldsymbol{R}^i=\boldsymbol{R}_x^i\boldsymbol{R}_y^i\boldsymbol{R}_z^i$$

$$=\begin{bmatrix} 1 & 0 & 0 & 0 \\ 0 & \cos\theta & \sin\theta & 0 \\ 0 & -\sin\theta & \cos\theta & 0 \\ 0 & 0 & 0 & 1 \end{bmatrix}\begin{bmatrix} \cos\gamma & 0 & -\sin\gamma & 0 \\ 0 & 1 & 0 & 0 \\ \sin\beta & 0 & \cos\beta & 0 \\ 0 & 0 & 0 & 1 \end{bmatrix}\begin{bmatrix} \cos\gamma & \sin\gamma & 0 & 0 \\ -\sin\gamma & \cos\gamma & 0 & 0 \\ 0 & 0 & 1 & 0 \\ 0 & 0 & 0 & 1 \end{bmatrix}$$

$$(5-9)$$

对于任意的 $(x'\quad y'\quad z')$ 及对应的 $(x\quad y\quad z)$ 有以下关系式

$$(x'\quad y'\quad z'\quad 1)=(x\quad y\quad z\quad 1)$$

$$
=\begin{bmatrix} 1 & 0 & 0 & 0 \\ 0 & \cos\theta & \sin\theta & 0 \\ 0 & -\sin\theta & \cos\theta & 0 \\ 0 & 0 & 0 & 1 \end{bmatrix}\begin{bmatrix} \cos\beta & 0 & -\sin\beta & 0 \\ 0 & 1 & 0 & 0 \\ \sin\beta & 0 & \cos\beta & 0 \\ 0 & 0 & 0 & 1 \end{bmatrix}\begin{bmatrix} \cos\gamma & \sin\gamma & 0 & 0 \\ -\sin\gamma & \cos\gamma & 0 & 0 \\ 0 & 0 & 1 & 0 \\ 0 & 0 & 0 & 1 \end{bmatrix}
$$

$$(5-10)$$

联合构建方程

$$
(x\ y\ z\ 1)=\begin{bmatrix} 1 & 0 & 0 & 0 \\ 0 & \cos\theta & \sin\theta & 0 \\ 0 & -\sin\theta & \cos\theta & 0 \\ 0 & 0 & 0 & 1 \end{bmatrix}\begin{bmatrix} \cos\beta & 0 & -\sin\beta & 0 \\ 0 & 1 & 0 & 0 \\ \sin\beta & 0 & \cos\beta & 0 \\ 0 & 0 & 0 & 1 \end{bmatrix}\begin{bmatrix} \cos\gamma & \sin\gamma & 0 & 0 \\ -\sin\gamma & \cos\gamma & 0 & 0 \\ 0 & 0 & 1 & 0 \\ 0 & 0 & 0 & 1 \end{bmatrix}-
$$

$$
(x\quad y\quad z\quad 1)\begin{bmatrix} v_{x1}^i & v_{y1}^i & v_{z1}^i & 0 \\ v_{x2}^i & v_{y2}^i & v_{z2}^i & 0 \\ v_{x3}^i & v_{y3}^i & v_{z3}^i & 0 \\ 0 & 0 & 0 & 1 \end{bmatrix}
$$

$$(5-11)$$

取任意 $(x\quad y\quad z)$，可以获得刚体的旋转角度 α、β 和 γ 的值。

由平移矩阵式（5-1），可求得刚体质心的瞬时位移为

$$
ds^i=(x_0^{i+1}-x_0^i,\ y_0^{i+1}-y_0^i,\ z_0^{i+1}-z_0^i)
$$

$$
ds^{i+1}=(x_0^{i+2}-x_0^{i+1},\ y_0^{i+2}-y_0^{i+1},\ z_0^{i+2}-z_0^{i+1}) \qquad (5-12)
$$

由式（5-12）可获得刚体质心运动的瞬时速度为

$$
v^i=\frac{ds^i}{dt},\ v^{i+1}=\frac{ds^{i+1}}{dt} \qquad (5-13)
$$

同理，根据所求得的刚体旋转角 α、β 和 γ 值，可以计算刚体质心的瞬间角位移为

$$
d\theta^i=(\alpha^{i+1}-\alpha^i,\ \beta^{i+1}-\beta^i,\ \gamma^{i+1}-\gamma^i)
$$

$$
d\theta^{i+1}=(\alpha^{i+2}-\alpha^{i+1},\ \beta^{i+2}-\beta^{i+1},\ \gamma^{i+2}-\gamma^{i+1}) \qquad (5-14)
$$

从而由式（5-14）可获得刚体质心运动的瞬时角速度为

$$\omega^i = \frac{\mathrm{d}\theta^i}{\mathrm{d}t}, \ \omega^{i+1} = \frac{\mathrm{d}\theta^{i+1}}{\mathrm{d}t} \tag{5-15}$$

综上，由式（5-13）可获得刚体质心加速度为

$$a^i = \frac{v^{i+1} - v^i}{\mathrm{d}t} \tag{5-16}$$

由式（5-15）可获得刚体质心角加速度为

$$\eta^i = \frac{\omega^{i+1} - \omega^i}{\mathrm{d}t} \tag{5-17}$$

（c）人体运动学仿真分析软件

目前，常用的运动学分析软件主要有 Visual 3D、SIMM、AnyBody 及王成焘教授课题组开发的 CMVHuman_kinematics 等，其中 Visual 3D 的应用最为广泛。

Ⅰ. Visual 3D 运动分析软件

Visual 3D 运动分析软件是由 C-Motion 公司开发的三维步态/体态分析软件，与 NDI 公司的 Optotrak CertusTM 运动捕捉系统具有非常好的兼容性。Visual 3D 软件提供运动学、动力学（反向动力学）计算，用于三维运动捕捉数据的人体生物力学分析。分析软件可接收通过高速摄像采集系统、测力台和表面肌电系统采集到的数据，并可同时显示视频影像。软件中有一个独立的模块，用来进行人体模型构建。在无法使用标准人体模型的情况下（如病人佩戴上假肢或矫形装置，又或者由于创伤敷裹而影响标志点的置放），建模模块便可以为这一类病人设计一个特殊适用的人体模型。软件中有灵活的模型创建和在 6 个自由度上的定义划分功能，这主要是针对假肢矫形的步态分析。该软件在 C3D 格式下的标准输入文件是可读写的，而且可以输入和输出 ASCII 码文件和 Matlab 的 .mat 文件。图 5-33 所示为 Visual 3D 工作空间、组成和外部文件。

利用 Visual 3D 分析运动捕捉数据有 6 个基本步骤：构建研究模型，定义 Marker 点与模型连接；连运动数据与所建的模型；信号与事件处理；定义基于模型的生物力学计算，例如目标运动的位移、速度、加速度、角位移、角速度、角加速度等；生成需要的运动学、动力学报告；如需要，输出数据进行统

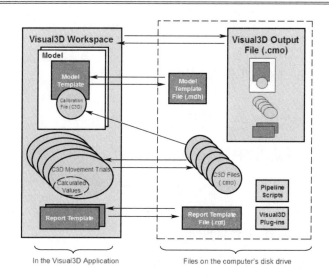

图 5 - 33　Visual 3D 工作空间、组成和外部文件

计学分析。图 5 - 34 所示为 Visual 3D 各个功能界面。

Ⅱ. CMVHuman＿kinematics 运动分析软件

CMVHuman＿kinematics 运动分析软件基于 NDI 或其他运动捕捉系统采

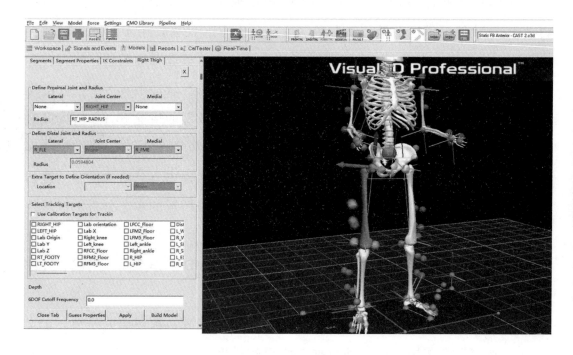

(a) 构建模型

图 5 - 34　Visual 3D 各个功能界面

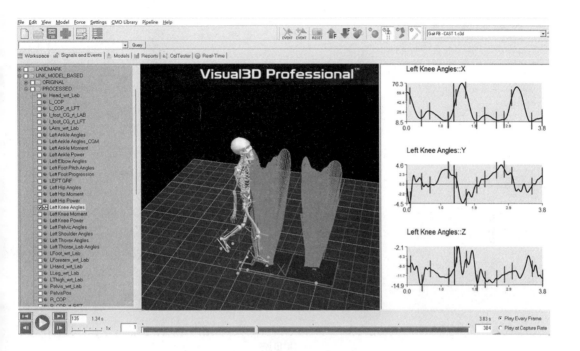

（b）数据处理

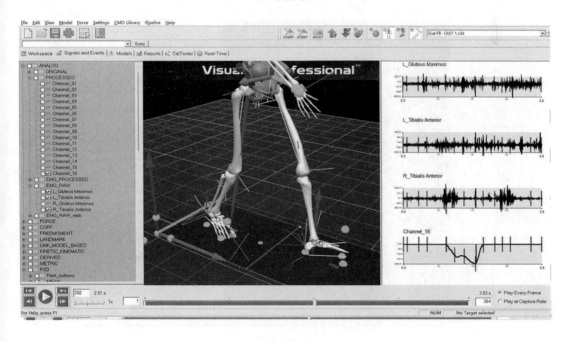

（c）模拟信号处理

图 5 - 34　Visual 3D 各个功能界面（续）

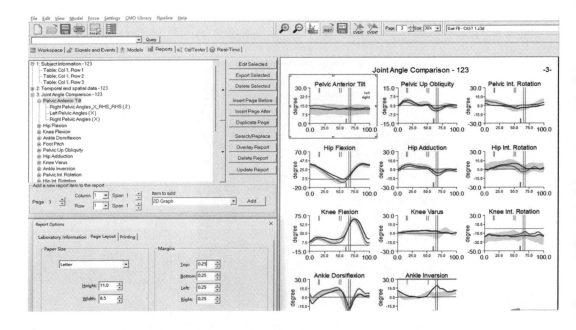

（d）输出报告

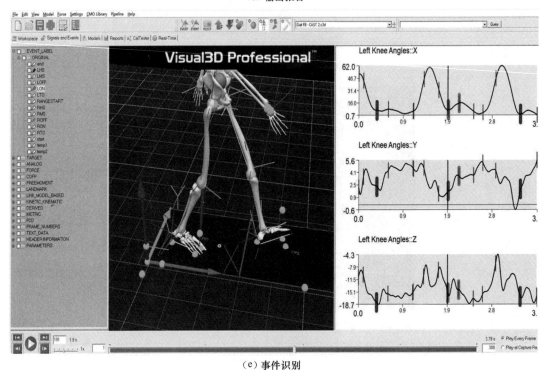

（e）事件识别

图 5 - 34　Visual 3D 各个功能界面（续）

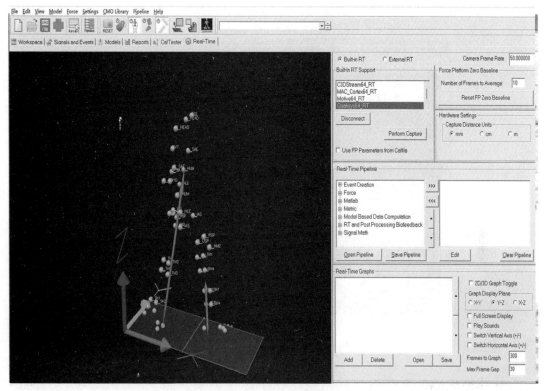

（f）实时反馈

图 5 - 34　Visual 3D 各个功能界面（续）

集的人体运动数据，计算人体各个部分运动数据，并在三维环境中可视化。软件的应用对象是医学上研究人体运动的相关科研工作者，并可用于人体运动康复时的效果评估及计算分析。

　　运行软件主界面如图 5 - 35 所示。主窗口可显示人体的三维模型、二维标定图以及运动观察图，是软件的主要显示部分。当显示三维模型或运动场景时，用户可在主窗口中操作鼠标观察场景。视角控制工具栏包括主视图、俯视图、左视图和右视图 4 个按钮，实现主窗口内三维模型的视角变换。运动控制工具栏可以设定主窗口中三维模型的运动起始时间与终止时间。菜单栏包括人体观察、标定图、运动观察运动输出和帮助 5 个按钮。人体观察按钮、标定图按钮、运动观察按钮能实现主窗口 3 种视图的切换，通过帮助按钮可以查看帮助文件内容。数据载入工具栏实现运动数据以及标定文件的载入功能。数据匹配工具栏提供手工数据匹配以及保存功能。播放工具栏实现运动观察中的各种操作。运动数据显示栏显示运动过程中各个关节的运动数据。

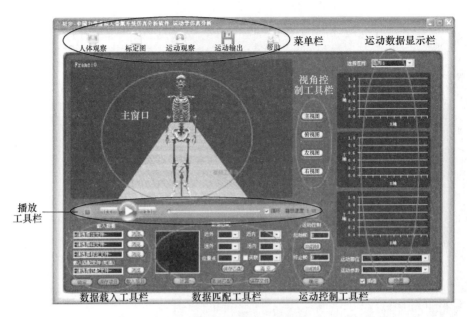

图 5-35　运行软件主界面

计算完成后，可在运动数据显示栏中选择需要观察的部件以及运动参数，在图标上显示出来，如图 5-36 所示。用户在 1 号框中的列表中选择需要绘制的图表。在 2 号框的下拉列表中选择运动数据对应的部件和参数类型。单击 3 号框中的"绘图"键进行绘制，如需取消数据插值，则单击"插值"复选框后再次绘制。可更改 1 号框中表序号，进行运动数据对比。

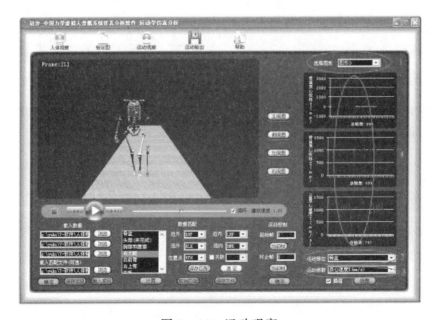

图 5-36　运动观察

（d）航天员运动学仿真分析软件开发

航天员运动学仿真分析软件作为航天员建模仿真系统（AMSS）的一个功能模块，软件主界面如图 5 - 37 所示。

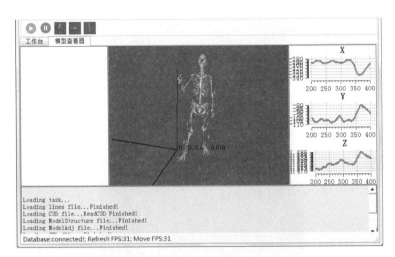

图 5 - 37　航天员骨肌系统生物力学仿真分析软件（TaskSIM）主界面

运动学分析前首先建立新的分析任务，包含受试者的个人信息（性别、身高、体重、年龄等），同时加载其运动学实验数据文件（ * . c3d），以及模型建立和显示所需要的配置文件；新任务建立后，开始进行运动学分析模型建立工作，主要是骨肌系统模型的建立，主要依据运动学实验中的静态标定 c3d 文件。单击"计算"选项卡中的"运动学计算"选项，进入"选择计算目标"界面（见图5 - 38）,选择待分析的骨块，定义相对位置，选择需要计算的运动学参数［包括位置、速度、加速度、角度、角速度、角加速度、（相对）角度、（相对）角速度］，并选择显示的帧数区间，则可得到选定的参数实时变化曲线，如图 5 - 39 所示。

（2）人体骨肌系统动力学仿真模型与计算分析

人体运动学的研究结果为人体动力学的研究奠定了数据基础。人体行为运动过程中的关节力与关节力矩、各肌肉束中的肌肉力是各个领域研究者普遍关注的内容，它将由人体动力学加以解决。

①动力学实验测量设备

人体动力学测量实验除了前述的运动捕捉系统外，还包含足底力测试系

图 5-38　运动学计算选项

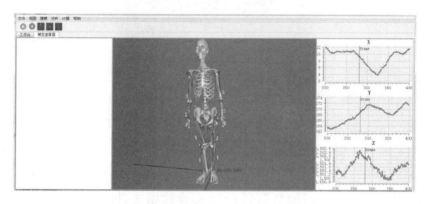

图 5-39　实时变化的运动学参数计算结果曲线

统、表面肌电测量系统和操作力测量系统等。

（a）足底力及足底压力分布测量系统

人体在做站立、步行和奔跑等动作时，足底会受到地面的作用力（Ground Reaction Force，GRF），GRF 通常表征为 F_x、F_y、F_z、M_x、M_y 和 M_z 六个参量。除此之外，还可以计算出 GRF 合力中心（Center of Pressure，CP）位置 (x, y)。目前，测量 GRF 的常见仪器为三维测力台，它由一块长方形的金属板面和分布于板面四角的三轴力传感器组成，通过计算可以得到以上 7 个参数。足底力数据是计算下肢关节力，进行下肢运动学、动力学分析计算的重要数据。

足底压力分布测量系统从测量原理上可分为电阻式和电容式两类。其主要功能是测量人体运动时瞬时压力分布、接触面积和峰值压力等参数，可以计算出压力中心位置，反映人体运动时足底与地面的接触特性和自身平衡特性。

测力跑台可以把人体的运动距离在一个有限的空间内无限延伸，使测量不受时间和空间的限制，可以给出足底每一次与地面接触时的反力，是航天员减重运动学和动力学特性评估中不可缺少的测量设备。

（b）表面肌电仪

肌电仪和肌电信号测量技术是近年来发展起来的用于人体运动分析的仪器和技术，已经广泛应用于肌肉力的测量、肌肉应激激活状态起始时间的测定和肌肉疲劳状态的评估等方面。按照信号传输的方式，肌电仪分为有线传输系统和无线传输系统两类。肌电电极可分为针电极和表面电极两大类。针电极的特点是电极与身体组织接触面小，由于此电极的作用区域小，可对肌肉特定部位的肌电信号进行较精确的测量，同时可用于深层肌肉的肌电测量。但针电极提取肌电需将电极插入肌肉，需要较高的操作技术，并对受试者有一定的损伤，故在运动生物力学等领域的研究和应用中使用较少。表面电极的形式较为简单，使用简便，一般只需粘贴或缚于躯体被测部位即可使用，这种方法对受试者无损伤，但由于电极的作用区域大，在测量中须通过皮肤耦合，故在测量中影响因素较多，较难保证测量的一致性。另外，表面电极不宜做深层肌肉的肌电检测，因为肌电信号在身体组织中长距离传导将使其高频成分损失，从而造成信号严重失真。

表面肌电是从肌肉表面通过电极引导、记录下来的神经、肌肉系统活动时的生物电信号。它与肌肉的活动状态和功能状态之间存在着不同程度的关联性，因而能在一定程度上反映神经肌肉的活动。SEMG 是一种简单、无创、容易让受试者接受的肌电活动采集记录方法，可用于测试较大范围内的 EMG 信号，并有助于反映运动过程中肌肉生理、生化等方面的改变；不仅可在静止状态测定肌肉活动，而且可在各种运动过程中持续观察肌肉活动的变化。

（c）操作力测试系统

在航天员训练和动力学问题研究中，上肢绩效是备受重视的，因此在典型动作中的操作力和力矩是非常重要的被测参数，是后续计算上肢关节力和肌肉力所依据的重要基础实验数据。

②动力学参数计算

人体多刚体动力学就是根据解剖学原理将人体肢体的各体段分为若干个独立的刚体，每个刚体具有质量、质心和转动惯量等物理特性，相邻刚体之间通过铰（关节）连接在一起，在连接点处施加弹簧-阻尼器，以模拟软组织（肌肉、韧带等）的作用，以及相邻刚体间相对运动的某些限制。这样，人体就被简化成为具有有限个自由度的多刚体系统，构成一个空间机构，用其确定肢体的位置、姿态和运动，进而进行人体动力学仿真分析。

针对该多刚体模型，需要进一步建立包含所关心未知量的动力学方程和约束方程。动力学方程是指力与运动间关系的方程，可按矢量力学方法和分析力学方法建立。约束方程是指针对各种关节约束模型（如球铰模型）列出的对肢体位置及姿态的限制方程。

如图 5-40 所示，点 P_1、P_2 和 P_3 分别为体段 1、体段 2 和体段 3 的质心位置。$\ddot{\alpha}_1$、$\ddot{\beta}_1$ 和 $\ddot{\gamma}_1$ 分别为体段 1 绕 X 轴、Y 轴和 Z 轴转动的角加速度，$\ddot{\alpha}_2$、$\ddot{\beta}_2$ 和 $\ddot{\gamma}_2$ 分别为体段 2 绕 X、Y 和 Z 轴转动的角加速度，$\ddot{\alpha}_3$、$\ddot{\beta}_3$ 和 $\ddot{\gamma}_3$ 分别为体段 3 绕 X、Y 和 Z 轴转动的角加速度。$\ddot{S}_1$、$\ddot{S}_2$ 和 $\ddot{S}_3$ 分别为体段 1、体段 2 和体段 3 在空间的平移加速度。F_1^p 和 M_1^p 分别为体段 1 近端所受的关节力和关节力矩，F_1^d 和 M_1^d 分别为体段 1 远端所受的关节力和关节力矩；F_2^p 和 M_2^p 分别为体段 2 近端所受的关节力和关节力矩，F_2^d 和 M_2^d 分别为体段 2 远端所受的关节力和关节力矩；F_3^p 和 M_3^p 分别为体段 3 近端所受的关节力和关节力矩，F_3^e 和 M_3^e 分别为施加在体段 3 上的外力和外力矩，力的作用点为 P_3^e。G_1、G_2 和 G_3 分别为体段 1、体段 2 和体段 3 所受的重力，方向均沿 Y 轴负方向。

③肌肉力计算

在生物力学中，常采用基于骨肌系统模型的优化计算法计算肌肉力，如基于反向动力学的静态优化计算方法（Inverse Dynamics - based Static Optimization）、数据跟踪法（Forward Dynamics Assisted Data Tracking）、优化控制法（Optimal Control Strategies）。第一种方法属于静态优化方法，后两种方法属于动态优化方法。

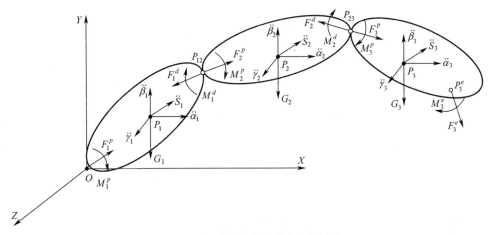

图 5 - 40　体段受力分析示意图

（a）基于反向动力学的静态优化计算方法

如图 5 - 41 所示，首先根据试验测得的关节运动学参数，通过反向动力学计算出关节转矩（Joint Torques）T_{MT}。然后，对于某一瞬时，优化分配肌肉力。其基本思想是，针对任何行为运动，促成肢体运动的所有肌肉力束的力的总和或能量的总和为最小值，以此来分配各肌肉力束的贡献。该方法为按输入条件不同及是否具有反馈信号分类的第一种方法。

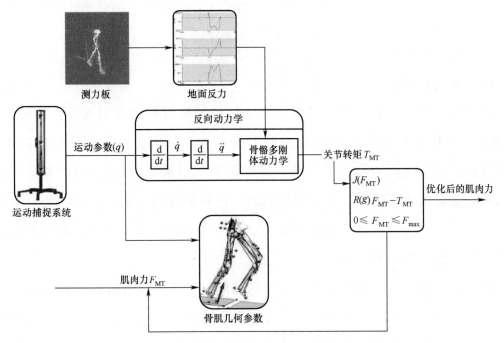

图 5 - 41　基于反向动力学的静态优化计算方法

（b）数据跟踪法

如图 5 - 42 所示，数据跟踪法假设运动模拟结果与实际运动结果相同，则计算的肌肉力就代表实际肌肉力的大小。此方法的输入为肌肉兴奋值 e，通过前向动力学计算得到肌肉力和关节运动参数，通过计算目标函数 J（$q - q_{exp}$），比较计算结果参数与试验测得的关节参数的偏差。采用优化算法，选择最优的 a 值，使 J（$q - q_{exp}$）最小，经前向动力学方法计算得到的肌肉力 F_{MT} 为最优计算值。该方法为按输入条件不同及是否具有反馈信号分类的第二种方法。

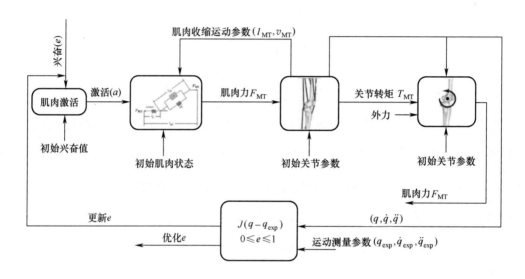

图 5 - 42　数据跟踪法

（c）优化控制法

当运动参数无法测量时，可以采用优化控制法计算肌肉力大小。如图 5 - 43 所示，优化控制法与数据跟踪法的不同点为，肌肉力参与到优化计算中，计算过程不涉及试验测得的关节参数。优化目标函数 J（F_{MT}，q）与运动参数有关，如最大跳跃高度。经过优化计算，选择最优的 e 值，经前向动力学方法计算得到的肌肉力 F_{MT} 为最优计算值。该方法为按输入条件不同及是否具有反馈信号分类的第三种方法。

基于动态优化方法和基于反向动力学的静态优化方法各有优缺点。前者的输入为肌肉兴奋值 e，从 e 到肌肉力的转化模型复杂。而对于广泛应用的 Hill 模型，需要对肌肉力臂、肌腱松弛长度等参数进行测量。目前，没有快速简便

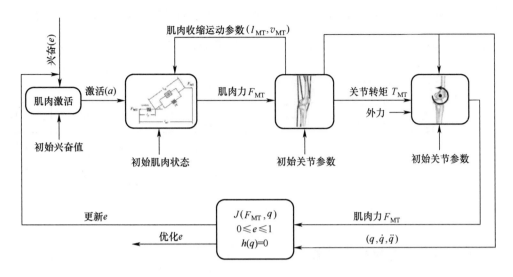

图 5 - 43　优化控制法

的方法。另外，动态优化方法计算机计算时间长，不能提供实时的优化结果。与后者相比，前者的优点是包含肌肉生理和力学特性模型。使用基于反向动力学的静态优化方法进行肌肉力计算时，人体运动参数参与到整个计算过程，所以，肌肉力的计算值对运动测量参数比较敏感。另外，优化目标函数的选取没有生理学依据。两种方法存在的共同问题是，没有有效的方法验证肌肉计算值。

（d）其他优化方法

虽然基于动态优化方法和基于反向动力学的静态优化方法存在许多不足之处，但目前它们是肌肉力理论计算使用最广泛的方法。许多研究人员也提出了一些改进方法，如 EMG 信号参与计算的优化方法。

布坎南（Buchanan）等人[103]提出了一种混合的前向-反向动力学模型，如图 5 - 44 所示。此模型首先分别用前向动力学和反向动力学计算关节转矩，并对计算结果进行比较。调整模型参数，重复上述过程，直到两者计算结果相同为止，再使用调整后的模型来计算肌肉力。该方法为按输入条件不同及是否具有反馈信号分类的第四种方法。安德松和潘迪（Pandy）[78]用优化的方法研究人体完整步态，比较了静态优化方法和动态优化方法计算得到的肌肉力，得出结论，两种方法等价，可以交互使用，并且进一步指出，反向动力学分析方法适用于运动学参数易于测量的常规运动。对于那些可能对人体造成严重伤害、无法获知准确运动学参数的运动，可采用前向动力学模拟的方法。

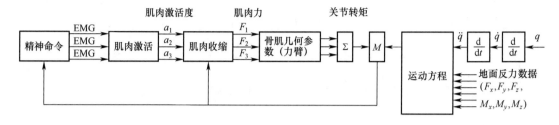

图 5-44　混合的前向-反向动力学模型

④关节力与关节接触力计算

用多刚体动力学方程计算所得关节力是完成行为运动时受到的来自关节的支点反力，并不代表关节表面实际接触力，因为关节力矩是由肌肉群来实现的，在整个下肢肌肉束的收缩构成关节力矩时，还会形成一个附加力作用在关节上，是一种内力。关节表面接触力应是上述两种力的叠加。

由于目前无法通过理论计算获得准确的肌肉力，因此关节接触力也很难获得，人们通常采用两种确定方法。

（a）理论计算法

通过反向动力学计算获得关节力，如同我们上面进行的工作。然后，继续进行肌肉力计算，将计算所得结果叠加到关节力上，形成关节接触力。

（b）直接测量法

国外有人努力通过实际测试获取髋关节中的接触力。由于伦理学的限制，这项测试工作很难进行。目前，最宝贵的一项试验是在柏林自由大学开展的[104]，在志愿者的人工髋关节内部装置了压力传感器，利用无线传输的方式将测得的压力信号传输至体外。该测量结果是来自一位装了人工髋关节的患者，与正常人的运动相比有一定差距，特别是上、下楼梯时测得的数据。

王成焘等人[67]利用反向动力学理论将计算得到的关节力与国外的实验结果进行了对比分析，发现在各种行为运动中关节力随时间的变化曲线和实际测量得到的关节接触力变化曲线是一致的，这很好地证明了关节力计算结果的正确性，其变化规律可以代表关节内部接触力的变化规律，但关节力计算数值与关节接触力不同。另外，王成焘教授的研究团队对正常步态下关节力和肌肉力进行了完整的计算分析，通过叠加得到了髋关节接触力，发现关节接触力约为关节力的 2.5～3.0 倍，这与国外研究结果非常一致。

⑤动力学分析模型建立及分析软件开发

与上述多刚体动力学计算原理相匹配，人体骨肌系统动力学计算模型分为无肌肉力元素的棍棒模型和含肌肉力元素的骨肌系统生物力学仿真模型两种。

基于人体多刚体力学原理，人体模型可以简化为人体棍棒模型，如图 5 - 30 所示。棍棒模型是最简单的人体结构表示方法，由点和线段组成，分别表示关节点和人体体段的中轴线。棍棒模型可用来指导对图像特征的拟合，如骨骼或体段的拟合，以获得人体姿态。通过运动捕捉系统采集受试者身上特征点位置粘贴的 Marker 点三维坐标，在运动分析软件中，既可以驱动棍棒模型分析人体运动信息，也可以驱动人体骨骼模型或驱动角色模型，进行三维动画制作和虚拟仿真等；在动力学分析中，可以作为关节坐标系、关节力显示的参考。带有肌肉模型的人体动力学模型是目前包含肌肉力预测功能动力学仿真分析模型的主流。

（a）肌肉建模

肌肉建模方法包括以下 4 种：

1）直接在肌肉的起止点间建立直线模型。

2）根据肌肉的解剖特性在起点和止点之间建立一个固定的中间点作为代止点，使肌肉的线模型通过起点、中间代止点和止点，在人体运动过程中，肌肉会通过代止点伸缩。

3）MPP 肌肉模型[44]。

4）缠绕型的肌肉，需要预先定义如球面或圆柱面之类的曲面，并且肌肉在人体运动过程中能够一直缠绕在预先定义的曲面上[45]。前三种肌肉建模方法较为常用。

根据人体解剖学，在医生的指导下，结合文献对人体全身肌肉功能模型各肌肉起止点和代起止点的定义，对肌肉的起止点及路径上的经过点进行标记，建立肌肉线模型。由于肌肉大小、形态、肌纤维走向及附着点几何形状有着很大差异，在标记肌肉附着点时，不同形态特点的肌肉需采用不同的原则和方法进行标记：

1）肌肉路径由多少条曲线模拟主要是根据肌肉的力学作用和肌束的形态特征确定。

2）某些肌肉肌束形态特征都比较明显且力学特性比较单一，如肱二头肌和肱三头肌。肱二头肌分别由长头和短头组成，肱三头肌包括外侧头、中头和内侧头。这种肌肉的路径划分基本没有争议。

3）某些肌肉覆盖面积比较大，力学特征比较复杂，肌肉的路径曲线有多种划分。如三角肌，主要分为前、中和后，但是有的文献后部用一根曲线表示，有的用四根曲线表示，有的用六根曲线表示。也有文献曾经研究过，当曲线数目达到某个值时，再增加曲线就没有意义了。

4）对于有宽大附着点的肌肉，若在其附着点范围内，无论标记在何处都不会明显影响肌拉力线的位置的，则该肌附着点标记于附着点在骨面的几何中心（如髂腰肌起点等）。

5）对于有宽大附着点的肌肉，若其附着点的标记会明显影响肌拉力线的位置，则该肌附着点应根据具体情况，用两个或三个点进行标记，以便说明肌肉不同部分肌纤维的各自功能（如臀大肌起、止点，臀中、小肌起点等）。

6）肌肉附着点较局限，肌肉纵轴走向为直线的肌肉，其附着点标记于附着点的几何中心（如长收肌等）。

7）肌肉从起点到止点的走向为曲线，在肌肉路径上设置经过点，采取设置代起止点的方法进行标记，如髂腰肌、闭孔内肌、小腿前群肌、小腿后群深层肌等。

（b）人体动力学参数输入

在人体运动学和动力学仿真分析中计算关节力和关节力矩及肌肉力时，会要求输入个性化参数，如身高、体重、性别和年龄等；同时，要求归一化的参数计算方程，如节段质心位置、质量、转动惯量、肌肉生理截面面积及最大应力等。个性化参数一般在分析时通过交互方式界面输入，而归一化参数计算方程则可以直接固化在软件中或分析时读入文件。

（c）航天员动力学分析及肌肉力预测软件开发

人们对交互式骨肌建模系统的研究始于 20 世纪 90 年代初，现已形成了许多商业化的骨肌仿真建模软件，如 Anybody、SIMM。考虑航天员骨肌系统生物力学分析的特殊要求，基于 Microsoft Visual Studio 2012 语言开发了在win7×64bit 下运行的航天员骨肌系统生物力学仿真分析软件。

动力学分析及肌肉力预测模块是航天员建模仿真系统的重要组成部分。在动力学分析中除了读入运动学中的静态标记文件进行骨骼建模外，还要进行测力板建模、足底反力数据解析、操作载荷和约束力施加，完成动力学分析及动力学参数的计算等，如图 5 - 45 所示。

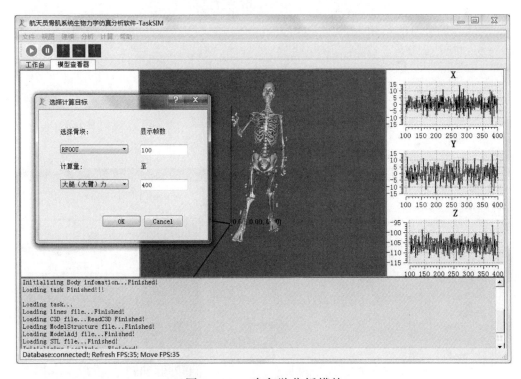

图 5 - 45　动力学分析模块

动力学分析可对肌肉力线建模（图 5 - 46），并提供按照不同原则计算肌肉力以及希尔模型对比和变化预测的功能（图 5 - 47），可实时显示操作任务下肌肉力时间历程曲线和肌肉力驱动后的肌肉线模型粗细变化（图 5 - 48）。

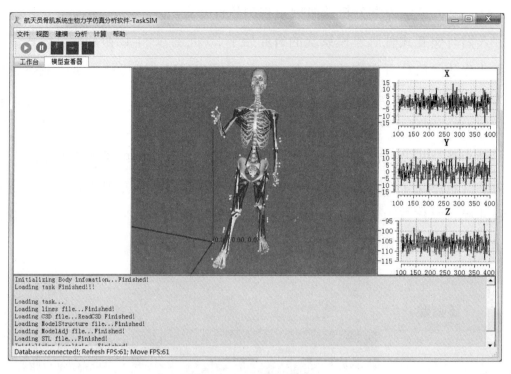

图 5-46　肌肉力线模型

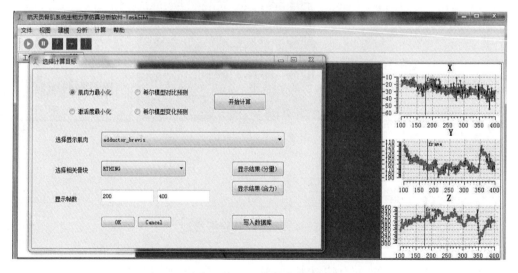

图 5-47　肌肉力计算

5.3.3　应力骨重建仿真与长期在轨骨密度预测

航天员是载人航天的主体，承担着飞行监控、空间维修和科学实验等繁重

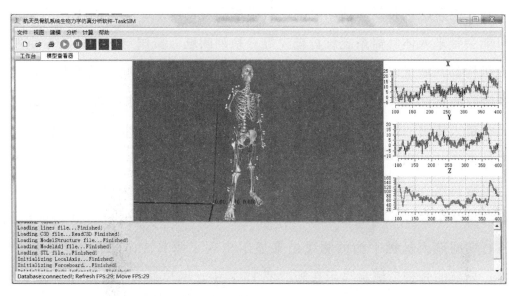

图 5-48　肌肉力驱动后的肌肉线模型以及肌肉力时间历程曲线

任务。而长期失重的空间飞行环境将导致航天员的骨丢失，使骨折风险加大，运动操作能力下降，影响航天员的健康和作业能力。因此，研究失重环境下骨丢失的机制以及预测骨骼变化可为制定各种防护方案提供参考和依据。

骨骼组织在整个生命周期内是不断适应变化的，其结构和形态都受到力学因素的影响和调控。当周围的力学环境发生变化时，骨骼会相应地产生其组织成分、内部结构、弹性模量和密度等的变化，以便以最优的结构形式承载，适应新的环境。例如，我们可以观察到在长期失重或卧床后骨量的变化，以及骨折愈合时或是植入假体后骨骼形状的变化。骨的这种自适应调整过程被称为骨重建。最早人们对于骨重建的研究是基于 Wolff 定律的定性分析，并进行了大量的动物和人体实验来验证骨重建理论的可行性。然而，实验研究方法有一定的局限性，如试验周期长、过程复杂、损伤较大等。自 20 世纪 80 年代以来，随着计算机技术的升级和计算能力的提升，研究者们提出了多种数学模型，力图用量化的方法来研究骨重建过程，并预测骨的结构和形态。而研究骨骼重建机理的意义，不仅局限于空间失重环境下的应用，其研究成果还可以转向地面应用。对于矫形外科、骨伤治疗、人工假体的优化和个体化设计以及运动康复等都有着重要的临床应用价值。

在人类首次进行航天活动之前，科学家们就已经意识到空间飞行的失重环境可能会带来人体骨骼系统骨量减少等一系列问题。美国与俄罗斯的航空航天研究机构都开展了多项研究试图量化失重对骨骼稳态的影响，测量方法包括用X线吸收测量法或CT扫描法测量骨密度、测量与骨新陈代谢相关的激素含量、测量人体钙的排泄和平衡。另外，地面模拟失重的卧床实验也提供了许多参考数据，并且用于测试多种骨丢失防护措施的效果。在双子座计划任务期间，尽管每次飞行时间不超过两周，但用X射线密度分析法对航天员手和腿的密度测量结果显示，骨密度减少了3%~23%[107]。在阿波罗计划任务期间，对飞行期间航天员钙平衡的测量结果显示出现了每日137 mg的钙丢失[108]。另外，局部的骨密度测量显示在阿波罗15号中，两位航天员的跟骨出现了5%与6%的骨量减少，而其腕关节部位并没有观察到骨量变化[109]。在天空实验室三次分别为期29天、59天和84天的太空生活中，对航天员进行了多项生化指标测量，对骨的测量研究包括腕关节和脚后跟的单光子骨密度测定、钙排泄量测定、钙平衡测定、反映骨吸收的尿羟脯氨酸的测定，发现在84天的飞行期间钙的平均变化量为−200 mg/天[110]，同时，对航天员跟骨密度的测量显示：经历29天飞行的航天员无明显变化，经历59天飞行的一位航天员跟骨骨量减少了7.4%，经历84天飞行的两位航天员跟骨骨量分别减少4.5%和7.9%，但在航天员腕关节都没有观察到骨丢失的现象[111]。这些早期的实验研究表明：骨丢失是长时间空间飞行出现的问题，且骨丢失是非均匀的，在上肢并没有观察到骨丢失，而在跟骨处却出现较严重的骨量减少。苏联科学家在持续75~184天的空间飞行任务前后对航天员的跟骨密度进行了测量，结果显示，骨量减少了0.9%~19.8%[112]。在另一次6个月的空间飞行任务后对4位航天员的腰椎骨测量得到骨密度减少量分别为6.1%、0.3%、2.3%、10.8%[113]。之后，美国与苏联航天研究机构合作，对航天员长期空间飞行之前和之后不同区域的骨密度做了更准确复杂的测量，对18位航天员腰椎骨、左侧髋关节、左侧胫骨近端以及全身骨骼的密度测量数据进行发表。测量结果显示，腰椎、股骨颈、大转子、骨盆、大腿和全身骨骼的骨量平均每个月分别丢失了1.1%、1.2%、1.6%、1.4%、0.3%和0.4%[114]。值得注意的是，尽管这里得到的数据为每个月平均骨丢失量，但是从天空实验室的研究结果中已知，真实的骨丢失并非随时间呈线性增加，且不同个体、不同骨骼部位骨丢失的情况也不一样[110]。NASA 使用高分辨率的定量计算机断层扫描（QCT）技术对在国际空间站生活了 4～6 个月的 16 名航天员分别测量了髋部和腰椎骨组织的整体密度变化以及松质骨的密度变化。髋关节部位骨密度平均每月减少1.5％，这与俄罗斯和平空间站测得的数据吻合。髋部松质骨的骨丢失高于髋部整体骨丢失约 50％，而在腰椎部位并无显著差异。QCT 扫描图显示，在股骨颈、大转子和髋关节的皮质骨厚度平均每月减少了约 1.2％[115]。

长期以来，卧床实验被用来模拟空间飞行的失重环境，以研究废用骨丢失机理，并测试可能的防护措施。卧床实验产生的骨密度、钙排泄、骨吸收等变化与空间飞行环境都相似[116]。NASA 进行了长达 17 周的水平卧床实验，总共有 13 位男性、5 位女性。在这一系列实验研究中，在卧床结束前后都会对受试者的骨密度进行测量。骨密度变化量的统计结果和空间飞行一样[117]，最大骨密度的减少出现在髋关节和骨盆，而桡骨远端骨密度并无变化，说明骨丢失总是发生在承重部位。策韦克（Zerwekh）等人进行了一个 12 周的卧床实验，得到相似结论，且大转子处骨丢失最严重，减少了 3.8％[118]。渡边（Watanabe）等人在 90 天的 −6°头低位卧床实验后测得髋部骨密度总共减少了5％，但上臂骨量保持不变[119]。

卧床实验之后的骨骼恢复数据显示，骨丢失速度比骨生成速度快 2～3 倍。航天员完成 4～6 个月的空间飞行任务回到地球后也需要 1～3 年甚至更长的时间恢复，且无法完全恢复失重前的骨量[120]。

（1）骨重建控制方程

骨骼是人体主要的承力器官，应力环境的改变导致骨重建。用实验方法研究骨重建需要耗费巨大的人力和物力，且效率较低。因此，希望用数值仿真的方法准确重现和预测骨重建过程，以便为制定骨丢失预防措施、治疗骨损伤等疾病提供理论依据。从 20 世纪 80 年代人们开始借助计算机技术数值仿真骨重建过程以来，已经有许多学者提出了基于力学和生理学的骨重建数学模型[121]。由于骨重建的生理机制十分复杂，目前尚在初步探索研究中，因此，骨重建力学模型得到了更广泛的应用,其中最具有代表性且发展最成熟的是基于力学稳态理论[122]提出的一系列重建算法。骨力学稳态理论认为,骨骼细胞内存在着一定的生理平衡,只有当外界力学环境发生改变,使感应到的力学激励有异于正常稳态值时骨才会发生重建。利用这一原理描述骨重建的数学关系式可以具体表示为

$$\frac{\mathrm{d}\rho}{\mathrm{d}t} = B\,[S - (1 \pm \omega)k] \tag{5-18}$$

式中,ρ 为度量骨结构的指标量,一般采用骨密度、孔隙度、弹性模量等;B 为重建率系数;S 为力学激励;k 为稳态参考值;ω 为死区范围,即激励值 S 在 $(1 \pm \omega)\,k$ 范围内时,不会发生骨重建。利用式(5-18)进行迭代计算不断更新骨的物理性质和力学状态,最终得到新的骨骼结构。

(2)骨重建流程与程序设计

应力环境的改变引起骨适应性重建,骨受到的力学激励是重建过程中重要的控制参数。有限元法是最常用来分析连续介质受力问题的方法,首先建立骨骼几何模型,运用有限元的手段,就可以模拟骨骼的受力状态,从而为骨重建计算提供所需的应力、应变和应变能等数据。再由重建方程控制骨材料性质的迭代运算,经过反复不断的循环迭代,改变骨骼模型的密度及弹性模量分布,当迭代达到平衡收敛时,骨重建结束,并得到新的骨结构形态。图5-49为骨重建数值模拟的简略流程图。

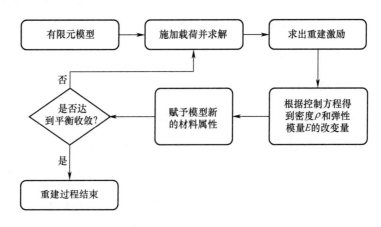

图5-49　骨重建数值模拟的简略流程图

ANSYS 作为骨重建的分析软件，求解功能强大、求解速度快，在国内应用十分广泛。ANSYS 的通用性也很强，与多数 CAD 软件有接口，方便模型的导入和导出。

ANSYS 软件有两种操作方式，即图形用户界面（GUI）操作和参数化设计语言（APDL）操作。对于一些简单的力学分析问题，使用 GUI 操作就能完成。若要进行复杂的分析或要对模型进行修改后重新分析，采用 GUI 操作就难以完成，而运用 APDL 命令则可以方便地完成。APDL 还包括一些其他特点，如重复执行一条命令、宏程序、选择结构 if－then－else、循环结构 do－loop，可以对标量、矢量和矩阵等进行代数运算，还可以对 ANSYS 的有限元数据库进行访问。在骨重建模拟中，需要对骨模型的求解结果数据进行运算，并多次更新模型的材料属性，进行迭代运算，因此需要利用 ANSYS 的 APDL 语言进行程序的二次开发，完成复杂载荷的参数化加载、求解过程的控制以及后处理的参数化数据处理分析，来达到骨重建数值模拟的目的。下面对基于 APDL 语言编写的骨重建数值模拟程序的设计过程及关键点进行阐述。

①有限元模型建立及初始参数的设定

将几何模型导入 ANSYS 后，合理划分网格，并赋予初始密度及弹性模量等材料参数。用"＊GET，ELEM＿NUM，ELEM，0，COUNT"语句来获取有限元模型的单元总数，同时定义单元应力、应变、应变能密度、体积、密度、弹性模量、质量等数组，例如，用"＊DIM，BONE＿DENS，ARRAY，DAY+1，ELEM＿NUM"语句即可定义单元密度数组，用来存放骨密度数据。但是数组过多会影响 ANSYS 后处理的计算效率，因此尽可能将一些中间变量简化为一维标量。

②载荷加载并求解

本文用到的股骨模型形状不规则，且受到的关节力和肌肉力都是非均匀载荷，因此加载载荷时需注意加载节点的选取。当加载节点太多时，可用 NSLA 或 NSLL 命令选取附着在某些面或线上的节点；加载径向载荷时，可用 LOCAL 命令建立局部柱坐标系，使其 X 方向指向径向。集中载荷的加载指令为"F，NODE，Lab，VALUE，VALUE2，NEND，NINC"。设置好载荷及边界条件后，用"ANTYPE，0"语句设定求解类型为静力求解，随后加上指令"SOLVE"则进入 ANSYS 的求解器求解。

③材料属性的更新

求解结果的读取和保存是通过建立单元表实现的，例如首先用 ETABLE 命令建立新的单元表来存储各种求解结果，再用 * VGET 命令将单元表中的数据读入数组中，以便进行之后的运算。如用以下程序即可获得每个单元的 Von Mises 应力、等效应变。

```
ETABLE, STRESS, S, EQV
ETABLE, STRAIN, EPTO, EQV
* DO, J, 1, ELEM _ NUM
        * VGET, ELEM _ STRESS (J), ELEM, J, ETAB, STRESS
        * VGET, ELEM _ STRAIN (J), ELEM, J, ETAB, STRAIN
* ENDDO
```

利用 APDL 的 if—then—else 语句可以实现重建方程的迭代运算，每次迭代结束后将存储在数组 BONE _ DENS 和 MODULUS 中，新的密度和弹性模量值需要重新赋予相对应的每一个单元，程序如下：

```
* DO, I, 1, DAY,
  * DO, J, 1, ELEM _ NUM
        MPTEMP, 1, 0
        MP, DENS, J, BONE _ DENS (I + 1, J)
        MP, EX, J, MODULUS (I + 1, J)
        MP, NUXY, J, 0.3
        MAT, J
        EMODIF, J, MAT, J
    * ENDDO
* ENDDO
```

④数据处理及结果显示

计算过程完成之后，需要对得到的数据结果进行保存。骨重建数值计算最终需要得到每次迭代后的骨密度分布情况，并与 CT 数据进行对比。首先建立单元表 DENSITY 存储密度值，再用 PLETAB 命令将单元表 DENSITY 中的数值以彩色云图的形式输出并保存，程序如下：

```
ETABLE, DENSITY, TOPO
* DO, J, 1, ELEM _ NUM
      DETAB, J, DENSITY, BONE _ DENS (I + 1, J)
* ENDDO
PLETAB, DENSITY, NOVA
/UI, COPY, SAVE, JPEG, GRAPH, COLOR, NORM, PORTRAIT, YES
```

（3）不同骨重建激励的骨重建数值模拟

①二维股骨有限元模型

在医学图像处理软件 Mimics 中利用 CT 扫描数据建立起股骨近端冠状面的二维形态，将其导入有限元软件 ANSYS 中建立有限元模型，如图 5 - 50 所示，该模型共有 5747 个平面单元，5917 个节点。假设骨材料为各向同性材料，泊松比统一取为 0.3，骨最大密度和最小密度分别设定为 $\rho_{max} = 1.74\text{g}/\text{cm}^3$，$\rho_{min} = 0.01\text{g}/\text{cm}^3$，骨弹性模量与表观密度的关系由函数 $E = 3790\rho^3$ 确定[123]。以下采用 3 种载荷工况来模拟人体股骨正常受力情况，相关载荷的大小和方向见表 5 - 3[124]。

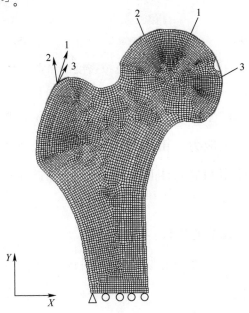

图 5 - 50　二维股骨近端模型及其载荷和边界条件示意图

1—单腿站立；2—髋外展；3—髋内收

表 5-3　3 种载荷工况的载荷大小和方向（所给角度均为相对矢状面）

载荷	每天循环数	关节力		肌肉力	
		大小/N	方向/(°)	大小/N	方向/(°)
1	6000	2317	24	703	28
2	2000	1158	−15	351	−8
3	2000	1548	56	468	35

②骨重建数值模拟结果

利用图 5-50 中的二维股骨近端有限元模型，将模型初始密度设定为统一值 $\rho_0 = 0.6\mathrm{g/cm^3}$，分别选取应变能密度、等效应力、等效应变 3 种不同力学参数作为重建激励，模拟得到的二维股骨重建密度分布如图 5-51 所示。

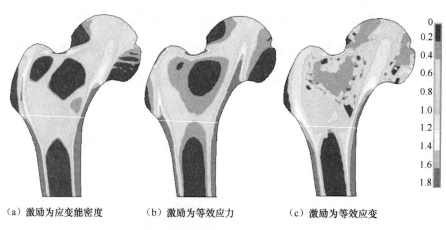

（a）激励为应变能密度　　（b）激励为等效应力　　（c）激励为等效应变

图 5-51　股骨近端数值模拟密度分布图（见彩插）

二维股骨重建结果的主应力分布如图 5-52 所示，黑色箭头表示第一主应力，蓝色箭头表示第三主应力。由于有限元模型为二维平面模型，所以第二主应力不存在。对比密度图和应力图可以看出，股骨近端内部松质骨分布与应力方向一致。

③重建结果与 CT 数据的比较

图 5-53 所示为真实股骨的冠状面 CT 图像，与图 5-51 中的密度分布图表现出相当好的一致性。图 5-53 所示中表示出了股骨近端的一些特征区域（A：外层皮质骨；B：骨髓腔；C：Ward 三角区域；D：大转子下方低密度区

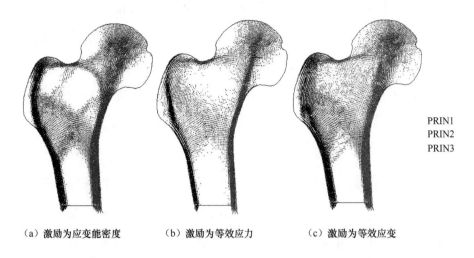

(a) 激励为应变能密度	(b) 激励为等效应力	(c) 激励为等效应变

PRIN1
PRIN2
PRIN3

图 5-52　二维股骨重建结果的主应力分布（见彩插）

域；E：股骨颈部延伸到股骨头部中心区域；F：股骨头关节面下方低密度区域；G：骨骺线）。由图 5-51 可以看出，采用应变能密度和等效应力作为重建激励得到的结果能全部重现上述真实股骨的结构特征，而采用等效应变作为力学激励得到的结果在区域 C、D 处与实际股骨结构相差较大。

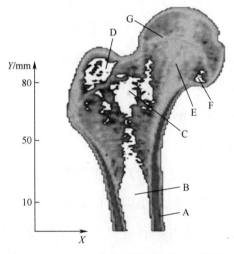

图 5-53　真实股骨的冠状面 CT 图像

为了将骨重建模拟结果与真实骨密度做定量的分析比较，利用股骨近端 CT 扫描数据计算得到其密度值。有研究表明，骨骼的表观密度与 CT 图像的灰度（Hounsfield Units，HU）值具有近似的线性关系[125]。研究中，通过 Mimics 软件测得的两组机制参数可确定线性关系式：最大 HU 值为 1533，对应最大密度值 $1.74\mathrm{g/cm^3}$；最小 HU 值为 -69，对应密度值为 0。计算可得到表观密度 ρ 与 HU 的关系式为

$$\rho = 1.086 \times 10^{-3}\mathrm{HU} + 0.075 \qquad (5-19)$$

如图 5-53 所示，为了更精确地比较模拟结果与真实骨密度值，在股骨二

维图形 y 坐标分别为 10cm、50cm 和 80cm 处截取 3 条横截线。图 5-54 给出了各条横截线处的 CT 图像密度值与 3 种模拟结果密度值的分布曲线。由密度曲线可知：

1) 在 $y=10$cm 即股骨骨干处，由 CT 图像得到的数据显示皮质骨的密度约为 $1.5\sim1.74$g/cm^3，厚度约为 5cm，中间为空腔，3 种重建激励形式得到的模拟结果都较符合。

2) 在 $y=50$cm 处为股骨近端松质骨分布区域，由 CT 图像得到的数据显示该区域松质骨约为 $0.2\sim0.4$g/cm^3，采用等效应力作为重建激励时得到的模拟结果较为符合，而应变能密度和等效应变作为重建激励得到的模拟密度值则偏大，在 $0.6\sim1.0$g/cm^3 范围内。

3) 在 $y=80$cm 处，由 CT 图像得到的数据显示该区域骨密度值在 $0.1\sim0.6$g/cm^3 之间，在横截线坐标 $x=25\sim60$cm 处为 Ward 三角区域，采用等效应力作为激励得到的曲线图趋势与 CT 图像曲线较为一致。在横截线坐标 $x=60\sim80$cm 处为股骨头内部较致密区域，3 种激励形式得到的模拟密度均过高。在 $x=85$cm 及股骨头关节面下方的低密度区域，等效应变作为激励时出现了不正常的高密度值。

④重建激励对模拟结果的影响

骨受到力学因素的影响和调控，会发生骨功能适应性重建。但由于骨组织细胞间的力学感应机制十分复杂，力学因素如何改变和调节骨骼结构和功能的微观机制尚不清楚，无法确定在骨重建过程中起决定作用的力学参量是应力、应变还是应变能密度。因此，当用参数化模型定量地模拟骨重建时，需考虑和研究重建力学激励 S 的选取。

研究中基于力学稳态理论的重建法则，分别采用了应变能密度、等效应力、等效应变作为骨重建力学激励，结合有限元方法模拟重建了股骨近端的密度分布与结构形态。重建得到的结果与真实股骨 CT 图像对比表明，模拟结果均能反映出股骨近端的主要结构特征。应变能密度与等效应力作为激励的重建模型得到的股骨内部形态分布与 CT 图像非常一致，但用等效应力作为激励时得到的密度曲线图趋势和数值都更接近真实情况，且松质骨分布与应力方向一

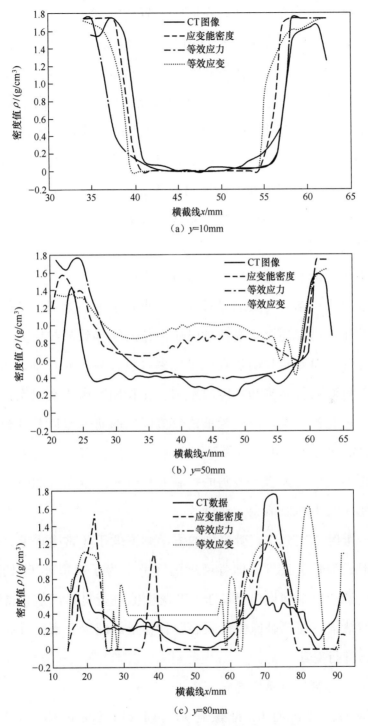

（a）y=10mm

（b）y=50mm

（c）y=80mm

图 5-54　股骨近端不同位置的密度值

致。这说明在骨重建力学调控机制中，应力可能起主导作用，有效的周期应力
是最可能的重建激励。

3 种重建激励得到的模拟结果在同一位置的密度值与 CT 图像计算得到的密度值相比较，显示模拟得到的密度值相较都偏高，且在股骨头外侧区域（F区上方）模拟结果与真实 CT 图像相差较大。模拟结果出现偏差的原因主要是由于在建立股骨有限元模型以及 CT 数据处理过程中，应用了许多假设和简化，如将股骨日常受力情况用 3 种载荷工况简化代替，且施加的肌肉力不完全，导致某些部位的受力不真实；把股骨材料视为各向同性的，且假定骨密度与弹性模量的指数关系式，而实际股材料为各向异性；CT 灰度值与骨密度的关系式是通过两组参数得出的线性关系式，导致计算得到的骨密度值偏低，使模拟结果值平均偏高。

（4）三维股骨近端重建研究与卧床骨丢失模拟

股骨近端主要包括股骨头、股骨颈和大小转子等，此部位骨既要承受因人体自重导致的压应力，还要承受活动时肌肉作用等导致的拉应力，因此其内部结构具有特殊性。对骨重建的仿真模拟也多以股骨为研究对象，如模拟预测置换人工髋关节后对股骨结构和密度的影响。在长期卧床或空间飞行后股骨近端部位的骨丢失也尤为严重，因此骨重建数值模拟的研究也以股骨为例。首先基于 CT 扫描数据建立了三维股骨模型，并施加了包含多种肌肉力的完整边界载荷条件，采用等效应力为重建激励的控制方程进行三维股骨的重建模拟，并对重建方程中死区大小的取值做了探讨。

在模拟失重卧床实验中，骨受到的力学刺激低于正常生理值，因此骨重建的主要表现形式为骨量丢失，即骨密度的降低。为了模拟卧床引起的骨重建，对三维股骨模型的每个网格单元基于 CT 灰度值进行材料赋值，得到正常状态下的股骨模型结构，模拟卧床去负载后股骨骨量的减少及密度分布的改变，并对骨应力状态进行对比分析。

①三维股骨近端几何模型建立

使用美国 GE 公司的 64 排螺旋 CT（Light Speed VCT）对一名身高1.72m、体重 66kg 的 28 岁健康男性志愿者的下肢进行 CT 扫描，扫描条件为120kV、330mA，设定层距为 0.625mm，像素尺寸为 0.977mm，获得图片1787 张，以 DICOM 文件格式输出保存，用于股骨的三维建模。

将 CT 扫描得到的志愿者下肢图片导入 Mimics 后，通过设定合适的分割阈值获得股骨的清晰轮廓，本实例设定阈值区间为 226～3071。然后对图像进行逐层的组织分割，即擦除与目标股骨相连的其他组织；再对股骨 CT 图像中的空腔进行填充，并对轮廓边缘进行适当的修剪，截取股骨近端的图像保存为新的蒙版。对编辑好的蒙版选择"Calculate 3D"操作即可生成股骨三维模型，并将股骨三维模型以 STL 格式输出后导入Geomagic Studio 软件进行优化，并生成股骨曲面及体模型，如图 5 - 55 所示。

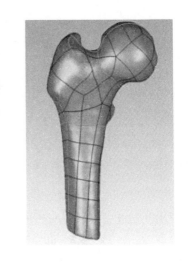

图 5 - 55　股骨近端曲面模型

②三维股骨近端有限元模型

在 Geomagic Studio 软件中生成的股骨模型导入 ANSYS 中后为面模型。在 ANSYS 前处理中划分网格时采用四面体 Solid92 单元对股骨近端模型进行自由网格划分。在网格划分的过程中，应该合理选择单元尺寸，因为网格数量会影响计算结果的精度和计算效率。一般来说，单元尺寸越小，计算精度越高，但耗费的计算资源也越多。为了选取最佳的单元尺寸，使在满足计算精度的前提下尽量提高计算效率，分别以边长为 5mm、6mm、7mm、8mm 的Solid92 单元对股骨近端模型划分网格，共划分 54056、43587、33845、26949 个四面体单元。如图 5 - 56 为单元边长为 6mm 的股骨近端有限元模型。假设骨单元为各向同性材料，密度与弹性模量的关系由函数式 $E = 3790\rho^3$ 确定。

③载荷及边界条件

在许多研究股骨重建的文献中，对股骨模型施加的载荷都简化为作用在股骨头上的关节力和作用在大转子上的肌肉合力[123,124]。在此，为了模拟更真实的应力环境，选用一种更复杂的载荷形式加载，包含关节力和 7 种肌肉力（臀大肌、臀中肌、臀小肌、大收肌、小收肌、腰肌、梨状肌）。表 5 - 4 列出了基于模型全局坐标系的具体数值，其中 Z 方向为股骨轴向方向，XZ 平面为穿过

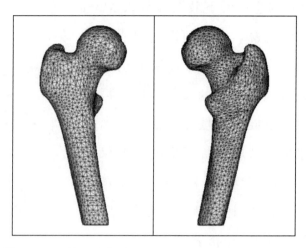

图 5 - 56　单元边长为 6mm 的股骨近端有限元模型

股骨头和大转子的股骨冠状面，各个肌肉力在股骨上的附着区域和面积由文献 [125] 得到。股骨近端模型加载图如图 5 - 57 所示。

表 5 - 4　股骨近端模型的步态载荷值[126]　　　　　（单位：N）

肌肉力	10%步态			30%步态			45%步态		
	X	Y	Z	X	Y	Z	X	Y	Z
臀大肌	103.9	−213.9	334.9	36.3	−200.3	244.0	12.8	−201.4	203.8
臀中肌	152.5	118.4	260.0	70.9	−146.6	220.3	55.1	−255.6	297.8
臀小肌	36.1	−28.3	35.5	41.4	−75.2	38.0	29.1	−100.3	22.4
大收肌	24.1	−78.3	172.1	0.0	0.0	0.0	0.0	0.0	0.0
小收肌	43.8	−41.8	36.8	0.0	0.0	0.0	0.0	0.0	0.0
腰肌	0.0	0.0	0.0	58.2	41.5	60.8	133.6	89.2	158.5
梨状肌	22.2	−77.0	35.5	14.6	−128.2	38.0	6.0	130.7	22.4
关节力	−823.1	470.2	−1722.5	−699.5	561.7	−2056.9	−531.6	376.9	−2868.7

　　股骨受到的最主要力学刺激来自步态循环下的载荷，为了更真实地研究股骨在日常活动下的骨重建过程，本例选取了步态周期为 10%、30%、45% 三个阶段的载荷，来模拟股骨日常受力情况，并将股骨远端完全约束住，如图 5 - 57所示。

　　④三维股骨近端重建模拟

　　三维股骨近端重建仿真程序选择租用上海超级计算中心的高性能计算资

图 5 - 57 股骨近端模型加载图

源，在其开发的 Xfinity 计算平台上使用 ANSYS13.0 软件进行计算，重建控
制方程为

$$\frac{\mathrm{d}\rho}{\mathrm{d}t} = \begin{cases} B[\varphi - (1+\omega)\varphi_0] & \text{if} \quad \varphi > (1+\omega)\varphi_0 \\ 0 & \text{if} \quad (1-\omega)\varphi_0 \leqslant \varphi \leqslant (1+\omega)\varphi_0 \\ B[\varphi - (1-\omega)\varphi_0] & \text{if} \quad \varphi < (1-\omega)\varphi_0 \end{cases}$$

$$(5-20)$$

重建激励 $\varphi = \left(\sum_{j=1}^{N} n_j \bar{\sigma}^m\right)^{1/m}$ 为每日应力刺激量，骨单元密度值通过前进
欧拉法 $\rho_{n+1} = \rho_n + \dot{\rho}t$ 迭代得到。当两次重建迭代得到的股骨模型总质量相差小
于 0.1%，且每个单元的密度变化不大于 0.01g/cm³ 时，认为重建达到收敛平
衡。表 5 - 5 列出了重建数值模拟需要用到的一些变量初始设定的具体数值。

表 5 - 5 三维股骨重建数值模拟参数初始值

三维股骨重建初始设定	
重建速率 $B=1$ (g/cm³) / (MPa · time units)	死区范围 $\omega = 0.1$
参考激励 $\varphi_0 = 50$MPa	初始密度 $\rho_0 = 0.4$g/cm³
载荷权重比 $m=4$	最大密度 $\rho_{\max} = 1.74$g/cm³
每天循环数 $n=10000$	最小密度 $\rho_{\min} = 1.74$g/cm³

为了选取适当的单元尺寸以提高计算效率，对 4 种不同网格精度的股骨模

型分别进行重建计算。有限元模型单元边长分别为 5mm、6mm、7mm、8mm，包含的单元总数量分别为 54056、43587、33845、26949 个。重建迭代 100 次后得到的重建密度分布如图 5-58 所示。

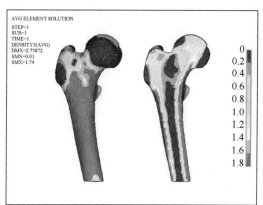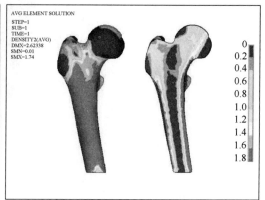

（a）单元边长：5mm　　　　　　　　　（b）单元边长：6mm

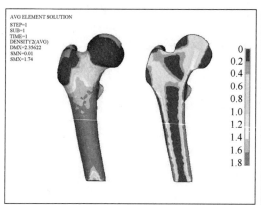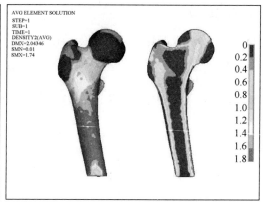

（c）单元边长：7mm　　　　　　　　　（d）单元边长：8mm

图 5-58　不同网格数量的股骨模型重建密度分布图（见彩插）

从密度分布图可以看出，模拟得到的重建结果与第 4 章二维仿真结果很相似，均能很好地预测重现股骨近端结构特征。4 种网格精度的股骨模型重建迭代 100 次后总质量分别为 0.1597kg、0.1555kg、0.1240kg、0.1073kg，每两次计算结果相差分别为 2.630%，20.26%、13.58%。可以认为，当单元边长不大于 6mm 时，网格尺寸对重建计算结果影响不大。因此，之后的重建模拟中均选用单元边长为 6mm 的股骨近端模型进行计算。

当骨受到的力学刺激与正常稳态情况下相差不大时，骨并不会发生骨重建，只有当力学刺激与稳态值相差足够大时才会发生骨重建。因此，在重建方程中引入了死区概念，死区范围用 ω 表示，即当激励 S 小于 k（$1-\omega$）时为骨废用吸收，当激励 S 大于 k（$1-\omega$）时为骨过载生长。死区范围 ω 的取值可在 0～1 之间，这里选取了 5 个不同的 ω 值分别对股骨模型进行重建模拟。

图 5-59 不同死区大小的股骨近端重建模拟密度分布图的结果都是在重建迭代 100 次之后得到的，其他参数条件和载荷条件都相同。对结果进行分析可以看出，死区大小的设定对骨重建结果影响较大：当 ω 的值设为 0 即不考虑死区的存在时，骨重建不收敛，且股骨近端内部松质骨被过度吸收形成不真实的低密度分布。当 ω 取其他 4 个值时，骨重建都已达到平衡状态，但随着 ω 的增大，越来越多的单元处于一种惰性状态，即密度值不发生变化，重建几乎停滞，得到的重建结果与真实股骨相差较大，无法重建出骨髓空腔、Ward 三角区等结构特征。结果显示，$\omega=0.1$ 时得到的重建结果与真实股骨近端的密度分布相似性最好。

⑤卧床条件下骨重建数值模拟

为了得到卧床前正常股骨模型，即模型材料属性为健康状况下真实的骨密度值，需要将 ANSYS 软件中划好体网格的股骨近端模型导回 Mimics 软件中，然后根据灰度值换算得到各个单元节点的材料属性，并赋予有限元模型。首先由 ANSYS 软件导出并保存模型单元、节点及 Prep7 文件，然后在 Mimics 的 FEA 模块导入 Prep7 文件，使用 Material 功能根据股骨 CT 图像的灰度值对模型赋予材料属性。这里采用的灰度值与密度关系式为 $\rho=1.086 \times 10^{-3} \text{HU} + 0.075$，密度与弹性模量关系式为 $E=3790\rho^3$，泊松比设为 0.3，分最大 400 级自动定义，赋值界面如图 5-60 所示。得到赋值后的股骨近端模型（图 5-61）导出为 ANSYS Preprocessor 文件，再由 ANSYS 读入即可进行后续的求解后处理。

将图 5-61 所示的具有真实材料属性的股骨近端模型作为卧床骨重建的初始模型，对初始模型加载至正常载荷，即表 5-5 中的步态载荷，每日循环 10000 次。加载求解后计算得到每个单元正常状态受到的每日应力刺激量，作为重建稳态参考值。在卧床实验过程中，认为志愿者股骨处于无负重状态，只受重力的作用，因此对股骨不加任何关节力或肌肉力，只对模型施加重力加速

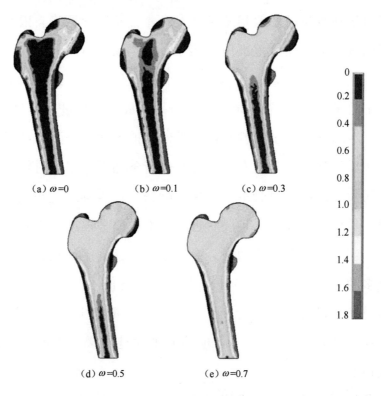

图 5 - 59　不同死区大小的股骨近端重建模拟密度分布图（见彩插）

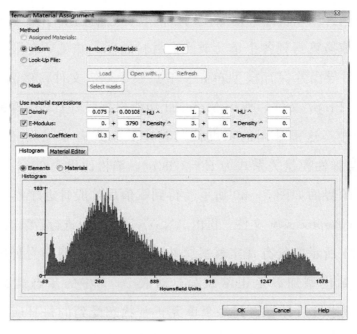

图 5 - 60　Mimics 赋予材料属性

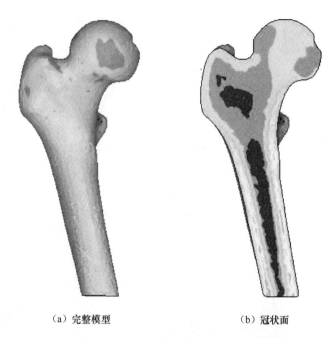

（a）完整模型　　　　　　　　（b）冠状面

图 5 - 61　赋予材料属性后的股骨近端模型

度，以模拟重力。设置参数重建速率 $B=0.008$，死区 $\omega=0.1$，模拟卧床 45 天股骨近端重建过程。图 5 - 62 所示为模拟卧床实验股骨重建密度分布图。

数值模拟的股骨近端模型卧床前总质量为 154.74g，卧床 15 天、30 天、45 天后总质量减小至 152.27g、149.63g、146.99g，卧床结束后骨量丢失了 5％，与实验数据接近[56]，说明重建速率参数设定合理，符合人体生理值。

（5）空间失重环境下骨重建数值模拟

人体骨骼在长期进化过程中，形成了与地球重力环境相适应的生理结构。但当进入太空后，由于地球重力的作用几乎完全消失，使人体处于一种失重状态。在失重环境中，人体生理系统会发生适应性变化，从而达到另一种适应失重环境的稳定生理状态。其中，骨骼系统会出现长期废用性改变，作用于人体腿骨、脊椎骨等承重骨的压力骤减，同时肌肉的运动减少，对骨骼的刺激也相应减弱。而且失重时由于人体的流体静压丧失，血液和其他体液无法像重力条件下那样惯常地流向下身，这使骨骼血液供应相应减少，导致成骨细胞功能减弱，而破骨细胞功能增强。多种因素共同作用使承重骨将发生骨重建，造成骨质疏松，严重影响航天员的安全健康，成为制约人类进军深空的瓶颈因素。

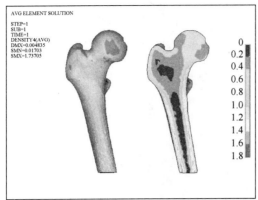

（a）卧床前　　　　　　　　　　　　　　（b）卧床后15天

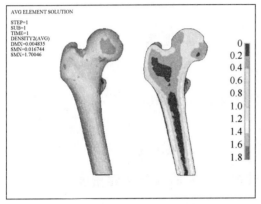
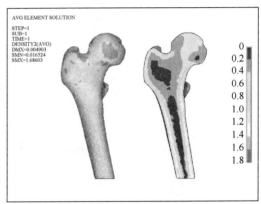

（c）卧床后30天　　　　　　　　　　　　（d）卧床后45天

图 5-62　模拟卧床实验股骨重建密度分布图（见彩插）

　　对空间失重引起的骨重建过程进行数值模拟，预测航天员在空间飞行期间骨骼密度随时间的变化，能够为制定有效对抗失重的措施提供一定的理论依据。以三维股骨近端模型为例，对其在空间失重环境下的重建过程进行仿真，模拟不同程度的运动锻炼对骨丢失的影响，并对结束空间飞行重新回到地球重力场后股骨的恢复重建进行了模拟分析。

　　①失重骨丢失数值模拟

　　在空间失重环境下，航天员骨骼受到的载荷与在地球重力条件下受到的载荷有很大区别。针对股骨近端部位，由于失重时不再承受人体重量，股骨所受的关节压力大幅度减小，而肌肉拉力也相应减弱。有文献报道，卧床实验和在轨飞行后最大肌肉力下降约为$20\%\sim48\%$[127,128]。在失重条件下，对股骨加载

表 5-5 中所示的步态载荷，但关节力设为地面正常值的 20%，肌肉力设为正常值的 60%。由于航天员在空间飞行期间活动量显著减少，因此载荷每日循环数 n 设为 100，其他重建模拟参数和方法与卧床模拟相同。图 5-63 为模拟空间失重 180 天期间的股骨近端重建密度分布图。

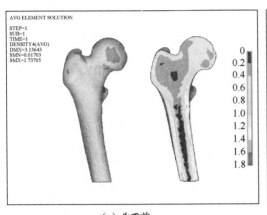

（a）失重前

（b）失重30天

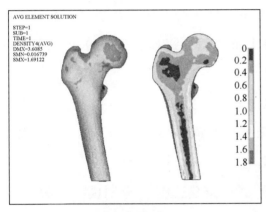

（c）失重90天

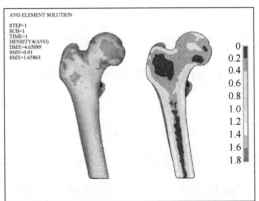

（d）失重180天

图 5-63　模拟空间失重 180 天期间的股骨近端重建密度分布图（见彩插）

航天员空间飞行后骨量变化的测定结果表明[114,115]，股骨近端骨量丢失以平均每月 1%～2% 的速度进行。本分析中，股骨近端模型初始质量为 154.74g，模拟失重 30 天、90 天、180 天后模型质量减小至 151.18g、144.10g、134.37g。骨量分别丢失了 2.3%、6.88%、13.16%，平均每月骨量丢失率为 2.19%，这与实际观察的航天员骨丢失情况基本吻合。模拟失重骨重建的密度分布图显示，股骨大转子和股骨头部位密度明显减小，内部松质骨骨质变稀疏，而骨干皮质骨密度变小，但厚度变化不大，说明股骨近端松质骨骨吸收较为严重，受失重环境影响最大。

②骨重建速率的时间相关性

对执行完长期空间飞行任务的航天员的骨密度测量结果表明，随着空间失重时间的延长，骨丢失情况会持续发生，但其骨丢失总量并非随着飞行时间的延长而线性增加，即骨重建速率是随时间变化的。在空间环境下无法每天跟踪检测航天员的密度变化，国内外现有数据均为航天员飞行前和飞行后的骨骼密度值，从而计算得到平均每月密度变化值，但失重环境下实际骨量丢失速率的变化趋势尚不清楚，骨丢失与飞行时间的关系需要进一步研究。NASA 对分别在空间生活了 29 天、59 天和 84 天的多位航天员进行了飞行期间的钙平衡测定，结果显示，空间飞行前期钙丢失量逐渐增大，失重 20 天时每日钙丢失量约为失重 10 天时的 2.5 倍，失重 84 天后每日钙丢失量约为失重 10 天时的 5 倍，且基本趋于不变[110]，表明在空间失重前期，骨重建逐渐变快，之后骨丢失速率基本稳定。为了更加准确地模拟失重骨重建过程，我们构造了式（5 - 21），来说明骨重建速率与时间的相关性

$$B = B_0(1 - e^{-at}) \qquad\qquad (5-21)$$

B_0 为长期失重骨重建速率，取值与卧床模拟相同，即 $B_0 = 0.008$，当参数 a 取值不同时，重建速率 B 的变化趋势不同。

采用图 5 - 64 所示的 4 种不同变化形式的重建速率 B 分别模拟失重 90 天的骨丢失过程，并与重建速率 B 设为定值时相比较。图 5 - 65 所示为不同重建速率下股骨近端骨量变化曲线，重建速率 B 为定值常数时，骨量基本随失重时间的延长而线性递减。当重建速率 B 随时间变化时，骨量的丢失速率也相应发生不同的变化。

当描述重建速率的指数函数中 $a = 0.04$ 时，失重的最初 10 天内骨量从 154.74g 减至 154.53g，减少了 0.21g；在第二个 10 天内骨量减少至 154.0g，即减少了 0.53g，骨丢失速率约为最初的 2.52 倍；在失重的第 80~90 天骨量从 148.0g 减至 146.86g，减少了 1.14g，约为最初 10 天的 5.43 倍，这与航天员钙丢失速率的变化基本一致。因此认为，重建速率采用 $B = 0.008(1 -$

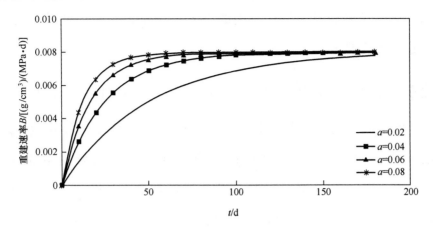

图 5-64　骨重建速率下时间相关性

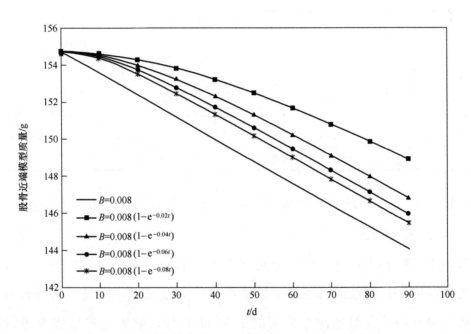

图 5-65　不同重建速率下股骨近端骨量变化曲线

$e^{-0.04t}$ ）得到的骨丢失模拟结果更符合实际情况。

③载荷变化对骨重建的影响

随着空间失重时间的延长，航天员骨丢失量逐渐增大，如果不采取对抗措施，将会导致骨骼力学性能的恶化，严重影响航天员的身体健康和在轨工作效率。目前，预防骨丢失的措施主要有药物预防和运动锻炼等。载人航天实践已证明，长期空间飞行时严格的锻炼措施对预防空间骨丢失有一定的效果。为了研究增加骨骼力学刺激对失重骨丢失的影响，对股骨不同程度受力增加的情况进行了重建数值模拟。

重建激励用每日应力刺激量 φ 表示：$\varphi = \left(\sum\limits_{j=1}^{N} n_j \overline{\sigma^m} \right)^{1/m}$，每日载荷循环数 n 表示股骨所受载荷力的重复加载次数。空间失重环境下无额外运动锻炼时每日载荷循环数设为 100，将骨骼每日受到的载荷循环数分别增加至 500 次、1000 次、2000 次和 5000 次，相当于股骨运动量增加 5 倍、10 倍、20 倍和 50 倍。空间失重飞行 180 天后，模拟得到的骨量变化见表 5-6。

表 5-6　失重环境下载荷循环数变化时股骨近端骨量

每日载荷循环数	股骨近端模型总质量/g						
	失重前	失重 30 天	失重 60 天	失重 90 天	失重 120 天	失重 150 天	失重 180 天
100	154.74	153.23	150.22	146.86	143.45	140.11	136.78
500	154.74	153.33	150.56	147.43	144.29	141.23	138.30
1000	154.74	153.39	150.71	147.71	144.70	141.78	138.98
2000	154.74	153.44	150.88	148.01	145.14	142.36	139.71
5000	154.74	153.52	151.12	148.44	1445.77	143.20	140.76

在模拟失重 180 天后，当每日载荷循环数分别增加 5 倍、10 倍、20 倍、50 倍时，骨量分别丢失了 10.62%、10.18%、9.71%、9.03%，与每日载荷循环数为 100 时相比，骨丢失量分别减少了 0.92%、1.36%、1.83%、2.5%。

失重环境下作用在股骨近端上的载荷力均大幅减少，假设空间飞行时关节力和肌肉力分别减少至地面正常值的 20% 和 60%，航天员进行跑步等锻炼时会获得阻力，以模仿重力效应，从而增加股骨受到的载荷力。通过阻力锻炼将股骨所受关节力增加至地面正常值的 40%、60% 和 80%，每日载荷循环数仍为 100，分别模拟空间失重 180 天的骨丢失重建，得到的骨量变化见表 5-7。

表 5-7　失重环境下关节力变化时股骨近端骨量

关节力	股骨近端模型总质量/g						
	失重前	失重 30 天	失重 60 天	失重 90 天	失重 120 天	失重 150 天	失重 180 天
20% 正常值	154.74	153.23	150.22	146.86	143.45	140.11	136.78
40% 正常值	154.74	153.36	150.64	147.61	144.57	141.64	138.84

续表

关节力	股骨近端模型总质量/g						
	失重前	失重 30 天	失重 60 天	失重 90 天	失重 120 天	失重 150 天	失重 180 天
60%正常值	154.74	153.51	151.11	148.45	145.82	143.29	140.90
80%正常值	154.74	153.68	151.62	149.35	147.12	144.99	142.98

在失重 180 天后，当股骨所受关节力增加至地面正常值的 40%、60%、80%时，骨量分别丢失了 10.28%、8.94%、7.60%，与关节力为正常值的 20%时相比较，骨丢失量分别减少了 1.32%、2.66%、4.0%。模拟结果表明，当载荷每日加载次数不变时，随着股骨所受关节力的增大，骨丢失量相应成比例减少，且增加每次载荷作用力比增加每日载荷循环数对减少骨丢失的作用更大。

航天员实际进行各项运动锻炼时导致的载荷增加量还需要通过具体实验来验证，以量化不同强度和持续时间的各种运动相对应的载荷力以及载荷循环数，准确地制定适当的抗失重锻炼计划。

④骨丢失后承载能力评估

计算结果显示，在相同载荷条件下（关节力 Z 方向 -5000N，如图 5-66 所示），股骨近端在失重 30 天及 90 天后，与失重前的应力值变化不大，在失重 120 天后最大应力值逐渐增大，应力水平随着失重天数的变化规律如图 5-67（g）所示。根据文献报道，股骨皮质骨的拉伸屈服极限为 74.83~100.875MPa（Bayraktar，2004），而失重天数在 180 天时，最大应力为 77.27MPa，已大于屈服极限值，故失重 180 天后，如果股骨载荷力为 5000N，则存在骨折的风险。

图 5-66　模型与加载

⑤返回恢复重建模拟

研究显示，航天员完成 4~6 个月的空间飞行任务回到地球后需要 1~3 年甚至更长的时间恢复，且无法完全恢复失重前的骨量。将失重重建后的骨股近端模型的载荷逐步恢复到地面正常值，对骨重新适应重力场的重建过程进行仿真，模拟经历 180 天空间飞行后的股骨近端的恢复重建过程。

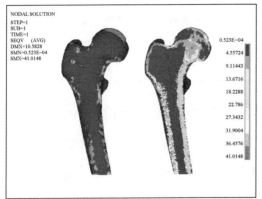

（a）失重前节点应力

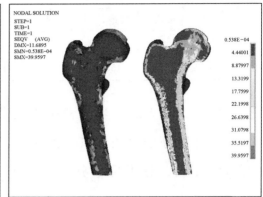

（b）失重30天节点应力

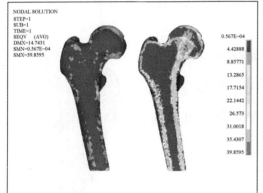

（c）失重90天节点应力

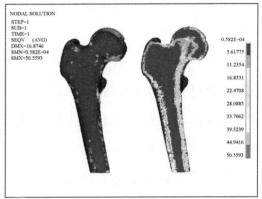

（d）失重120天节点应力

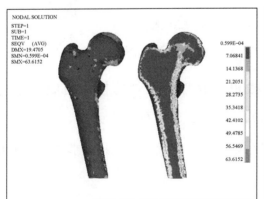

（e）失重150天节点应力

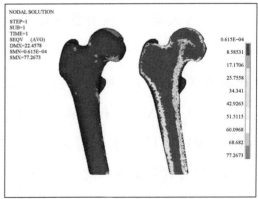

（f）失重180天节点应力

图 5 - 67　失重不同天数后股骨应力水平

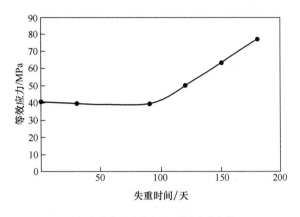

（g）应力水平随着失重天数的变化规律

图 5 - 67　失重不同天数后股骨应力水平（续，见彩插）

图 5 - 68 为空间失重飞行结束后股骨近端受到的载荷逐渐恢复地面正常值时，股骨密度增加的重建过程。股骨近端模型初始质量为 154.74g，经历 180 天失重重建后质量减少为 136.78g，恢复载荷后第 30 天、60 天、90 天时股骨近端质量增加至 140.21g、146.07g、151.85g，即质量分别恢复到初始模型的 90.61%、94.40%、98.13%。模拟结果表明，当载荷恢复时，股骨密度在 3 个月内几乎能恢复到正常值，这与实际情况不符。说明骨骼受力增大时的骨生成速率比骨骼废用时的骨吸收速率要慢得多，即在数值模拟骨生成重建时重建速率需要调整，而具体数值的设定需要进一步实验数据的支持。

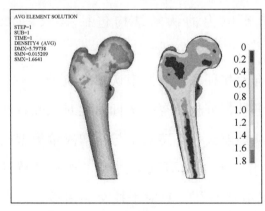

（a）恢复前　　　　　　　　　　　　　　　　（b）恢复第30天

图 5 - 68　失重重建后股骨近端恢复密度分布

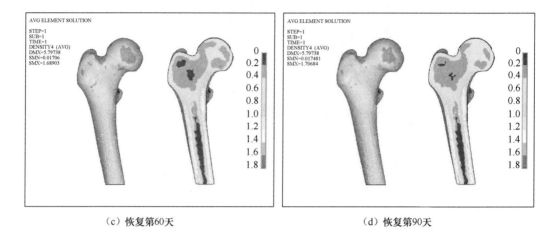

（c）恢复第60天　　　　　　　　　　（d）恢复第90天

图 5 - 68　　失重重建后股骨近端恢复密度分布（续，见彩插）

5.4　面向典型人机交互任务的航天员认知绩效仿真

　　认知绩效建模是指对人的认知过程和任务绩效进行建模仿真的过程。采用认知建模方法来研究人的认知能力，具有早期定量预测、低成本和便捷等特点，适合用来研究航天任务中航天员的认知作业能力。从航天等领域的研究经验看，对复杂人类认知行为进行建模时往往借助能够模拟人类感知、记忆、决策和运动等认知操作过程的集成认知体系结构。认知体系结构是一种在抽象层次上对大脑结构的描述，往往集成了感知、记忆、决策和运动等功能模块，能解释大脑的模块化运行机制，比较有影响力的认知结构包括 ACT - R、Soar 等[46,48]。

　　对航天任务的分析，选取了手控交会对接任务作为典型认知类航天任务开展认知绩效建模分析。研究中开展了任务特征分析、空间飞行环境对认知特性的影响规律研究、认知体系结构筛选、典型航天任务感知觉与认知决策模型构建、认知绩效与作业负荷模型构建等工作。具体的研究与建模工作从"特性层""行为层""绩效层"3 个层面开展。在特性层，针对手控交会对接这一典型航天人机交互任务，研究了任务相关的关键认知特性和脑力负荷特性，并借助在轨飞行任务和失重飞机实验，初步揭示了短期在轨飞行/短期失重对部分手控交会对接关键认知特性的影响。在行为层，选取了适于航天任务认知建模的认知结构体系，以手控交会对接为典型任务，基于视频的行为分析、大声思维、专家访谈、眼动分析等手段对任务中操作者行为特征进行分析，归纳出手控交会对接感知决策操作环路，并提出了手控交会对接感知、决策与控制模型，包括感知输入模型、选轴决策模型、控制决策模型、脑力负荷模型等行为与认知模型。在绩效层，创建了手控交会对接绩效评价的多层指标体系，并建立绩效综合评价模型；对手控交会对接感知与认知决策模型陈述性知识进行了计算实现，并提出了基于多资源通道理论的脑力负荷预测模型；将认知计算模型与任务仿真环境集成，实现了认知模型与任务仿真平台之间的实时信息交互，形成了闭环一体化认知绩效仿真平台，模型仿真后输出控制精度、燃料消耗等各类绩效指标以及多通道的脑力负荷指标。最后，通过将绩效模型仿真输出结果与受试者实验数据进行对比，验证了模型的有效性。

5.4.1　典型航天任务关键认知特性研究

在载人航天飞行任务中，典型认知类作业任务包括手控交会对接、机械臂遥操作控制、仪表状态监控、认知操作类航天医学实验等。每类任务都有其特殊性，不同任务的认知过程以及对人的认知能力需求不尽相同，鉴于此，在研究过程中选取一个具有代表性的典型任务，对认知建模方法学和基本规律进行研究。

通过对航天任务进行归纳，了解到航天员的主要认知操作可分为信息监控、判断决策以及操作控制 3 类。其中，手控交会对接任务比较完整地覆盖了这 3 类操作：任务中航天员监视信息显示界面上的图像以及图形显示信息，来感知追踪飞行器与目标飞行器的相对位置、姿态偏差以及相对运动状态，基于感知到的信息通过提取记忆中的控制目标、控制规则形成判断决策，然后通过操纵控制手柄进行控制。航天员需要感知和控制多个维度的信息，包括飞船平移偏差（X 向、Y 向、Z 向）、姿态偏差（俯仰、滚转、偏航）等，其中平移偏差通过左手手柄调节，姿态偏差通过右手手柄调节。在各类航天任务中，手控交会对接任务的人机系统交互性强，对航天员认知能力需求高，是一个具有代表性的复杂航天人机交互任务。因此，选取手控交会对接任务作为一项典型航天任务开展认知特性与认知建模研究。

理论分析和实验研究结果均表明，认知能力对任务绩效影响显著，其中人的空间认知能力是影响手控交会对接任务绩效的重要认知能力；速度知觉、视觉搜索、再认记忆等能力对特定的手控交会对接任务绩效也有一定的影响[129-131]。

5.4.2　认知绩效模型研究

通过对 MHP/GOMS 系列、EPIC、ACT‑R、Soar 系列等多种认知符号系统建模框架进行了系统分析研究，选择了 ACT‑R 框架开展典型航天任务认知建模。ACT‑R 的核心组成包括中央产生系统、目标模块、记忆模块、感觉模块和运动模块（见图 5‑69），它的核心思想是用程序性知识的"条件—动作"处理记忆和感觉到的陈述性知识，然后改变目标或记忆模块内容，命令运动模块做出反应。相对其他框架，该框架的主要优点在于可对高级认知过程（如学习、记忆、决策和问题解决等方面）进行深入描述，有丰富的神经影像学理论依据。同时，ACT‑R 既是一个完整的建模理论，又提供了开源的建模仿真通用软件平台，在该平台上可对典型航天任务执行中的认知和行为过程进行计算表达和模拟。在仿真层次方面，该框架涵盖了特性、行为和绩效 3 个层次，与建模层次一致。在特性层，ACT‑R 包含诸多认知特性参数（如基本反应、记忆、决策选择等），这些特性能通过模型设置和修改，并且允许建模人员引入新的特性参数；在行为层，建模人员可根据规则编写刺激‑响应规则建立各类任务的知识，并通过手操作模块实现模型与任务的交互；在绩效层，模型可输出反应时、正确率以及各类过程绩效。

鉴于以上分析，选定 ACT‑R 作为航天任务认知建模仿真的认知结构体系。基于该体系，可对各类航天人机交互任务进行建模仿真分析。研究中选取手控交会对接作为典型航天人机交互任务，在 ACT‑R 框架下进行认知建模仿真研究，一方面通过仿真分析更深入地揭示典型航天任务的认知过程和认知特性，另一方面对 ACT‑R 的适用性进行验证，同时拓展 ACT‑R 在复杂人

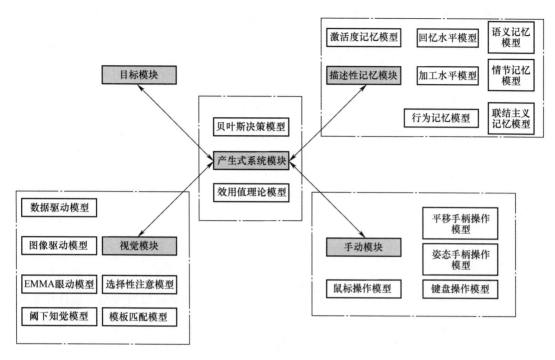

图 5-69 基于 ACT-R 的航天任务的认知模型架构

机交互任务建模中的应用。

（1）手控交会对接任务认知任务分析

选取了手控交会对接作为典型认知类航天作业开展认知建模研究。通过观察法、大声思维法、眼动分析法等多种任务和数据分析方法研究了手控交会对接任务的认知和操作行为特征。

在部分模拟手控交会对接实验中，全程进行了视频采集。其信号分为四路：观测屏上的视景显示视频、受试者在模拟舱内的全景视频、受试者左手操作视频、受试者右手操作视频。这四路信号采集是同步的，回放时可同时观测这四路同步的视频信号，从而能更全面地了解操作者任务执行过程。

在模拟手控交会对接实验中，为避免对受试者的操作造成影响，没有直接要求受试者通过大声思维把任务执行过程中的思维过程说出来，而是在实验后让熟练的受试者对照其实验视频回忆其当时的思维、判断和决策过程，并将其用文字的方式记录下来。由于视频回放过程可以随时中断，受试者有充足的时间来整理和记录其任务中的思维过程。此外，由于该受试者有认知心理学专业背景，其对思维过程的描述能较为准确地揭示任务中的认知过程与认知要素。这种方式实际上是将观察法与大声思维法进行了有机结合，能较为系统地获取任务认知需求。

表 5-8 展示的是通过观察法与大声思维法对手控交会对接任务初始阶段的认知与决策过程。通过观察法和访谈法的认知任务分析，获得了熟练操作者执行手控交会对接任务的一种典型操作流程：

表 5-8　手控交会对接任务初始阶段的认知与决策过程

输入	信息加工				输出
视知觉	注意	记忆	判断	决策	动作
在背景下搜索与记忆相匹配的前景	锁定目标器位置	提取目标器轮廓和标志特征	确定飞船大致相对位置和姿态	筛选飞船位置和姿态的控制顺序（先调节姿态）	右手调节俯仰或偏航，使目标器向标尺中心移动，之后进行滚动调节
观察目标器帆板倾斜角与标尺的夹角变化	夹角变化趋势	滚转偏差判断规则	滚转轴继续控制是否会超调（否）	继续进行滚转轴调节	右手滚转轴顺时针或逆时针旋转
目标器向标尺中心靠拢	水平和垂直综合靠拢趋势	偏航和俯仰靠拢的效率	俯仰或偏航的合成轴在姿态控制轴的表象平面上的斜率	偏航或俯仰哪个轴需要放或收	右手俯仰或偏航继续控制
目标器向标尺中心靠拢	目标器质心与标尺中心的靠拢距离差	偏航和俯仰偏差判断规则	目标器质心与标尺中心的距离	偏航或俯仰哪个轴需要放或收	右手俯仰或偏航轴操作同时停止
飞船接近速度值 ρ 与加速度值 $\Delta\rho$	ρ 值与 $\Delta\rho$ 值变化趋势	两飞行器距离变化规则	飞船接近速度大小	飞船接近速度较小，应适当加速	左手平移手柄加速杆往前推
目标器轮廓变化以及 ρ 值、$\Delta\rho$ 值变化	ρ 值、$\Delta\rho$ 值变化趋势	两飞行器距离变化规则	飞船接近速度是否适宜	飞船接近速度适宜	左手平移手柄前推操作停止

1）通过姿态控制手柄的滚转控制轴消除感知到的滚转角度偏差。

2）根据训练获得的经验知识，通过控制俯仰轴和偏航轴使目标飞行器迅速"移动"至图像显示屏幕中心附近。

3）根据感知到的俯仰角度偏差和偏航角度偏差通过姿态控制手柄消除对应的角度偏差。

4）通过平移控制手柄将感知到的 X 轴速度偏差控制在适当的范围内。

5）根据感知到的 Y 轴和 Z 轴的位置偏差与速度偏差通过平移控制手柄消除对应的偏差。

1）～5）形成循环，直到追踪飞行器和目标飞行器成功完成交会对接。归纳出手控交会对接总体感知决策操作环路，如图 5 - 70 所示。

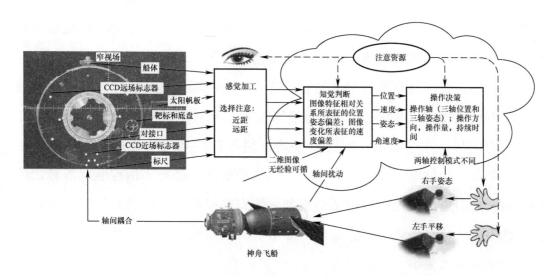

图 5 - 70　手控交会对接总体感知决策操作环路

通过任务分析，还总结出手控交会对接任务的几个操作特点：

1）图像界面所显示的目标飞行器的大小和清晰度随着两个飞行器之间的距离（X 轴距离）而变化，具体表现为目标飞行器随着 X 轴距离减小而越来越大，也越来越清晰。这一物理特性影响人的感知过程，如速度感知、姿态角度感知等。最明显的影响是感知阈值，即速度感知和姿态角度感知的阈值随着两飞行器间 X 轴距离的改变而改变。

2) 手控交会对接任务在操作时所要避免的最坏情况是目标飞行器飞出图像显示屏幕（也称为飞出视场）。在这种情况下，操作者将看不到目标飞行器，也很难做出正确的控制操作。目标飞行器飞出视场的主要原因是 Y 轴或 Z 轴的位置偏差太大，而且速度偏差处于"远离"状态，因此在平移控制时要充分考虑这一情况，尽量避免目标飞行器飞出视场。

3) 平移手柄和姿态手柄的控制特性不同。平移手柄是二阶加速度控制，姿态手柄是一阶速度控制。两个手柄物理特性的差别决定了姿态控制与平移控制中的认知加工过程不同，其控制决策模型也不存在差异。

（2）手控交会对接感知决策与控制模型

①手控交会对接认知模型整体构架

在行为特征分析的基础上，提出了手控交会对接认知模型，主要包括目标模块、感知模块、决策模块和控制模块 4 个功能模块。目标模块存储完成对接任务要达到的各项指标要求，如平移精度指标、姿态精度指标、平移速度指标等；感知模块管理所有底层视觉信息的感知，如飞船的距离、位置和速度等信息；决策模块使用感知信息和目标信息决定是否做出策略性的决定，如进行哪个维度的控制，进行加速控制还是减速控制等；控制模块负责控制动作的输出，如平移手柄控制（X 向、Y 向、Z 向）的输出、姿态手柄控制（滚转、俯仰、偏航）的输出。所构建的认知模型框架完整模拟了人的信息加工回路，包括信息输入、信息处理和信息输出，如图 5-71 和图 5-72 所示。

②感知输入模型

通过眼动等分析发现，在手控交会对接任务中，操作者主要依靠图像获取飞船状态信息，包括目标飞行器舱体图像（远距离）、太阳能电池帆板图像（远距离）、十字靶标图像（近距离）和显示屏坐标轴。根据这些图像信息，操作员经过视觉搜索和编码、知觉判断等认知过程，得到两个飞行器之间的位置偏差、速度偏差和姿态偏差。

人感觉到一个刺激的存在或者刺激的变化，这个刺激的强度或强度的变化需要达到一定的量值，这个临界值就是感觉阈值，其有绝对阈限和差别阈限两种。手控交会对接任务主要涉及的是绝对阈值。在手控交会对接任务中，位置

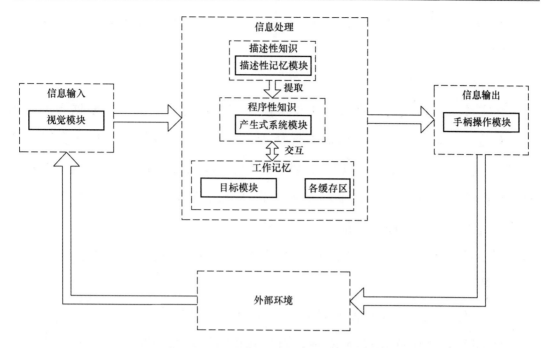

图 5-71　认知模型模拟人的信息加工回路

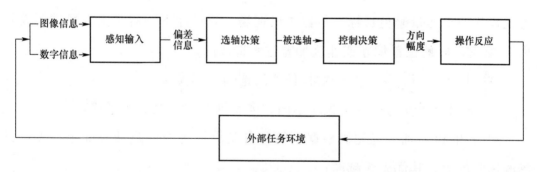

图 5-72　手控交会对接任务中的认知决策模型构架

偏差、速度偏差和姿态偏差的感知过程都存在绝对阈值，只有当偏差大于相应的阈值时，人才能有效地感知到偏差信息。

根据以上分析并做适当简化，可将手控交会对接任务的感知输入模型描述为：

1）感知的主要信息是平移三轴（X 轴、Y 轴、Z 轴）的位置偏差和速度偏差，姿态三轴（滚转、俯仰、偏航）的姿态角度偏差。

2）感知信息主要通过观察目标飞行器（近距离下是十字靶标）和显示屏坐标轴原点两个视点来获取。

3）偏差信息存在绝对阈值，只有偏差大于相应阈值时才能被人有效和准确地感知到。

③选轴决策模型

在完成感知信息后，将进入决策阶段。首先是选轴决策，即根据当前时刻的所有偏差信息，从 6 个控制轴中选择 1～2 个优先控制轴。手控交会对接任务有 6 个控制轴，分别是 X 轴、Y 轴、Z 轴、滚转、俯仰、偏航。这 6 个控制轴分布在两个控制手柄上，平移手柄负责 X 轴、Y 轴、Z 轴三个控制轴，姿态手柄负责滚转、俯仰、偏航三个控制轴。

根据对专家访谈的结果，可知手控交会对接任务的选轴决策具有以下特点：

1）总体上是先姿态后平移，即优先选择姿态控制轴。

2）平移选轴中优先选择 X 轴，而具有相同优先级的 Y 轴和 Z 轴的选择依据其位置偏差和速度偏差来决定。根据认知任务分析的结果，手控交会对接任务在操作时要尽量避免目标飞行器飞出视场，而目标飞行器飞出视场主要就是由 Y 轴或 Z 轴的位置偏差或速度偏差过大造成的。

基于以上分析，手控交会对接任务的选轴决策模型为：

1）不同控制轴的控制优先级不同，姿态轴的优先级高于平移轴；

2）Y 轴和 Z 轴的优先级根据它们各自飞出视场的风险动态确定，飞出视场的风险越大，其优先级越高；

3）按照优先级高低，并根据各轴对应的偏差是否大于绝对阈值，做出选轴决策。

在手控交会对接任务中，目标飞行器在 Y 轴和 Z 轴上各有两种相对运动状态，一是远离视场中心，二是接近视场中心，图像显示屏的中心原点为视场中心。目标飞行器在 Y 轴和 Z 轴上所处的相对运动状态直接影响了其各自飞出视场的风险。当 Y 轴或 Z 轴至少有一个是处于远离视场中心状态时，Y 轴和 Z 轴飞出视场的风险定义如式（5-22）所示；当 Y 轴或 Z 轴都处于接近视场中心状态时，Y 轴和 Z 轴飞出视场的风险定义为

$$\begin{cases} R_Y = |V_y|^2 + a|y| \\ R_Z = |V_z|^2 + a|z| \end{cases} \tag{5-22}$$

$$\begin{cases} R_Y = aV_y^2/|y| \\ R_Z = aV_z^2/|z| \end{cases} \tag{5-23}$$

④控制决策模型

根据专家访谈和数据分析结果，操作员操控 6 个控制轴的控制量主要包括负向最大、零位和正向最大 3 种。因此，控制决策模型主要关注对控制方向的建模，可分为姿态控制和平移控制两类。

在选轴决策完成之后，就要进行控制决策，即对所选控制轴的控制方向做出决策，这一过程还涉及记忆提取过程（提取关于控制方向以及控制手柄特性的知识记忆）。由于姿态控制是一阶速度控制，而平移控制是二阶加速度控制，因此姿态控制与平移控制的决策模型有很大不同。

姿态控制是一阶速度控制，在控制中只需消除角度偏差，而角速度偏差近乎为 0，控制动作取决于姿态角度偏差的大小。结合人感知姿态偏差的特性，姿态控制模型可以描述为：设某一姿态角度偏差感知的绝对阈值是 A_{th}，当前实际的姿态角度偏差为 e_{real}，控制动作输出为 u（u 从 $+c$、$-c$、0 中取值），则 u 为

$$u = \begin{cases} +c, & e_{real} < -e_{th} < 0 \\ -c, & 0 < e_{th} < e_{real} \\ 0, & |e_{real}| \leqslant e_{th} \end{cases} \tag{5-24}$$

式中，c 表示手柄操作的最大幅值。

平移控制是二阶加速度控制，在控制中不仅要消除位置偏差，还要消除速度偏差，涉及速度估计和时间估计等认知过程。通过理论分析和大量数据挖掘，研究中开创性地提出了"基于时间估计和时间期望的平移控制模型"。在该模型中，影响平移控制量 u^* 决策的主要因素是操作者对运动物体（飞船靶标）移动到目标位置的时间估计（T_{reach}）与运动物体减速到静止状态所需时间估计（T_{dec}）的比值。以水平 Y 轴控制为例，$\dfrac{T_{reach}}{T_{dec}} = \dfrac{|y|/V_y}{V_y/a} = a\dfrac{|y|}{V_y^2}$，其

中，Y 为 Y 轴当前的位移，V_y 为飞船沿 Y 轴的速度，a 为 Y 轴手柄控制的加速度，其感知与控制规律见式（5－25）和表 5－9。

$$\begin{cases} u^* = +a, \ \dfrac{T_{\text{reach}}}{T_{\text{dec}}} \geqslant k_1 \\[3mm] u^* = 0, \ k_2 \leqslant \dfrac{T_{\text{reach}}}{T_{\text{dec}}} \leqslant k_1 \\[3mm] u^* = -a, \ \dfrac{T_{\text{reach}}}{T_{\text{dec}}} < k_2 \end{cases} \qquad (5-25)$$

表 5－9　平移控制感知要素与操作控制

感知要素的数字化	数字化感知要素取值范围	状态判断	操作控制 u^*
$T_{y\text{reach}}/T_{y\text{dec}}$	$>k_1$［其中，k_1 近似服从 N（35，5）的正态分布］	接近过慢	加速
	$<k_2$［其中，k_2 近似服从 N（4，1）的正态分布］	接近过快	减速
	$k_1 \sim k_2$ 之间	接近速度适宜	不控制

从人的控制行为和任务数据分析中建立了"基于时间估计和时间期望的平移控制模型"。其中，k_1、k_2 的取值存在个体差异，反映了操作者感知和决策的个体特征。k_1、k_2 在适当的范围内取值，能保证平移控制任务的成功执行。在适当的范围内调整 k_1、k_2，平移控制任务完成绩效（如燃料消耗、对接精度偏差）会有一定差异，且与不同操作类型受试者的数据相匹配。该模型阐述了加速度控制模式下的平移控制中人的感知要素和控制策略。

5.4.3　认知绩效评估

（1）手控交会对接绩效评估模型

利用桌面式手控交会对接实验平台开展了研究。该平台完成了 GNC 建模与仿真、电视图像仿真、对接机构仿真、数据存储与回放等功能模块的设计与开发，如图 5－73 所示[132]。实验平台一方面追求仿真环境与真实应用环境的相似性，对 GNC 和动力学、对接机构、仪表、电视图像等因素进行了较为严格、逼真的建模与仿真；另一方面该平台还考虑了实验研究的灵活性要求，具有实验方案和初始化信息可配置、实验中各类绩效数据实时记录、实验数据图像信息可全程记录和回放等功能。手控交会对接实验平台不仅能允许人类受试者通过物理手柄进行操作控制，还可以通过通信接口接受认知模型的虚拟手柄控制。设计开发的实验平台保障了手控交会对接认知、决策特性以及建模仿真方面的研究。

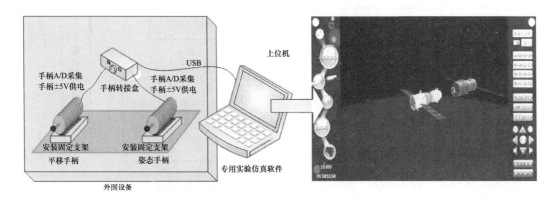

图 5-73　手控交会对接实验系统结构示意图

（2）建立绩效指标体系

手控交会对接实验平台记录的绩效指标种类繁多，这些绩效指标可分为对接精度指标和对接过程指标两大类。对接精度指标主要包括两个飞行器在对接完成时刻的位置偏差、速度偏差和姿态角度偏差，只有这些指标都在规定的阈值范围内，任务才算成功完成，这些指标的数值越小，说明对接精度越高。对接过程指标主要包括整个任务期间的位置累积偏差、速度累积偏差、姿态角度累积偏差以及燃料消耗等指标。其中，燃料消耗是一个与操作行为密切关联的指标，一般而言，手柄控制动作越频繁、幅度越大，燃料消耗越大。

研究提出的绩效指标体系如图 5-74 所示。最顶层是任务绩效指标综合，包括对接精度绩效指标和对接过程绩效指标。对接精度绩效指标底层包括对接时刻姿态角度偏差（滚转、俯仰、偏航）、对接时刻 Y 轴和 Z 轴的位置偏差和速度偏差。累积偏差指标底层包括姿态角度累积偏差（滚转、俯仰、偏航）、Y 轴和 Z 轴的位置累积偏差和速度累积偏差。累积偏差的计算为

$$a = \sum_{i=1}^{N} |x_i| \qquad (5-26)$$

式中，x_i 为每个时刻的偏差数据；N 为数据长度。

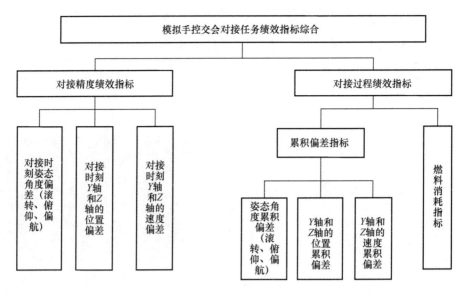

图 5 - 74　模拟手控交会对接任务绩效指标体系

（3）绩效指标综合

手控交会对接任务的绩效指标众多，仅靠单个底层指标可能无法全面反映任务绩效水平，因此需要对多个同类的底层绩效指标进行合理组合，产生能较为全面反映对接精度绩效和对接过程绩效的对接精度综合指标与对接过程综合指标。然后，将对接精度综合指标、对接过程综合指标进行综合得到整个任务的综合绩效指标。这 3 个综合指标可以比较全面地反映操作者的绩效水平。

研究采用的是线性加权模型进行指标综合。根据指标体系的特点，在底层指标进行综合时，研究应用了"熵权法"来确定指标权重[132]，各指标数据的信息效用决定了其在线性加权时的权重。两个中间层指标综合为顶层的任务绩效大综合指标时，研究中应用了专家打分的方式进行赋权（对 10 名专家的赋权进行平均后，对接精度综合指标权重为 0.6，对接过程综合指标权重为0.4）。

5.4.4　认知建模仿真实现

在 ACT - R 认知建模框架下，对观测、决策和控制这 3 类主要操作进行了数字化描述，3 类操作形成了交会对接任务认知决策与控制操作的反复循环，模拟了人执行手控交会对接任务的认知决策与控制操作过程。研究中开发了 ACT-R、认知建模平台与手控交会对接任务模拟器的通信接口，利用 UDP 接口通信协议实现了认知模型与手控交会对接任务模拟器的信息交互，即模拟了"任务与环境特征→人的感知→人的认知决策→人的操作→更新后的任务与环境特征……"这一动态人机交互过程。

根据 ACT-R 的理论，认知模型主要由知识和参数组成，知识包括陈述性知识和程序性知识，参数包括认知参数和任务参数。根据手控交会对接的认知模型，分别实现认知模型中的陈述性知识和程序性知识，并通过参数估计获取任务参数和认知参数，同时集成任务仿真环境，形成闭环的一体化认知绩效仿真平台。

根据认知任务分析的结果，手控交会对接任务分为感知、决策、操作反应 3 个阶段，其中决策又分为选轴决策和控制决策。认知模型的程序性知识由 23 条产生式组成，这 23 条产生式按它们所处的任务阶段，可以分为 6 类，分别是初始化任务 1 条（start）、感知视觉信息 3 条（find-drone, attended-drone, start-decision）、选轴决策 5 条（choose-{roll, yaw, pitch, x, from-yz}）、控制决策 6 条（control-{roll, yaw, pitch, x, y, z}）、操作反应 6 条（operate-{roll, yaw, pitch, x, y, z}）、检查任务是否结束 2 条（task-complete，Task-not-complete）。

认知模型 23 条产生式的执行流程及目标模块中状态（state）属性的变化流程如图5-75所示。认知模型开始运行后，首先设置任务目标（acc-goal）。然后执行 start 产生式，完成任务的初始化工作，并进入感知阶段。该阶段执行 find-drone 产生式，获取十字靶标的位置信息，执行 attended-drone 产生式，根据位置信息编码两个飞行器间的各种偏差信息，并启动视觉追踪机制，时刻注意十字靶标并获取十字靶标的位置信息和两个飞行器间的各种偏差信息。其后执行 start-decision 产生式，进入决策阶段。该阶段首先是选轴决策，根据当前两个飞行器间的各种偏差信息和选轴决策模型，选择执行 5 条产生式（choose-{roll, yaw, pitch, x, from-yz}）中的一条，完成选轴决策，得出选轴结果。其次是控制决策，根据选轴结果和控制决策模型，选择执行 6 条产生式（control－ {roll，yaw，pitch，x，y，z}）中的一条，完成控制决策，得出控制方向和控制幅度，并根据所选控制轴、控制方向和控制幅度从陈述性记忆中提取相应的知识块，从而获取实际操作动作。再次是进入操作反应阶段，根据从知识块中获取的实际操作动作，选择执行 6 条产生式（operate－ {roll，yaw，pitch，x，y，z}）中的一条，完成操作反应。最后检查任务是否结束，根据结果选择执行 2 条产生式（task－complete，task－not－complete）中的一条。

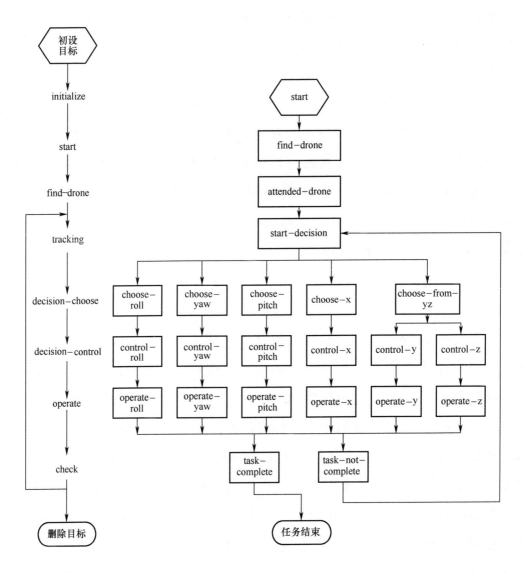

图 5－75　认知模型 23 条产生式的执行流程及目标模块中状态属性的变化流程

通过建立认知模型和任务平台之间的通信接口，可实现两者的实时信息交互，其具有以下优点：

1）构成完整闭环仿真，有利于对认知过程进行全面分析。

2）认知模型与人操作相同的任务模拟器能保证感知信息输入和操作信息输出一致，增加了认知模型仿真结果的有效性。

3）相同的任务模拟器生成的绩效数据内容相同、格式一致，可以直接定量地比较认知模型和人的绩效数据，有利于对模型进行评估和验证。

研究中以认知模型为核心，研究中集成虚拟显示屏、虚拟手柄和通信接口，突破了航天复杂人机交互任务认知决策计算模型构建与"模型-任务"实时交互技术，构建了认知模型和手控交会对接任务平台之间的通信接口，实现了认知模型与任务平台之间的实时信息交互。认知模型和任务平台的通信采用UDP 组播协议实现，如图 5 - 76 所示。服务器端是手控交会对接任务平台，客户端是基于 ACT - R 的认知模型。认知模型不断从任务仿真平台获取任务的实时动态信息，并输入人的视觉感知模型，同时认知模型在决策后向任务仿真平台发送控制输出指令，模拟人操作手柄的过程，如图 5 - 77 所示。

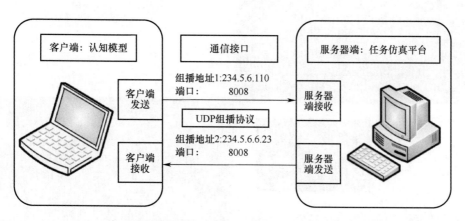

图 5 - 76　ACT - R 认知模型与手控交会对接任务仿真平台的通信接口示意图

基于所构建的认知绩效指标体系开发了手控交会对接绩效分析软件，能对手控交会对接任务中时间、燃料、对接偏差等各类绩效指标进行实时分析和显示，如图 5 - 78 所示。基于多通道时间占用率模型提出了脑力负荷预测分析模

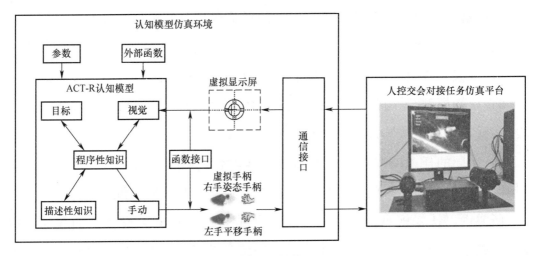

图 5-77 认知模型与任务仿真平台之间实时信息交互

型，根据近红外脑血氧实验数据确定了多感知与认知通道在计算总体负荷时的权重，并在平台中开发了负荷分析软件，能实时地输出感知、认知决策、操作等通道的任务负荷。

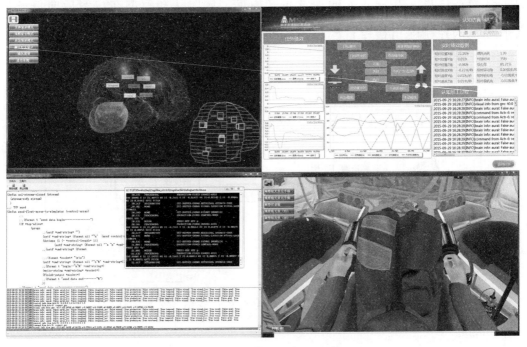

图 5-78 认知建模仿真与可视化界面

(左上：ACT 模块关联脑区激活可视化示意图；右上：实时绩效显示；

左下：ACT-R 认知模型运行监控；右下：操作可视化)

5.4.5 认知模型验证

将模型输出数据和受试者实验数据进行对比是验证模型有效性的重要手段。为了进行可靠的验证，在认知建模中开发了认知模型与手控交会对接任务平台的通信接口，模型和人类受试者在同一任务平台上执行手控交会对接任务，其操作行为和绩效具有完全的可比性。通过绩效指标体系构建对指标进行了筛选和综合，确保所对比指标的科学性与全面性。

选取 10 名受试者在桌面式模拟手控交会对接任务平台上每人完成 11 组模拟手控交会对接任务。受试者全部为男性，年龄范围为 27～38 岁，右利手，矫正视力 5.0 以上。所有受试者均为本科及以上学历。同样，让认知绩效模型执行相同初始配置的模拟手控交会对接任务。

针对每一次任务，每一个偏差指标，计算在任务时间内 10 名受试者数据的四分位数，并画图统计图形。在认知模型中设定了专家的认知决策参数，将模型输出结果与任务专家结果进行对比分析。图 5 - 79 所示为任务 2 的统计比

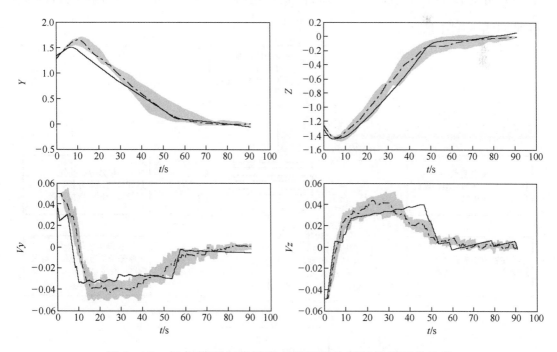

图 5 - 79   认知模型与受试者人群平移控制绩效指标的比较

（实线：认知模型数据；阴影区域：受试者人群数据；虚线：受试者人群数据中位数）

较图形，由图可以直观看出：认知模型能较好地模拟任务专家人群的部分绩效指标，对于各项偏差过程绩效指标，模型数据和实验数据的相关系数均在0.75以上（$P<0.05$），进一步验证了模型的有效性。

5.5 航天员建模仿真系统的集成与应用

在各模块研发的基础上，集成开发了航天员建模仿真系统，包括系统软硬件框架及工作流程设计、多模型交互融合系统设计、特性数据库软件的功能与实现、作业任务可视化三维建模、绩效分析结果的可视化，以及平台综合调度管理模块软件和平台硬件的组成与实现。

5.5.1 系统软硬件框架及工作流程设计

为支持多层次多模型仿真分析，将 AMSS 的体系架构设计为分层的星状结构并分为以下 3 个层面。平台软件系统组成设计规划如图 5-80 所示，平台组成如图 5-81 所示。

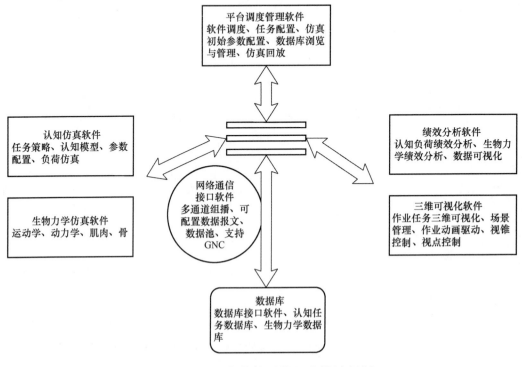

图 5-80 平台软件系统组成设计规划

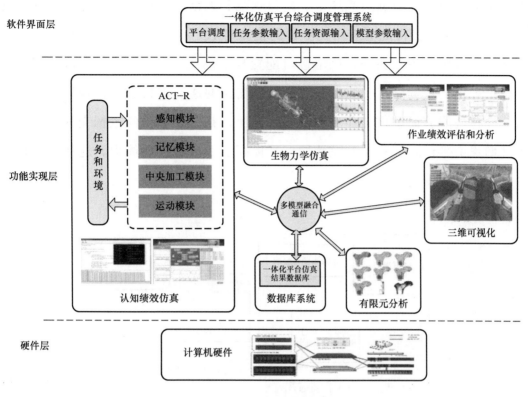

图 5-81　平台组成

1）交互操作界面层，主要包括平台调度管理软件，实现软件调度、任务配置、仿真初始参数设置、数据库浏览与管理和仿真回放等功能。

2）功能实现层，主要包括生物力学仿真软件、认知仿真软件、绩效分析软件与三维可视化软件，实现操作者生物力学仿真、认知决策过程仿真、作业绩效与作业负荷分析以及作业任务可视化等功能。

3）底层平台硬件层，主要包括数据库系统以及所有软件运行的计算机硬件系统。该硬件平台不仅能保证常规软件的运行，其计算能力还能保证骨应力等有限元分析计算。

5.5.2　多模型交互融合设计

根据多模型交互融合系统针对异构模型的并发处理特点，研究了平台中多类模型的实时集成机制，开发了数据实时通信模块。设计了基于数据池的可扩展分层通信机制，其框架如图 5-82 所示。平台系统围绕融合通信软件的开发，不断完善系统数据组织规范、接口规范和数据交互规范的制定工作，并通过 XML 描述语言将规范应用到平台的模型参数、任务设定、软件界面生成和网络接口等配置中。在平台网络接口配置规范的 XML 文件中，对网络组播中的数据名称、数据分组、数据报文、数据交换的通道进行了规范说明，网络通信软件模块能够通过该文件生成网络数据池，并完成平台间数据交换。这一技术既增强了平台软件系统的灵活性，又提高了平台的扩展能力，还能有效地减少平台软件开发的工作量。

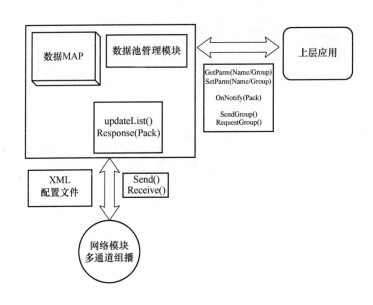

图 5-82　基于数据池的分层实时数据通信

5.5.3　特性数据库系统软件的功能与实现

开发了特性数据库及特征层显示软件，用于不断收集和添加关于人的特性研究成果及实验数据，并以分层目录和人体可视化的方式提供检索和查阅，支持管理功能，可以不断增加今后新的研究成果，为建造人的特性数据库和专家系统打好基础。虚拟人航天员分为蒙皮层、肌肉层、骨骼层及大脑层 4 个显示层次，每个层次分别可查看设置的参数（人体测量参数、肌肉特性参数、骨骼特性与关节特性参数以及认知特性参数）。图 5-83 所示为虚拟航天员人体测量、肌肉和骨骼特性可视化交互式查看界面。

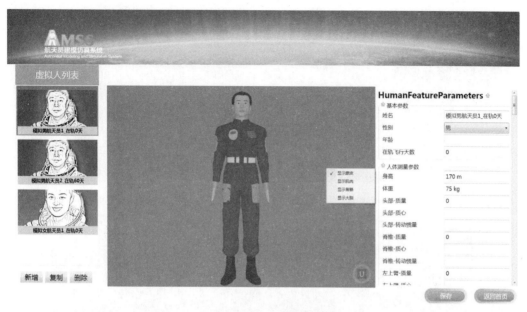

（a）数字人参数配置主界面

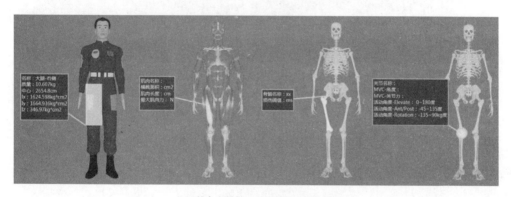

（b）数字人骨骼、肌肉数据可视化界面

图 5 - 83　虚拟航天员人体测量、肌肉和骨骼特性可视化交互式查看界面

5.5.4　作业任务可视化三维建模

针对作业任务可视化开展了三维建模工作，建立了虚拟航天员三维人体模型，开发了航天器多个舱段的舱内三维模型（舱门等部件可交互）、手控交会对接三维场景可视化软件，通过将虚拟航天员三维人体模型加载到舱内三维模型中，并利用认知绩效仿真模块、生物力学仿真模块驱动虚拟航天员的认知决策与操作，实现了虚拟航天员开舱门、执行手控交会对接等任务过程的可视

化。图 5 - 84 所示为虚拟工作场景与作业任务可视化示例。

（a）飞船返回舱模型　　　　　　　　　　　（b）目标飞行器模型

（c）交会对接三维可视化软件

图 5 - 84　虚拟工作场景与作业任务可视化示例

5.5.5　绩效分析结果的可视化

航天员建模仿真系统中对体力任务和脑力任务分别进行了负荷与绩效分析，并通过图形与文字相结合的形式对分析结果进行了可视化。

（1）体力任务负荷与绩效分析

该模块主要由关节负荷强度评估、上肢负荷强度评估、肌肉负荷强度评估及疲劳分析等 4 类分析功能组成。其中，关节负荷强度评估、上肢负荷强度评估、肌肉负荷强度评估分析又分为静态分析（针对静态姿势的分析）和动态分析（针对运动的分析）。此外，通过参数设置功能能够对分析算法的调节参数进行设置。体力任务负荷和绩效分析模块总体设计图如图 5 - 85 所示，在系统中实现的界面示例如图 5 - 86 所示。

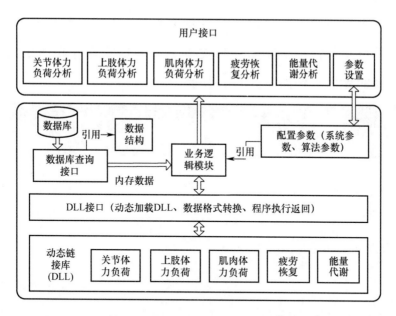

图 5 - 85　体力任务负荷和绩效分析模块总体设计图

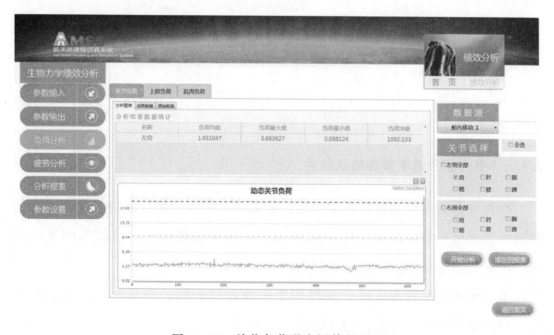

图 5 - 86　关节负荷强度评估界面图

（2）脑力任务负荷与绩效分析

脑力任务绩效分析软件实现的功能主要包括：对模拟手控交会对接任务的

行为数据进行分析，输出任务初始状态值，平移控制曲线与姿态控制曲线；对整个对接任务进行绩效综合评估；以图表和表格的形式将绩效分析结果展示在分析界面，并可将数据结果以图片和文本文件的形式保存在指定的文件夹中。在系统中实现的界面示例如图 5-87 所示。

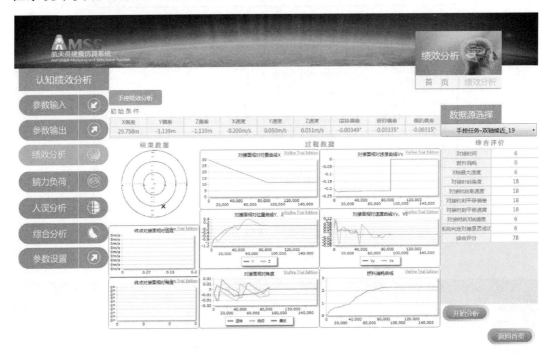

图 5-87　手控交会对接绩效指标与行为指标数据分析软件主界面

5.5.6　平台综合调度管理模块软件

平台综合调度管理模块是用户和研究者为了实现仿真分析进行交互操作的界面，主要实现软件调度、任务配置和仿真初始参数设置、数据库浏览与管理、仿真回放等功能。模块主界面如图 5-88 所示。

平台综合调度管理模块软件界面中包含各单元的功能层次、功能模块名称、功能描述和实现方式，归纳见表 5-10。

平台调度管理软件中包括人的特性模型，这些特性包括人体测量参数、认知特性参数、生物力学参数等。行为仿真中目前主要包含体力任务行为仿真、脑力任务行为仿真，其中，体力任务行为仿真主要调用生物力学仿真模块，脑

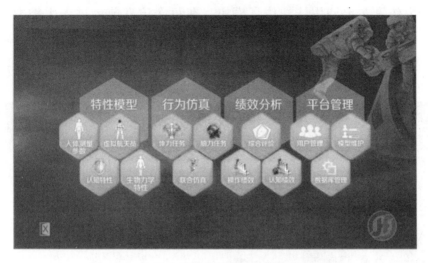

图 5-88　平台综合调度管理模块软件界面

表 5-10　平台功能概括

功能层次	功能模块名称	功能描述	实现方式
特性模型	人体测量参数	集成航天员测量参数集库，提供数据统计及可视化功能	内部模块
	认知特性参数	集成认知及心理研究成果，建立认知特性及规律可视化数据库	内部模块
	生物力学特性	集成人体生理及生物力学研究成果，建立生物力学特性及规律可视化数据库	内部模块
行为仿真	体力任务	实现典型操作的任务仿真配置、仿真计算和仿真监控	调用生物力学子软件、任务三维可视化软件
	脑力任务	实现典型认知仿真任务配置、任务仿真和仿真监控	调用认知绩效仿真子软件、任务三维可视化软件、脑区可视化软件、交会对接模拟仿真软件
	联合仿真	实现认知和生物力学的联合仿真	暂未开发
	操作绩效	实现人体运动学、动力学、肌肉力、骨应力及操作负荷等分析	集成软件模块
绩效分析	认知绩效	实现脑区负荷及任务绩效分析	集成软件模块
	综合评价	实现综合分析	集成软件模块
平台管理	用户管理	平台用户角色分配	内部模块
	模型维护	平台中各仿真模型的参数配置管理	内部模块
	数据库管理	提供仿真结果数据管理与数据导出	内部模块

力任务行为仿真主要调用认知仿真模块。在每次仿真前，进入生物力学仿真调度管理界面以及认知仿真调度管理界面，界面中可设置任务参数，并可读取或设置执行任务的虚拟航天员参数，软件界面如图5-89和图5-90所示。

图5-89 平台综合调度管理软件界面：生物力学仿真

图5-90 平台综合调度管理软件界面：认知仿真

5.5.7　平台硬件的组成与实现

AMSS集成了多个软件模块，因此平台显示硬件采用了桌面式多屏显示模式，这种显示方式比较适合于 AMSS 界面显示多、内容复杂的情况。硬件连接如图 5 - 91 所示。显示系统的电视矩阵由 4 台液晶电视组成，每两台通过支架固定。在仿真过程中，每个子系统的计算量都比较大。为了避免计算瓶颈，使用两台服务器部署各子系统。服务器和集群系统通过交换机相连，实现数据交换。每台服务器安装一个多屏显卡，用于每个子系统的分屏和分窗口显示。界面显示信息通过多屏显卡输出到电视矩阵。

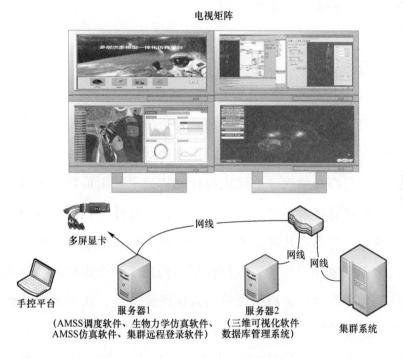

图 5 - 91　平台硬件组成示意图

5.5.8　建模仿真系统应用

航天员建模仿真系统在我国空间站任务以及空间实验室任务的设计规划中得到了实际应用，例如，在空间站任务的方案阶段和初样设计阶段，基于航天员建模仿真系统及所建立的骨肌生物力学模型、体力负荷评估模型，对核心舱、实验舱等各舱段的大体力负荷任务进行分析，分析了各类任务人机界面布局、操作方式、操作力等界面设计对航天员的能力需求，进一步分析长期空间飞行中航天员操作能力变化时完成任务的绩效、负荷以及风险情况，为空间站各舱段的工程设计、任务规划提供了重要支撑。在我国空间实验室任务中，通过对航天员执行手控交会对接任务的认知仿真，深入分析了认知加工过程、关键认知特性、系统显示控制特性对人操作绩效和负荷影响等方面的影响，分析结果对于飞船手控交会对接系统人机界面设计、手控交会对接任务安排以及航天员选拔训练都起到重要的支撑作用。下面选取核心舱及实验舱压力舱门、舱内大型机柜，以生活保障系统等代表性的工程设计作为典型案例，介绍航天员建模仿真系统对工程设计的支撑作用。

5.6 总结与展望

本章节介绍了面向长期空间飞行的航天员作业能力建模与仿真技术及我国开展的部分研究尝试。在这项工作中，研究团队针对航天体力和脑力作业任务特点，从特性、行为和绩效 3 个层次设计和构建了航天员建模仿真系统模型体系，将长期飞行时的特因环境、人的认知、骨肌特性变化与执行航天任务的行为特征进行整合，实现了几何虚拟人与可计算的认知模型、生物力学模型及负荷评估模型的有机融合[133-135]。在特性层，构建了一个虚拟航天员模型，通过交互式三维可视化界面对虚拟航天员的人体测量参数、认知决策特性参数以及骨肌特性参数进行设置，实现不同能力特性航天员的定制，包括长期飞行后航天员能力特性的定制。在行为层，从骨肌生物力学和认知加工两方面进行建模，分别对体力任务和脑力任务中航天员骨肌运动过程和认知决策与操作执行过程进行模拟，其中，特性层的能力参数是该层模型的输入。在绩效层，对行为层输出数据进行分析，输出作业绩效、体力负荷等评估指标。研究中建立了模型验证技术体系，通过实验数据对各模型的有效性和准确性进行了验证。航天员建模仿真技术能为空间飞行器的人机界面设计与任务规划提供重要技术支持，将在后续载人航天人系统整合设计与分析中得到广泛的应用。

参 考 文 献

［1］ 陈善广，王春慧，陈晓萍，等．长期空间飞行中人的作业能力变化特性研究［J］．航天医学与医学工程，2015，28（1）：1-10．

［2］ NASA. Man-Systems Integration Standards NASA-STD-3000［M］. NASA，Washington D. C，1994.

［3］ NASA. Space Flight Human-System Standard NASA-STD-3001［M］. NASA，Washington D. C，2011.

［4］ NASA. Human Integration Design Handbook（NASA/SP-2010-3407）［M］. NASA，Washington D. C，2010.

［5］ HOLDEN K，BOYER J，EZER N，et al. Human Factors in Space Vehicle Design［J］. ActaAstronautica，2013，92（1）：110-118.

［6］ 马治家，周前祥．航天工效学［M］．北京：国防工业出版社，2006．

［7］ 王春慧，王丽．航天员出舱活动的工效学［M］．北京：国防工业出版社，2014．

［8］ 周前祥，姜国华．基于模糊因素的载人航天器乘员舱内人-机界面工效学评价研究［J］．模糊系统与数学，2002，16（1）：99-103．

［9］ 周前祥．舱外活动航天员工作负荷评价方法的研究进展［J］．载人航天，2007（1）：8-12．

［10］ 王春慧，蒋婷．手控交会对接任务中显示-控制系统的工效学研究［J］．载人航天，2011，17（2）：50-53．

［11］ KUMAR G S，DAS A. Analysis and Ergonomic Improvement of Working Postures in Cast House Work Station Using JACK Modelling［J］. International Journal of Human Factors Modelling and Simulation，2012，3（1）：16-31.

［12］ USMAN S，ZHU H T，HAQ M U. Design Improvement of Assembly Workplace Through Ergonomic Simulation and Analysis Using DELMIA［J］. International Journal of Engineering Research in Africa，2015，21：238-246.

［13］ CHAFFIN，DON B. Digital Human Modeling for Workspace Design［J］. Reviews of Human Factors & Ergonomics，2008，4（1）：41-74.

［14］ FRITZSCHE L. Ergonomics Risk Assessment With Digital Human Models in Car Assembly：Simulation Versus Real Life［J］. Human Factors and Ergonomics in

Manufacturing & Service Industries，2010，20（4）：287 - 299.

[15] DUFFY V G. Modified Virtual Build Methodology for Computer - aided Ergonomics and Safety [J]. Human Factors and Ergonomics in Manufacturing & Service Industries，2007，17（5）：413 - 422.

[16] SUNDIN A，CHRISTMANSSON M，RTENGREN R. Methodological Differences Using a Computer Manikin in Two Case Studies：Bus and Space Module Design [C]. Proceedings of the Human Factors and Ergonomics Society Annual Meeting，2000：496 -498，259.

[17] CHADWICK E K，BLANA D，VAN DEN BOGERT A J，et al. A Real - time，3 - D Musculoskeletal Model for Dynamic Simulation of Arm Movements [J]. Biomedical Engineering，IEEE Transactions on，2009，56（4）：941 - 948.

[18] DELP S L，ANDERSON F C，ARNOLD A S，et al. OpenSim：Open - source Software to Create and Analyze Dynamic Simulations of Movement [J]. Biomedical Engineering，IEEE Transactions on，2007，54（11）：1940 - 1950.

[19] SETH A，SHERMAN M，REINBOLT J A，et al. OpenSim：a Musculoskeletal Modeling and Simulation Framework for in Silico Investigations and Exchange [J]. Procedia Iutam，2011，2：212 - 232.

[20] RASMUSSEN J，DAMSGAARD M，SURMA E，et al. Anybody - a Software System for Ergonomic Optimization [C]. Fifth World Congress on Structural and Multidisciplinary Optimization，2003：144.

[21] ZAJAC F E. Muscle and Tendon：Properties，Models，Scaling，and Application to Biomechanics and Motor Control [J]. Critical Reviews in Biomedical Engineering，1988，17（4）：359 - 411.

[22] FERRARIi M，MOTTOLA L，QUARESIMA V. Principles，Techniques，and Limitations of Near Infrared Spectroscopy [J]. Canadian Journal of Applied Physiology，2004，29（4）：463 - 487.

[23] GRAUPE D. Recognition and Prediction of Individual and Combined Muscular Activation Modes Via Surface EMG Analysis [J]. European Journal of Translational Myology，2010，20（3）：131 - 138.

[24] KUMAR D，RUDOLPHh K S，MANAL K T. EMG - driven Modeling Approach to

Muscle Force and Joint load Estimations: Case Study in Knee Osteoarthritis [J]. J Orthop Res, 2012, 30 (3): 377 - 383.

[25] LLOYD D G, BESIER T F. An EMG - driven Musculoskeletal Model to Estimate Muscle Forces and Knee Joint Moments in Vivo [J]. Journal of Biomechanics, 2003, 36 (6): 765 - 776.

[26] RAEZ M B, HHSSAIN M S, MOHD - YASIN F. Techniques of EMG Signal Analysis: Detection, Processing, Classification and Applications [J]. Biol Proced Online, 2006, 8: 11 - 35.

[27] MARRAS W S, RADWIN R G. Biomechanical Modeling [J]. Reviews of Human Factors and Ergonomics, 2005, 1 (1): 1 - 88.

[28] CHAFFIN D B, ERIG M. Three - dimensional Biomechanical Static Strength Prediction Model Sensitivity to Postural and Anthropometric Inaccuracies [J]. IIE TRANSACTIONS, 1991, 23 (3): 215 - 227.

[29] CHAFFIN D B, ANDERSSON G. Occupational Biomechanics [M]. [S. l.]: Wiley - Interscience, 2601991.

[30] ERDEMIR A, MCLEAN S, HERZOG W, et al. Model - Based Estimation of Muscle Forces Exerted During Movements [J]. Clinical Biomechanics, 2007, 22 (2): 131 - 154.

[31] ABDEL - MALEK K, YANG J, MARLER T, et al. Towards a New Generation of Virtual Humans [J]. International Journal of Human Factors Modelling and Simulation, 2006, 1 (1): 2 - 39.

[32] CHAFFIN D B. The Evolving Role of Biomechanics in Prevention of Overexertion Injuries [J]. Ergonomics, 2009, 52 (1): 3 - 14.

[33] HUSTON R L, PASSERELLO C E. On The Dynamics of a Human Body Model [J]. Journal of Biomechanics, 1971, 4 (5): 369 - 378.

[34] DAMSGAARD M, RASMUSSEN J O, CHRISTENSEN S T, et al. Analysis of Musculoskeletal Systems in the Anybody Modeling System [J]. Simulation Modelling Practice and Theory, 2006, 14 (8): 1100 - 1111.

[35] FREGLY C D, KIM B T, Li Z, et al. Estimated Muscle Loads During Squat Exercise in Microgravity Conditions [C]. ASME 2012 Summer Bioengineering

Conference，Puerto Rico：ASME，2012：1 - 2.

［36］GALLO C A，THOMPSON W K，LEWANDOWSKI B E，et al. Computational Modeling Using OpenSim to Simulate a Squat Exercise Motion ［M］. Galveston：NASA Human Research Program Investigators' Workshop，2015.

［37］HUMPHREYS B T，THOMPSON W K，LEWANDOWSKI B E，et al. Development of a High Fidelity Dynamic Module of the Advanced Resistive Exercise Device （ARED） Using Adams ［M］. Houston：NASA Human Research Program Investigators' Workshop，2012.

［38］LEWANDOWSKI B E，PENNLINE J A，STALKER A R，et al. Musculoskeletal Modeling Component of the NASA Digital Astronaut Project ［M］. Houston：NASA Human Research Program Investigators' Workshop，2012.

［39］SUMMERSA R，COLEMANA T，MECK J. Development of the Digital Astronaut Project for the Analysis of the Mechanisms of Physiologic Adaptation to Microgravity：Validation of the Cardiovascular System Module ［J］. Acta Astronautica，2008 （63）：758 - 762.

［40］BYRNE M D，PEW R W. A History and Primer of Human Performance Modeling ［J］. Reviews of Human Factors and Ergonomics，2009，5 （1）：225 - 263.

［41］COOPER R P. Cognitive Architectures as Lakatosian Research Programs：Two CaseStudies ［J］. Philosophical Psychology，2006，19 （2）：199 - 220.

［42］NEWELL A. Unified Theories of Cognition ［M］. Harvard University Press，1990.

［43］RITTER F E. Choosing and Getting Started with a Cognitive Architecture to Test and Use Human - machine Interfaces ［J］. MMI - Interaktiv - Journal，2004 （7）：17 -37.

［44］NEWELL A，CARD S K. The Prospects for Psychological Science in Human - computer Interaction ［J］. Human - Computer Interaction，1985，1 （3）：209 - 242.

［45］JOHN B E，KIERAS D E. The GOMS Family of User Interface Analysis Techniques：Comparison and Contrast ［J］. ACM Transactions on Computer - Human Interaction （TOCHI），1996，3 （4）：320 - 351.

［46］LAIRD J E，NEWELL A，ROSENBLOOM P S. Soar：An Architecture for Generalintelligence ［J］. Artificial Intelligence，1987，33 （1）：1 - 64.

［47］ MEYER D E，KIERAS D E. A Computational Theory of Executive Cognitive Processes and Multiple - task Performance：Part Ⅰ. Basic Mechanisms ［J］. Psychological Review，1997，104（1）：3 - 65.

［48］ ANDERSON J R，BOTHELL D，BYRNE M D，et al. An Integrated Theory of the Mind［J］. Psychological Review，2004，111（4）：1036 - 1060.

［49］ NASON S，LAIRD J E. Soar - RL：Integrating Reinforcement Learning with Soar ［J］. Cognitive Systems Research，2005，6（1）：51 - 59.

［50］ DAVID E，MEYER，JENNIFER M，et al. Executive - process Interactive Control：A Unified Computational Theory for Answering 20 Questions（and More）About Cognitive Ageing ［J］. Journal of Cognitive Psychology，2001，13（1 - 2）：123 -164.

［51］ MEYER D E，KIERAS D E. A Computational Theory of Executive Cognitive Processes and Multiple - task Performance：Part 2. Accounts of Psychological Refractory - period Phenomena［J］. Psychological Review，1997，104（4）：749 - 791.

［52］ SALVUCCI D D. Modeling Driver Behavior in a Cognitive Architecture ［J］. Human Factors：The Journal of the Human Factors and Ergonomics Society，2006，48（2）：362 - 380.

［53］ WU C，LIV Y. Modeling Human Transcription Typing with Queuing Network - Model Human Processor（QN - MHP）［J］. Human Factors & Ergonomics Society Annual Meeting Proceedings，2004，48（3）：381 - 385.

［54］ CLANCEY W，SOLOWAY E. Cognitive Modeling and Intelligent Tutoring ［J］. Artificial Intelligence，1990，42（1）：7 - 49.

［55］ JOHNSON C M，TURLEY J P. The Significance of Cognitive Modeling in Building Healthcare Interfaces. ［J］. International Journal of Medical Informatics，2006，75（2）：163 - 172.

［56］ 刘雁飞，吴朝晖. 驾驶 ACT - R 认知行为建模 ［J］. 浙江大学学报（工学版），2622006，40（10）：1657 - 1662.

［57］ 曹石，秦裕林，沈模卫. 驾驶经验与横向控制的 ACT - R 认知体系结构建模 ［J］. 科学通报，2013，58（21）：2078 - 2086.

［58］ 薛红军，庞俊峰，栾义春，等. 驾驶舱飞行员认知行为一体化仿真建模 ［J］. 计算机

工程与应用, 2013, 49 (23): 266 - 270.

[59] 张绍尧, 陈善广, 王春慧, 等. 基于 ACT - R 认知结构的人控交会对接任务认知集成模型 [J]. 航天医学与医学工程, 2015 (2): 109 - 116.

[60] GORE B F. Man - machine Integration Design and Analysis System (MIDAS) v5: Augmentations, Motivations, and Directions for Aeronautics Applications [J]. Human Modelling in Assisted Transportation, 2010: 43 - 54.

[61] BArDINA J. NASA System - layer Design, Analysis and Simulation Tools: Research on NextGen [J]. SAE International Journal of Aerospace, 2011, 4 (2): 1357 - 1364.

[62] ACKERMAN M J. The Visible Human Project: a Resource for Education [J]. Academic Medicine, 1999, 74 (6): 667 - 670.

[63] ACKERMAN M J, YOO T, JENKINS D. From Data to Knowledge—the Visible Human Project Continues [J]. Stud Health Technol Inform, 2001, 84 (Pt 2): 887 - 890.

[64] PARK J S, CHUNG M S, S B HWANG, et al. Visible Korean Human: Improved Serially Sectioned Images of the Entire Body [J]. IEEE Transactions on Medical Imaging, 2005, 24 (3): 352 - 360.

[65] PARK J S, CHUNG M S, S B HWANG, et al. Visible Korean Human: its Techniques and Applications [J]. Clinical Anatomy, 2006, 19 (3): 216 - 24.

[66] 唐雷, 原林, 黄文华, 等. "虚拟中国人" (VCH) 数据采集技术研究 [J]. 中国临床解剖学杂志, 2002, 20 (5): 324 - 329.

[67] 王成焘, 王冬梅, 白雪岭, 等. 人体骨肌系统生物力学 [M]. 北京: 科学出版社, 2015.

[68] HUNTER P J. The IUPS Physiome Project: a Framework for Computational Physiology [J]. Progress in Biophysics and Molecular Biology, 2004, 85 (2 - 3): 551 - 569.

[69] CRAMPIN E J, SMITH N P, Hunter P J. Multi - scale Modelling and The IUPS Physiome Project [J]. Journal of Molecular Histology, 2004, 35: 707 - 714.

[70] 王成焘, 王冬梅, 白雪岭, 等. "中国力学虚拟人" 研究及应用 [J]. 生命科学, 2010, 22 (12): 1235 - 1240.

[71] ARNOLD E M, WARD S R, LIEBER R L, et al. A Model of the Lower Limb for

Analysis of Human Movement [J]. Annals of Biomedical Engineering，2010，38 (2)：269 - 279.

[72] WARD S R，ENG C M，SMALLWOOD L H，et al. Clinical Orthopaedics and Related Research [J]. 2009，467 (4)：1074 - 1082.

[73] 王成焘，等. 人体生物摩擦学 [M]. 北京：科学出版社，2008.

[74] DELP S L，LOAN J P，HOY M G ，et al. An Interactive Graphics - based Model of The Lower Extremity to Study Orthopaedic Surgical Procedures [J]. IEEE Trans Biomed Eng，1990，37 (8)：757 - 767.

[75] HOLZBAUR K R，MURRAY W M，DELP S L，et al. A Model of the Upper Extremity for Simulating Musculoskeletal Surgery and Analyzing Neuromuscular Control [J]. Annals of Biomedical Engineering，2005，33 (6) ：829 - 840.

[76] GARNER B A，PANDY M G. A Kinematic Model of the Upper Limb Based on the Visible Human Project（VHP）Image Dataset [J]. Comput Methods Biomech Biomed Engin，1999，2 (2)：107 - 124.

[77] ANDERSON F C，PANDY M G. A Dynamic Optimization Solution for Vertical Jumping in Three Dimensions [J]. Computer Methods in Biomechanics and Biomedical Engineering，1999，2 (3)：201 - 231.

[78] ANDERSON F C，PANDY M G. Dynamic Optimization of Human Walking [J]. Journal of Biomechanical Engineering，2001，123 (5)：381 - 390.

[79] KEPPLE T M. MOVE3D - software for Analyzing Human Motion，Proceedings of the Johns Hopkins National Search for Computing Applications to Assist Persons with Disabilities，Laurel USA，1 - 5 Feb，1992：106 - 109.

[80] KAUFMAN K，MILLER E，KINGSBURY T，et al. Reliability of 3D Gait Data Across Multiple Laboratories [J]. Gait & Posture，2016，49：375 - 381.

[81] DELP S L，LOAN J P. A Graphics - based Software System to Develop and Analyze Models of Musculoskeletal Structures [J]. Computers in Biology & Medicine，1995，25 (1) ：21 - 34.

[82] DELP S L，ANDERSON F C，ARNOLD A S，et al. OpenSim：Open - Source Software to Create and Analyze Dynamic Simulations of Movement [J]. IEEE Transactions on Biomedical Engineering，2007，54 (11)：1940 - 1950.

[83] PIZZOLATO C，REGGIANI M，MODENESE L，et al. Real－time Inverse Kinematics and Inverse Dynamics for Lower Limb Applications Using OpenSim [J]. Computer Methods in Biomechanics and Biomedical Engineering，2017，20（4）：436－445.

[84] SAUL K R，XIAO H U，GOEHLER C M，et al. Benchmarking of Dynamic Simulation Predictions in Two Software Platforms Using an Upper Limb Musculoskeletal Model [J]. Computer Methods in Biomechanics and Biomedical Engineering，2015，18（13）：1445－1458.

[85] RASMUSSEN J，VONDRAK V，DAMSGAARD M，et al. Computer Analysis of the Human Body [J]. In book：Biomechanics of Man，the Czech Society of Biomechanics，Cejkovice，Czech Republic，2002，270－274.

[86] DUBOWSKY SR，RASMUSSEN J，SISTO S A，et al. Validation of a Musculoskeletal Model 264 of Wheelchair Propulsion and Its Application to Minimizing Shoulder Joint Forces [J]. Journal of Biomechanics，2008，41：2981－2988.

[87] 徐孟，孙守迁，潘云鹤. 面向工作空间设计的虚拟人体模型 [J]. 中国机械工程，2006，17（8）：836－840.

[88] 尚鹏. 完整步态下自然股骨与人工髋关节的力学特性研究 [D]. 上海：上海交通大学，2003.

[89] 杨义勇，华超，王人成，等. 负重深蹲过程中下肢冗余肌肉力分析 [J]. 清华大学学报（自然科学版），2004，44（11）：1493－1496.

[90] TANG G，ZHANG X A，ZHANG L L，et al. A Technical Method Using Musculoskeletal Model to Analyse Dynamic Properties of Muscles During Human Movement [J]. Computer Methods in Biomechanics and Biomedical Engineering，2011，14（7）：615－620.

[91] BAKER R. The History of Gait Analysis Before the Advent of Modern Computers [J]. Gait & Posture，2007，26：331－342.

[92] ABDEL－AZIZ Y I，KARARA H M，HAUCK M. Direct Linear Transformation from Comparator Coordinates Into Object Space Coordinates in Close－Range Photogrammetry [J]. Photogrammetric Engineering & Remote Sensing，2015，81（2）：103－107.

[93] CHALLIS J H，KERWIN D G. Accuracy Assessment and Control Point Configuration When Using the DLT for Photogrammetry [J]. Biomechanics，1992，25 (9)：1053 - 1058.

[94] FABIO G. Comparative Assessment of Tow Algorithms for Calibrating Stereo Photogrammetric Systems [J]. Biomechanics，1993，26 (12)：1448 - 1454.

[95] FARLEY C T，FERRIS D P. Biomechanics of Walking and Running：Center of mass Movements to Muscle Action [J]. Exerc Sport Sci Rev，1998，26：253 - 285.

[96] WINTER D A. Biomechanics and control of Human Movement [M]. Fourth Edition. Hoboken，New Jersey，Canada：John Wiley &.Sons，Inc，2009.

[97] WU G，SIEGLER S，ALLARD P，et al. ISB Recommendation on Definitions of Joint Coordinate System of Various Joints for The Reporting of Human Joint Motion - part I：Ankle，Hip，and Spine [J]. Journal of Biomechanics，2002，35 (4)：543 - 548.

[98] BAKER R. ISB Recommendation on Definition of Joint Coordinate Systems for the Reporting of Human Joint Motion - part I：Ankle，Hip and Spine [J]. Journal of Biomechanics，2003，36 (2)：300 - 302.

[99] WU G，VAN F C，VEEGER H E，et al. ISB Recommendation on Definitions of Joint Coordinate Systems of Various Joints for the Reporting of Human Joint Motion - part II：Shoulder，Elbow，Wrist and Hand [J]. Journal of Biomechanics，2005，38 (5)：265981 - 992.

[100] SCHMIDT R，DISSELHORST - KLUG C，SILNY J，et al. A Marker - based Measurement Procedure for Unconstrained Wrist and Elbow Motions [J]. Journal of Biomechanics，1999，32 (6)：615 - 621.

[101] KAOMZ H，CARTY C P，MODENESE L，et al. Estimation of the Hip Joint Centre in Human Motion Analysis：A Systematic Review [J]. Clinical Biomechanics，2015，30 (4)：319 - 329.

[102] COLE G K，NIGG B M，RONSKY J L，et al. Application of the Joint Coordinate Systemto Three - dimensional Joint Attitude and Movement Representation：A Standardization Proposal [J]. Journal of Biomechanical Engineering，1993，115 (4A)：344 - 349.

[103] BUCHANAN T S, LLOYD D G, MANAL K, et al. Estimation of Muscle Forces and Joint Moments Using a Forward - Inverse Dynamics Model [J]. Medicine & Science in Sports & Exercise, 2005, 37 (11): 1911 - 1916.

[104] BERGMANN G, DEURETZBACHER G, HELLER M, et al. Hip Contact Forces and Gait Patterns From Routine Activities [J]. Journal of Biomechanics, 2001, 34: 859 - 871.

[105] TANG G, WANG C T. A Muscle - path - plane Method for Representing Muscle Contraction During Joint Movement [J]. Computer Methods in Biomechanics and Biomedical, 2010, 13 (6): 723 - 729.

[106] GARNER B, PANDY M. The Obstacle - set Method for Representing Muscle Paths in Musculoskeletal Models [J]. Computer Methods in Biomechanics and Biomedical Engineering, 2000, 3 (1): 1 - 30.

[107] MACK P B, LACHANCE P L. Effects of Recumbency and Space Flight on Bone Density [J]. The American Journal of Clinical Nutrition, 1967, 20 (11): 1194 - 1205.

[108] BRODZINSKI R, RANCITELLI L, HALLER W, et al. Calcium, Potassium, and Iron Loss by Apollo Ⅶ, Ⅷ, Ⅸ, Ⅹ and Ⅺ Astronauts [J]. Aerospace Medicine, 1971, 42 (6): 621 - 626.

[109] RAMBAUT P, LEACH C, JOHNSON P. Calcium and Phosphorus Change of the Apollo 17 Crew Members [J]. Annals of Nutrition and Metabolism, 1975, 18 (2): 62 - 69.

[110] RAMBAUT P C, JOHNSTON R S. Prolonged Weightlessness and Calcium Loss in Man [J]. Acta Astronautica, 1979, 6 (9): 1113 - 1122.

[111] RAMBAUT P, LEACH C, WHEDON G. A Study of Metabolic Balance in Crewmembers of Skylab Ⅳ [J]. Acta Astronautica, 1979, 6 (10): 1313 - 1322.

[112] STUPAKOV G, KAZEĬKIN V, KOZLOVSKIĬ A, et al. Evaluation of the Changes in the Bone Structures of the Human Axial skeleton in Prolonged Space Flight [J]. Kosmicheskaia Biologiia i Aviakosmicheskaia Meditsina, 1983, 18 (2): 33 - 37.

[113] OGANOV V, CANN C, RAKHMANOV A, et al. Study of the Musculoskeletal

System of the Spine in Humans After Long - term Space Flights by the Method of Computerized Tomography [J]. Kosmicheskaia Biologiia i Aviakosmicheskaia Meditsina, 1989, 24 (4): 20 - 21.

[114] LEBLANC A, SCHNEIDER V, SHACKELFORD L, et al. Bone Mineral and Lean Tissue Loss After Long Duration Space Flight [J]. J Musculoskelet Neuronal Interact, 2000, 1 (2): 157 - 160.

[115] LANG T, LEBLANC A, EVANS H, et al. Cortical and Trabecular Bone Mineral Loss From the Spine and Hip in Long - Duration Spaceflight [J]. Journal of Bone and Mineral Research, 2004, 9 (6): 1006 - 1012.

[116] LEBLANC A, SPECTOR E, EVANS H, et al. Skeletal Responses to Space Flight and the Bed Rest Analog: a Review [J]. Journal of Musculoskeletal and Neuronal Interactions, 2007, 7 (1): 33.

[117] SHACKELFORD L, LEBLANC A, DRISCOLL T, et al. Resistance Exercise as a Countermeasure to Disuse - induced Bone Loss [J]. Journal of Applied Physiology, 2004, 97 (1): 119 - 129.

[118] ZERWEKH J E, RUML L A, GOTTSCHALK F, et al. The Effects of Twelve Weeks of Bed Rest on Bone Histology, Biochemical Markers of Bone Turnover, and Calcium Homeostasis in Eleven Normal Subjects [J]. Journal of Bone and Mineral Research, 1998, 13 (10): 1594 - 1601.

[119] WATANABE Y, OHSHIMA H, MIZUNO K, et al. Intravenous Pamidronate Prevents Femoral Bone Loss and Renal Stone Formation During 90 - day Bed Rest [J]. Journal of Bone and Mineral Research, 2004, 19 (11): 1771 - 1778.

[120] LEBLANC A D, SCHNEIDER V S, EVANS H J, et al. Bone Mineral Loss and Recovery After 17 Weeks of Bed Rest [J]. Journal of Bone and Mineral Research, 1990, 5 (8): 843 - 850.

[121] 雷周激欣, 王冬梅, 王春慧, 等. 骨功能适应性重建模型及数值模拟 [J]. 中国生物医学工程学报, 2014 (2): 227 - 232.

[122] FROST H M. Bone "Mass" and the "Mechanostat": A Proposal [J]. The Anatomical Record, 1987, 219 (1): 1 - 9.

[123] MULLENDER M G, HUISKES R, WEINANS H. A Physiological Approach to

the Simulation of Bone Remod Meling as a Self‐organizational Control Process [J]. Journal of Biomechanics, 1994, 27 (11): 1389‐1394.

[124] JANG I G, KIM I Y. Computational Simulation of Simultaneous Cortical and Trabecular Bone Change in Human Proximal Femur During Bone Remodeling [J]. Journal of Biomechanics, 2010, 43 (2): 294‐301.

[125] CHEN G, SCHMUTZ B, EPARI D, et al. A New Approach for Assigning Bone Material Properties from CT Images into Finite Element Models [J]. Journal of Biomechanics, 2010, 43 (5): 1011‐1015.

[126] PENG L, BAI J, ZENG X, et al. Comparison of Isotropic and Orthotropic Material Property Assignments on Femoral Finite Element Models Under Two Loading Conditions [J]. Medical Engineering & Physics, 2006, 28 (3): 227‐233.

[127] ZANGE J, MÜLLER K, SCHUBER M, et al. Changes in Calf Muscle Performance, Energy Metabolism, and Muscle Volume Caused by Long Term Stay on Space Station MIR [J]. International Journal of Sports Medicine, 1997, 18 (S4): 308‐309.

[128] BERG H, LARSSON L, TESCH P. Lower Limb Skeletal Muscle Function After 6 wk of Bed Rest [J]. Journal of Applied Physiology, 1997, 82 (1): 182‐188.

[129] WANG C, TIAN Y, CHEN S, et al. Predicting Performance in Manually Controlled Rendezvous and Docking Through Spatial Abilities [J]. Advances in Space Research, 2014, 53 (2): 362‐369.

[130] 田雨, 陈善广, 王春慧, 等. 速度知觉测试软件的开发与应用 [J]. 计算机工程与设计, 2013, 34 (1): 372‐376.

[131] 田雨, 陈善广, 王春慧, 等. 心理旋转能力与人控交会对接任务绩效的关联 [J]. 航天医学与医学工程, 2012, 25 (6): 397‐402.

[132] 王宝智, 姜国华, 晁建刚, 等. 交会对接手控工效实验系统设计与实现 [J]. 航天医学与医学工程, 2011, 1: 30‐35.

[133] Wang C, Chen S, Liu Y, Wang D, Huang S, Tian Y. Modeling and Simulating Astronaut's Performance in a Three‐Level Architecture [C]. Proceedings of Engineering Psychology and Cognitive Ergonomics: 15th International Conference,

Springer International Publishing，2018：713 - 724.

[134] Chen W，Li S，Fu Y，Wang C，Tian Y，Tian Z. Application of a human behavior model in space human performance research [C]. Human Performance in Space：Advancing Astronautics Research in China（Science/AAAS，Washington，DC，2014），55 - 56.

[135] Tang G，Wang D，Xiao K，Wang C，Chen S. Biomechanical modeling and dynamics simulation of an astronaut's musculoskeletal system [C]. Human Performance in Space：Advancing Astronautics Research in China（Science/AAAS，Washington，DC，2014），64 - 65.

第 6 章　空间环境下人的能力特性变化研究展望

为了确保航天员在近地空间飞行期间和进驻其他星球（如月球、火星）时的健康、安全，保持良好工作状态及高工作效率，人类需要进一步了解长期失重/低重力、重力改变及其他因素（辐射、隔离密闭、重力）综合作用对航天员作业能力与绩效的影响，探讨其机理并制定有效防护措施。

当前，NASA 正在加快步伐力图解决人类空间飞行的 5 大风险：空间辐射、隔离限制、远离地球、重力场（或缺乏重力场），以及不利的/封闭环境对太空中人类构成的生理和心理上的巨大威胁。在最近的一次招标中，NASA 正在寻求解决这些问题，以便能够安全、可靠和富有成效地进行载人空间探索。

NASA 的人体研究计划（HRP）负责发展支持安全、高效的载人航天飞行的最佳方法和技术，以应对载人航天飞行的 5 大风险。对于这个新的研究机会，NASA 寻求一种完全整合的方法，来探索辐射、隔离和限制以及重力场改变之间的关系，以及它们对航天员的中枢神经系统、行为健康和运动感知系统（统称 CBS）造成的潜在危害。

NASA 约翰逊航天中心人体研究计划的首席科学家珍妮弗·福格蒂（Jennifer Fogarty）说："CBS 代表了深空环境的复杂程度，旨在理解当人类同时经历 3 种危险或压力时，他们将受到什么影响。例如，空间辐射、微重力和隔离已经被证明会对中枢神经系统和大脑产生影响。我们担心的是，当同时经受这些压力时，大脑中被各种危险影响的区域可能会更加复杂。这可能导致你的思维方式、移动身体的方式，以及你在任务期间对事件和乘组人员情绪反应的改变，所有这些可能导致任务的失败。太空中的诸多因素组合成一个极其复杂的环境。"她还说："利用脑力和交叉研究相结合的方法很有优势。现在是关键时刻，我们对航天员健康和安全的关注，要求我们为航天员在月球和火星的深空探索任务中将经历的复杂风险找到解决方案。这种将重点学科专家联合起来并让他们一起理解载人深空探索问题的综合方法，将加速这一进程，并使我们对风险有更加现实的了解。"

NASA 人体研究计划中的 3 个小组密切合作，为生物医学研究建立一个新的综合框架。科学家们将探索 3 种风险之间的关系，这 3 种风险统称为 CBS（中枢神经系统风险、行为表现风险和运动感知风险），以使航天员空间飞行更安全。NASA 提出以下有待进一步回答的问题：

1）太空中的中枢神经系统会发生什么？随着时间的推移会发生重大变化吗？科学应该如何定义"重大"？

2）空间辐射影响神经系统的概率是多少？看起来怎么样？是否存在科学家能够识别的标志（称为"生物标志物"）来发出空间辐射对人体产生影响的信号？

3）减少伤害风险的最有效的医学对策或饮食对策（预防方法和保护性措施）是什么？这些对策如何在太空中发挥作用？

4）如何将分子、细胞、组织和动物模型的新数据与我们日益增长的空间人体知识库结合起来？是否有关于移动性、认知功能或行为改变的研究，用于评估航天员的中枢神经系统风险？

5）当空间辐射与其他已知的航天风险结合在一起时，对中枢神经系统是否存在重大风险？例如，当空间辐射的危害与隔离、限制和/或改变重力的危害结合起来时，它们的共同作用是否比单独作用时具有更大的影响？

我国空间站建成正在迈向运营、应用发展阶段，载人登月计划即将实施，我国载人航天的主要任务开始转为长期空间飞行与深空探测。长期空间飞行除了保障航天员的基本生命活动外，还要完成飞行监控、科学实验和空间维修等繁重任务，对航天员的能力特性需求更高；同时，长期空间飞行对航天员能力特性的不良影响可能更突出。面向未来航天员长期在轨作业能力监测和维持的目标,十分有必要在航天员作业能力方面进一步加大研究力度。

6.1　长期在轨飞行人的能力特性基础数据积累与丰富

在世界航天史上,连续在轨超过一年的航天员不足 10 人,长期在轨飞行人的能力特性基础数据还很缺乏,长期在轨飞行中人的能力特性变化规律还有很多尚未回答的问题,积累长期飞行人的能力特性数据是后续一项重要的常规任务。我国空间站任务中围绕航天员能力特性规划了 10 余个项目,包括长期在轨飞行空间认知和基本认知功能变化规律研究、长期在轨人体形态参数与运动操作能力变化规律研究、睡眠问题对脑力疲劳和作业绩效的影响及改善技术研究、长期在轨狭小密闭环境下航天员情绪与社会心理研究、长期在轨视功能变化规律研究等,通过这些项目的实施,将进一步明确长期在轨飞行中航天员能力特性的变化规律。

6.2　骨肌系统改变在线实时监测、评估与靶向防护技术发展与完善

我国研究团队在面向长期空间飞行的骨肌系统研究方面取得了一定的进展,并开展了在轨测试平台和技术的构建与初步验证。然而,骨肌系统在轨研究平台以及重力效应变化的监测技术等尚不健全,这势必影响我国长期空间飞行中对骨肌系统变化的发生机制、干预途径及防护对抗措施研发等工作的深入开展。因此,有必要深入思考骨肌系统在失重状态下的改变与遗传生长发育的相关性、神经系统的运动控制和神经体液调节作用等关键科学问题,以及引入组学分析方法深入揭示骨肌系统失重响应变化与其他器官系统的交互作用等,将成为载人航天尤其是面向空间站、深空探测等长期空间飞行的航天员运动、操作能力研究的新方向。

6.3　开展空间脑科学专项研究，深入揭示人在太空的工作能力变化机制

在地球重力环境下，人类大脑经过长期演化过程所塑造而成的，是最为精密、复杂的生物系统。这个地球重力条件下构建的系统所具有的各种分子细胞和生理学特性，神经环路结构和功能，感知觉、记忆、注意、情绪、抉择、合作等认知心理行为，在空间微重力环境下会发生怎样的变化，亟待通过空间脑科学研究去揭示。空间脑科学研究对揭示人类在空间环境的生存和工作能力，理解重力环境下大脑的结构与功能产生的基本原理具有重大意义。

随着世界各国脑计划的启动和航天科技的迅猛发展，空间脑科学研究已成为航天医学和生命科学研究的热点，也必将成为各国抢占科技前沿的制高点。

宇宙生命起源与人类思维产生是人类两大未解之谜。空间脑科学研究将为深入认识生命起源、进化规律和人类智慧形成等提供独特视角。中国空间脑科学研究计划作为国家太空实验室的重要组成部分，将系统开展基础性、前瞻性、探知性空间脑科学研究，从整体、组织器官、细胞分子等多层次、多尺度探索空间环境因素和时间效应下神经发育、脑认知和群脑协同等变化规律与机制，解析神经环路及调节机制，阐释空间环境下多因素交互作用对脑结构与功能的影响及其对环境的适应性和调节机制，发展脑功能防护措施，确保我国载人航天任务的成功。同时，空间脑科学研究平台的建立，将推进我国脑科学研究从地面拓展到太空，也将丰富脑科学研究理论和开创新技术，并通过深化对大脑和工作能力变化规律与机制的认识，探索维持和增强人在太空的能力与绩效的方法。

6.4　借助空间站任务进一步深入开展生物钟与睡眠相关研究

在空间站等长期在轨研究平台上，可以深入开展一些与生物钟、睡眠有关的研究工作，包括自主神经系统功能的改变与机制、干扰前庭系统对节律和睡

眠的影响、航天员节律紊乱和睡眠障碍的干预与调整、节律紊乱与骨丢失、人体不同部位在失重状态下运动改变及其对生理和行为的影响等。这些研究将有助于更加系统深入地理解长期在轨飞行中航天员生物钟、睡眠对人的作业能力与健康状态的关联，并有助于对潜在的风险进行防护和干预。

6.5 探索更加便携、高效和敏感的航天员情绪与认知状态测量手段和方法

针对现有的认知决策与情绪在轨研究手段的局限性，有必要探索更加便携、高效和敏感的测量手段和方法，有针对性地获取宝贵的在轨数据，这样才能更加客观地描绘出航天环境–情绪/认知决策–行为绩效的影响路径，为长期在轨飞行中保证航天员健康、积极、高效的工作奠定更加坚实的基础。同时，建议在未来长期空间飞行任务中可进一步深入考察不同心理功能间的交互作用，以及生理与心理的交互作用。

6.6 航天员作业能力建模仿真技术和平台发展与完善

在国家 973 项目"面向长期空间飞行的航天员作业能力变化规律及机制研究"以及载人航天专项的支持下，国内团队研制开发了我国首个航天员建模仿真系统（AMSS v1.0），具备对长期空间飞行中航天员作业能力与绩效的基本预测分析能力，面向长期在轨飞行任务建模仿真。后续还需要大力发展和完善航天员作业能力建模仿真技术和平台，包括对模型库和数据库进行补充完善；利用空间站任务机会，获取长期在轨飞行实验数据，对建立的作业能力模型进行验证和完善，尽快启动"数字航天员"项目；面向工程用户，需要进一步做好功能细化、功能定制和界面优化，以满足不同用户的使用需求等工作。

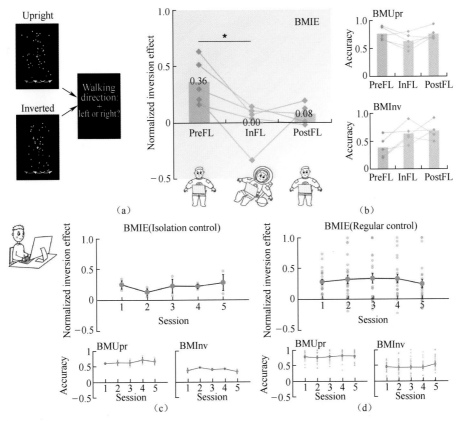

(a)

(b)

(c)

(d)

图2-3 生物运动知觉在轨飞行实验及地面控制实验的流程和结果(P37)

(a)受试者判断隐藏在动态干扰刺激的直立或倒置的"光点小人"(如图中蓝色标示,

该标示仅用于说明)的行走方向。其中的动态干扰刺激(噪声)由具有平衡的

左右行走方向但形体位置被打乱的"步行者"组成。蓝色和白色箭头分别表示由

目标步行者和噪声指示的步行方向;(b)空间飞行前(PreFL)、飞行中(InFL)和

飞行后(PostFL)获得的直立(BMUpr)和倒置(BMInv)条件下的标准化 BM 反转

效应(BMIE)和任务绩效;(c)从隔离控制实验获得的结果($n=2$),受试者在隔离

30 天之前(第一次)、期间(第二次至第四次)和之后(第五次)执行 BM 感知任务。

浅色的小蓝点表示单个数据;(d)从常规控制实验中获得的结果($n=22$),参与者在一

个多月的时间内(平均 35 天)在 5 个测试环节中重复执行 BM 感知任务

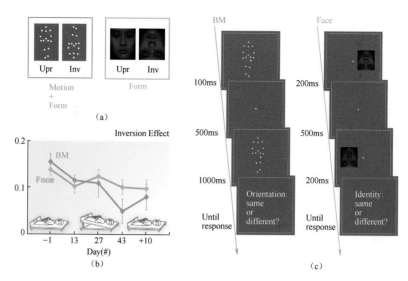

图 2-4　生物运动知觉头低位卧床前后功能磁共振成像实验结果(P39)

(a)我们测量了生物运动(BM)和面部(Face)知觉的倒置效应,它们分别与运动和形状处理以及单独的形状处理相关;(b)生物运动和面部感知任务的流程,被试者指出两个连续出现的步行者/面部是否相同;(c)在头低位卧床前(第－1 天)、头低位卧床期间(第 13、27 和 43 天)、头低位卧床后(第＋10 天)的倒置效应变化情况,其中蓝线为生物运动知觉的倒置效应,绿线为面孔知觉的倒置效应

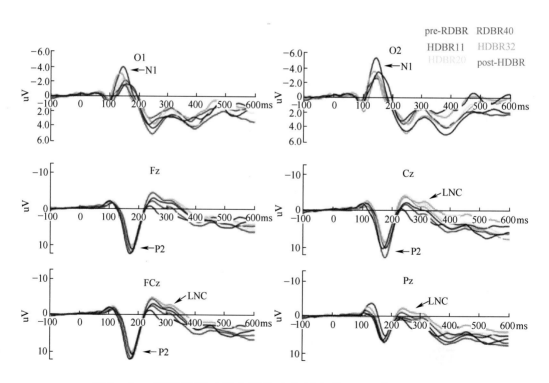

图 2-10　不同卧床时间点情绪冲突任务的 ERP 波形变化趋势

(Pre－HDBR 是指卧床前两天,HDBR11、HDBR20、HDBR32、HDBR40 分别指卧床第 11 天、第 20 天、第 32 天和第 40 天,Post－HDBR 指卧床结束后第 8 天,P52)

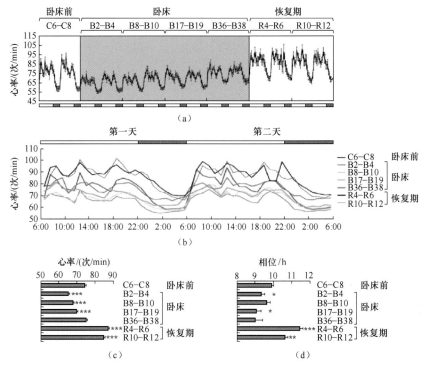

图 4-4　卧床实验对心率节律的影响[34]（P119）

(a)8 名被试者在卧床前、卧床期间、卧床后恢复期的心率(次/min)节律变化情况

（C6-C8 指卧床前对照期的第 6～8 天，以此类推）；(b) 不同时期平均心率节律

曲线的双点活动图；(c)不同时期心率节律的振幅比较；(d)不同时期心率节律

的相位比较（数值为均值±SE，$n = 8$，$^*P \leqslant 0.05$，$^{**}P \leqslant 0.01$，$^{***}P \leqslant 0.001$）

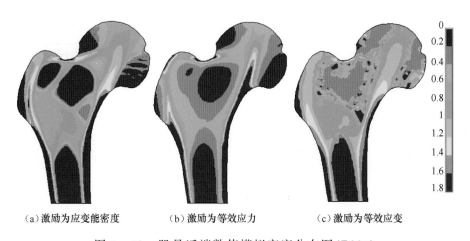

（a）激励为应变能密度　　（b）激励为等效应力　　（c）激励为等效应变

图 5-51　股骨近端数值模拟密度分布图（P220）

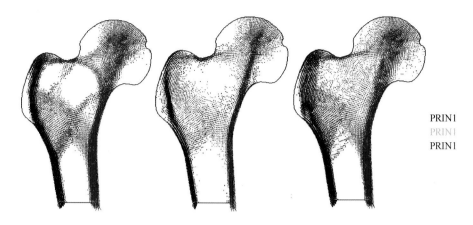

PRIN1
PRIN1
PRIN1

（a）激励为应变能密度　　　　（b）激励为等效应力　　　　　（c）激励为等效应变

图 5-52　二维股骨重建结果的主应力分布（P221）

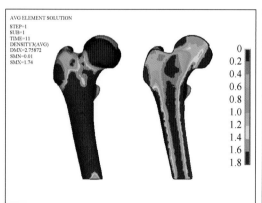

（a）单元边长：5mm

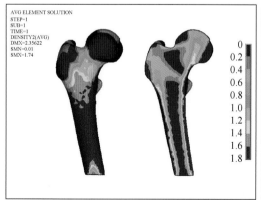

（c）单元边长：7mm

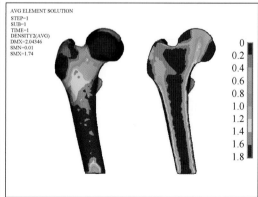

（b）单元边长：6mm

（d）单元边长：8mm

图 5-58　不同网格数量的股骨模型重建密度分布图（P228）

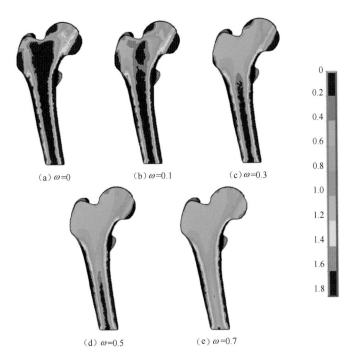

（a）$\omega=0$ （b）$\omega=0.1$ （c）$\omega=0.3$

（d）$\omega=0.5$ （e）$\omega=0.7$

图 5-59　不同死区大小的股骨近端重建模拟密度分布图（P230）

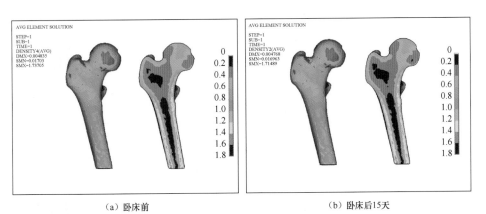

（a）卧床前   （b）卧床后15天

（c）卧床后30天   （d）卧床后45天

图 5-62　模拟卧床实验股骨重建密度分布图（P232）

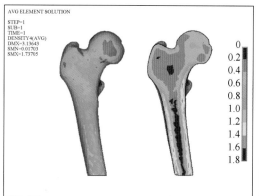 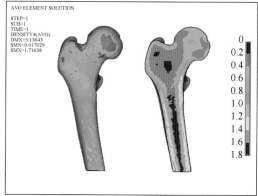

（a）失重前 （b）失重30天

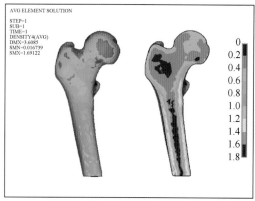

（c）失重90天 （d）失重180天

图 5-63　模拟空间失重 180 天期间的股骨近端重建密度分布图（P233）

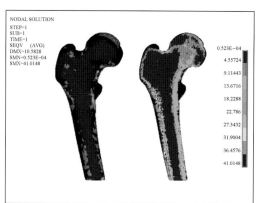 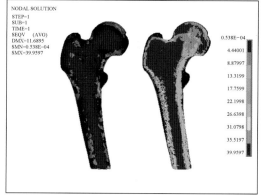

（a）失重前节点应力 （b）失重30天节点应力

图 5-67　失重不同天数后股骨应力水平

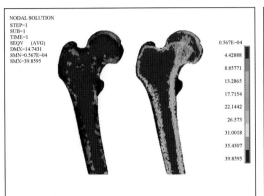

（c）失重90天节点应力

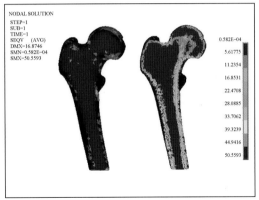

（d）失重120天节点应力

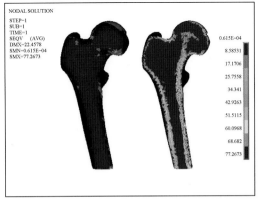

（e）失重150天节点应力

（f）失重180天节点应力

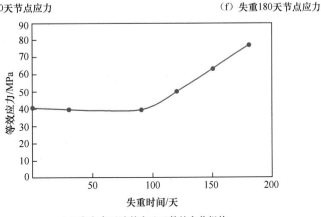

（g）应力水平随着失重天数的变化规律

图 5-67　失重不同天数后股骨应力水平（续，P238～P239）

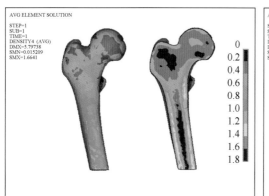

（a）恢复前

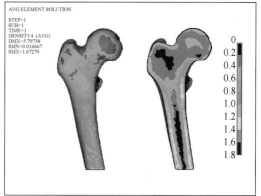

（b）恢复第30天

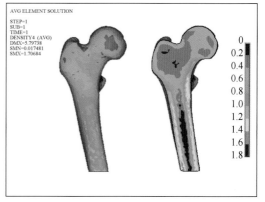

（c）恢复第60天

（d）恢复第90天

图 5-68　失重重建后股骨近端恢复密度分布（P239～P240）